Impressum

2. Auflage: August 2015

www.telescope-verlag.de

Fotos: Buchcover / Foto-Kühnle
S.9, S.117 und Buchrückseite /Armin Hauke
S.63, S209 / Thorsten Fauser

ISBN: 978-3-941139-15-2
Preis: 34,00 EURO

Beziehung ohne Leine

Erziehung am Beispiel Hund

Thorsten Fauser

Inhaltsverzeichnis

Vorwort

Wie auch immer der Mensch die einzelnen Arten bezeichnet: Es lebt oder nicht. Da hilft es nichts, das eine Hund und das andere Mensch zu nennen. Innerhalb der Tierarten gibt es Staats- und Familienverbände oder eben Solisten. Doch alle leben sie. Der evolutive Antrieb, um das Leben gesund zu erhalten, sind dabei die Gefühle. Also werden, aufgrund der Gleichheit von Gefühlen, in den folgenden Themen immer wieder Beispiele aus der Menschenwelt gemacht, die dazu verhelfen, sich in die Gefühle seines Schützlings hineinzudenken. Jeder Mensch empfindet also das gleiche wie jedes andere Tier, wenn er sich in derselben Situation befindet. Wir Menschen schätzen die gegebene Situation, in der sich ein anderes Tier als ein Mensch befindet, nur anders ein. Das geschieht zum Einen, da wir uns in dem auf unserer Vorstellungskraft beruhenden Gesellschaftssystem befinden, welches ein anderes Tier mangels Worten nicht durchschauen kann. Zum Anderen haben wir beim Beobachten von Tieren die falsche Ausgangsposition, da dieses betrachtete Tier von vorn herein unterschätzt wird. Es wird falscher weise davon ausgegangen, dass ein anderes Tier als ein Mensch nicht umfassend empfinden würde, oder dass sich in ihm gefühlsneutral eine Art biologisches Programm abspielt.

Bei manchen Themen dieses Buches könnte man verschiedene Ausnahmesituationen ersinnen und sich dementsprechend ins Tausendste verlieren. Folglich geht es weitgehend darum, das richtige Bild über ein Individuum zu schaffen, das unserer Gesellschaftsform und den Menschen, die dieses Individuum als Eigentum betrachten, ausgeliefert ist. Gerade hinsichtlich einer guten Beziehung bestehen meist Irrtümer. Diese Grundsätze, welche in diesem Buch beschrieben werden, gelten also generell, zumindest solange keine Bedürfnisdefizite bestehen. Wer aggressiv mit seinem Schützling umgeht oder wer seinen Zögling ständig in andere Hände gibt oder seinen Hund täglich den halben Tag in Einsamkeit hält, der sollte schleunigst etwas ändern. Denn hier, angesichts des Mangels an Bedürfnisbefriedigung, gilt es nicht zu erziehen, sondern erst einmal ein Leben zu bieten.
Es muss also immer erst eine vernünftige Lebensgrundlage, also eine Bedürfnisbefriedigung geboten werden (praktisch ständiger, innerfamiliärer, netter Sozialkontakt und auch Erlebnisse und Bewegung nebst einer artgerechten, also gesunden Ernährung), bevor man etwas verlangen kann. Im Folgenden wird also davon ausgegangen, dass eine hinreichende Bedürfnisbefriedi-

gung, also auch eine liebevolle Beziehung zwischen den Protagonisten besteht, da erst dann Grundlagen für eine Erziehung gegeben sind. Ein sinnvolles Zusammenwirken ergibt sich aus einem sinnvollen Miteinander. Ein sinnvolles Miteinander ergibt sich aus einem liebevollen Grundcharakter, innerhalb dessen jedoch eine Ordnung, eine soziale Struktur besteht. Ohne diese soziale Struktur kann es keine Harmonie geben. Ohne diese soziale Struktur ist es nur ein Nebeneinander-her-leben, aber kein Miteinander. Wenn man hinsichtlich seines sorgenfrei, fröhlich lebenden Hundes keine Leine braucht, gleichgültig wo man ist oder was des Weges kommt, hat man sein Ziel erreicht. Erst dann herrscht eine funktionierende Kommunikation, und man kann von einer echten, positiven und ausgeformten Beziehung der beiden Protagonisten in einem funktionierenden Sozialverband sprechen.

Die Kapitel dieses Buches sollen nun helfen, ein geliebtes Familienmitglied zu einem glücklichen Sozialpartner zu erziehen. Der Hund sollte also vom Querfeldeinmarsch, über den Restaurantbesuch bis hin zum Einkauf im Baumarkt problemlos dabei sein können. Die Leine ist dabei höchstens aufgrund der Gesetzeslage dran. Sie wird nie benötigt, damit der Zögling nichts macht, was man nicht will. Je mehr der Schützling dabei sein kann, umso eher wird er dabei auch ruhig und besonnen, denn er erfährt einen umfassenden Alltag, womit er sich auch als einen Teil des Gesamten erkennt.

Anmerkung: In den folgenden Kapiteln wird häufig mit „er“ tituliert. Dabei ist immer der Hund, der Schützling, der Zögling, der Lehrling o. ä. gemeint. Die Bedeutung ist also immer geschlechtsunabhängig und umfasst natürlich auch die Mädels, Frauen und Damen unter unseren Zöglingen, Schützlingen, Lehrlingen und Hunden.

Einblick und Grundverständnis

- Die Problemstellung
- Die innere Haltung
- Hyperaktivität oder Aufmerksamkeitsdefizitsyndrom
- Rüde und Hündin
- Wer ist in der natürlichen Sozialgruppe der Entscheidungsträger

Problemstellung

Das soziale Geschehen in Familienverbänden ist eine evolutive Errungenschaft. Wir Menschen haben es also nicht erfunden. Durch unsere entfremdete Lebensweise haben wir das natürliche Zusammenleben letztendlich sogar verlernt. Jedes Pferd, jede Ziege, jeder Affe, jeder Elefant, jeder Delfin, jeder Hund, letztlich jedes Säugetier, das im Sozialverband lebt, ist uns hinsichtlich des natürlichen, familiären Sozialverhaltens überlegen, zumindest solange man sich als Mensch nicht explizit darauf besinnt. Denn bei uns werden Titel auf dem Papier erarbeitet oder verhängt, anstatt die eigene Persönlichkeit dargestellt wird. Es gibt Menschen die meinen, dass sie hinsichtlich ihres Hundes das Sagen hätten, weil sie eben der Mensch sind. Titel wie Mensch, Vater, Mutter, Professor, Doktor, Chef oder sonstwas interessieren in einer Welt, in der Faustrecht, Persönlichkeit und der Grad an Souveränität Geltung haben nicht. Dort muss man sich seine Stellung verdienen. In der Natur ergibt sich die Position innerhalb der Sozialgruppe ausschließlich aus dem Benehmen und nicht aus dem Körper, dem Geld oder dem akademischen Grad, den man hat.

Da wir auch Säugetiere sind, welche von Natur aus in sozialen Zusammenschlüssen leben, kann man also etwa mit einem Hund eine echte und auch harmonische Beziehung leben, sofern man das natürliche Sozialgebaren nachvollzieht. Doch leben die Menschen mit ihren Hunden oftmals dasselbe ungeklärte Nebeneinander, welches sie auch in der Gesellschaft erfahren. Das zeigt sich einerseits in der angestrebten Kommunikation und andererseits in den täglichen Begegnungen. So manche Menschen verlangen von ihren Hunden anhand der üblichen Worte Verhaltensweisen, die sie ihnen nicht erklärt haben. Mitunter gibt es Menschen, die das typische „Sitz", „Platz", „Fuß" zu ihren Hunden sagen, ohne es je erklärt zu haben. Es sind einfach typische Worte, die man seit jeher zu Hunden sagt, also wird davon ausgegangen, dass jedem Hund diese Worte von vorn herein bekannt sind. Die Sinnlosigkeit eines solchen Vorgehens ist jedem klar, der sich ernsthaft mit seinem Schützling beschäftigt. Aber dennoch werden auch von Hundehaltern, die sich um ein gutes Beibringen der Signale bemühen, in verschiedenen Situationen etwa „Bleib" gesagt, wobei dieses Wort während des Beibringens nur in Zusammenhang mit einem „Sitz" kombiniert wurde und es selbst in dieser Kombination eher für Verwirrung sorgt. Oder es wird ein „Aus" gesagt, sobald der Hund etwas Unerwünschtes im Mund hat, obgleich im Vorfeld ein „Nein" erklärt worden ist. Wenn detailliert nachgefragt wird, was das eine oder andere Wort im übersetzten Sinne bedeuten soll, dann wird es meist, vor allem hinsichtlich des Bleib-Signals, holperig. Es herrschen Schwierigkeiten, wenn man mit jemandem kommunizieren möchte, der nicht dieselbe Sprache spricht. Da hilft oftmals nicht einmal die Körpersprache weiter, womit die Naturentfremdung der Menschen einmal mehr ersichtlich wird. Somit werden viele Hunde im verbalen Umgang überschätzt.

Sowie die Tiere im verbalen Geschehen überschätzt werden, werden sie andererseits im sozialen Geschehen unterschätzt. Es wird für normal gehalten, dass sich der Hund Essen vom Tisch stiehlt, wenn man nicht aufpasst, dem Hasen nachjagt, sich mit anderen Rüden rauft oder er andere Menschen oder Hunde "begrüßen" muss, sowie er einen in seiner Begeisterung zu Beginn des Spazierganges über den Haufen rennt. Dies sei normal, denn es ist eben ein Hund.
Einerseits werden dem Hund also Worte zugerufen, bei welchen der Mensch davon ausgeht, dass der Hund weiß, was gemeint ist, oder es wird schlicht unzureichend erklärt. Andererseits lassen sich die Menschen im täglichen Einerlei von ihren Zöglingen wie Gegenstände behandeln. Dass solch ein Gesamtgeschehen ein Nährboden für Probleme ergibt, ist selbstredend. Eine verlässliche Kommunikation kann nicht mehr gegeben sein.
Dabei muss man sich nur einmal die Frage stellen, wie sich der Hund in einem natürlichen Rudel verhalten würde. Bei nur kurzer Überlegung stellt man fest, dass dort die Signale, also die Kommunikation untereinander, unmissverständlich wäre, sowie sich derselbe Hund, der seinen Menschen über den Haufen rennt, im natürlichen Sozialverband so manchem Individuum gegenüber zu benehmen wüsste. Wer hier jetzt denkt, sein Hund benähme sich im natürlichen Sozialverband ebenso rüpelhaft oder ungestüm, weil es auf dem Spaziergang mit anderen Hunden eben immer so ist, der irrt sich auf andere Weise: Wenn man auf irgendeinem unbestimmten Terrain irgendwelche Hunde zusammenwürfelt, dann ist dies noch lange kein Familienverband, also kein Rudel. Man bildet ja auch keine Familie, wenn man zwischen irgendwelchen Menschen auf dem Rummelplatz umher irrt. Außerdem ist dieser Hund dann noch keinem erwachsenen, erfahrenen und souveränen Artgenossen begegnet.

Das Ziel

Viele Menschen bemühen sich heutzutage ihren Hunden etwas zu erklären. Die typischen Kommandos werden hierbei mehr oder minder gut beigebracht. Allerdings kommt meist keine unmissverständliche und klare Antwort, wenn man fragt, warum diese Worte beigebracht werden.
Zu aller Anfang stellt sich demnach einfach die Frage, was man denn eigentlich möchte. Hierauf gibt es vielerlei bunte Überlegungen. Emotional gesagt ist das Ziel ein harmonisches Miteinander, in welchem der Zögling ein möglichst glückliches Leben in unserer erwachsenen Gesellschaft führen kann. Beide Protagonisten, Zögling und Familienvorstand, sollten also einen unbeschwerten Alltag genießen können. Doch kann es nur ein unbeschwerter Alltag sein, wenn der Zögling zuverlässig und prompt auf Signale von seinem Familienvorstand reagiert. Ob dies einem gefällt oder nicht, das zuverlässige Befolgen von Signalen ist unablässig für ein ausgeglichenes und alltagstaugliches Zusammenleben. Es ist also wichtig, dass der Hund ein beigebrachtes Signal erkennt, doch ist es nicht die Quintessenz. Ausschlaggebend ist die gewünschte Reaktion darauf, und zwar ungeachtet irgendwelcher Außenreize.
Wenn man nach diesen Überlegungen nüchtern, also abgesehen von den emotionalen Zielen, die Gründe für ein Beibringen der Signale betrachtet, dann sind dies die beiden folgenden:

1. Man möchte nicht gesellschaftlich anecken.

2. Der Zögling darf nicht in eine Gefahrensituation geraten.

Kann man diese beiden Eventualitäten aggressionslos und rein kommunikativ handhaben, dann hat man ein alltagstaugliches und gesellschaftsfähiges Familienmitglied. Das sind die Gründe, weshalb man konkrete Signale beibringt.
Der Zögling sollte also keine Mitmenschen behelligen, welche das nicht möchten. Da geht es einen nichts an, warum diese es nicht möchten, und sei der Zögling für seinen Erziehungsberechtigten noch so "süß" oder "lieb". Achtet man nicht auf die Privatsphäre seiner Mitmenschen, grenzt man sich schnell aus der Gesellschaft aus. Als Familienoberhaupt und Erziehungsberechtigter ist man nun mal der Verantwortliche für seine Familienmitglieder und deren Handlungen, zumindest, solange man zugegen ist.

Des Weiteren soll der Schützling beispielsweise auch nicht ungestüm über die Straße rennen, nur weil dort gerade ein Hund oder die Katze läuft. Ansonsten wäre es reine Glücksache, wenn er nicht unter die Räder kommt.
Bei allen Eventualitäten hat jedoch nicht die Leine der Ausweg zu sein. Sie kann in den Phasen der Erziehung ein Hilfsmittel sein, doch nicht die Lösung. Die Leine darf also keine Notwendigkeit darstellen und sollte nur in dem Fall benutzt werden, in welchem man das Laufen an der Leine beibringt oder man sich in der Stadt aufhält (Gesetzeslage). Im letzteren Fall gilt grundsätzlich die jeweilige Stadtverordnung. Wer kein Bußgeld riskieren möchte, der muss innerhalb der Stadtgrenzen anleinen. Wenn das Anbinden des Hundes aber die Lösung für Probleme darstellt, kann man nicht von einem funktionierenden Sozialsystem und somit nicht von einem glücklichen Zusammenleben der Protagonisten sprechen. Wer seinen Schützling in bestimmten Situationen an sich fest binden muss, damit er das nicht macht, was er nicht soll, der kann dies keinesfalls eine erfolgreiche Kommunikationssituation oder Alltagstauglichkeit nennen. Erst wenn man entspannten Verlass auf die gesendeten Signale hat, besteht auch ein geklärtes Familienbild mit sinnvoll verteilten Positionen, womit man den Zögling auch nicht mehr an sich festbinden muss.
Nur dies ist der Grund, weshalb man also Signale klärt, damit man bei Reizsituationen seinen Zögling an unerwünschtem Verhalten hindern kann. Es geht also darum, dass man ihm erfolgreich signalisieren kann, was er machen oder lassen soll, wenn ihn gerade etwas interessiert, das kein gutes Ende nähme. Man hat nichts davon, wenn der Schützling nur auf dem Übungsplatz oder bei vorgehaltenem Leckerbissen auf ein Signal reagiert. Beziehungsweise hat man nichts davon, wenn der Zögling sich aussucht, wann er auf ein Signal seines Menschen reagieren möchte. Man erklärt die Signale nur für den Fall, dass der Jogger, der Radfahrer, der andere Hund, die Katze, der Giftköder oder ähnliche Reize die Aufmerksamkeit des Hundes wecken. Nur hierfür studiert man die Signale ein, damit man in diesen Situationen seinen Schützling am gesellschaftlichen Anecken hindern kann, wenn man ihn nicht sogar aus einer Gefahrensituation heraus manövrieren muss.
Bei derartiger Überlegung wird einem auch bewusst, dass der Schützling erst dann das größtmögliche Maß an Freiheit und damit auch an Ausgeglichenheit leben kann, wenn man einen Verlass auf die Signale hat. Die Freiheit des Zöglings verläuft also parallel zu dessen Folgsamkeit. Je zuverlässiger der Zögling angestrebte Kommunikation und signalisierte Interaktionswünsche seines Familienvorstandes beantwortet, umso mehr Freiheit kann er genießen. Soll er doch den ganzen Tag machen was er will. Aber in dem Moment,

wo der Familienvorstand etwas signalisiert, gibt es keinen Streit und keine Diskussion. Dann gilt das Signalisierte hier und jetzt, gleichgültig, was in der Umgebung los ist.

Das einzige Problem

Man sieht immer wieder Menschen, welche sehr viel zu ihrem Schützling „hin kommunizieren". Dabei wird nicht erkannt, dass keine Kommunikation statt findet, sondern, dass nur unbeantwortet geredet wird. Mit allerlei Worten, Betonungen, Geräuschen und Verhaltensweisen versuchen die Menschen die Aufmerksamkeit vom Hund zu erhalten, oder es wird halt einfach hin geredet. Und der Umgarnte dreht nicht einmal ein Ohr nach seinem Hintergrundgeräusch, Bittsteller oder Schreihals. Dieser Umstand der unklaren Kommunikation, das typisch menschliche Alltagsgeschehen, sowie die ungeklärten Signale ergeben die Problemstellung:
Das einzige Problem, was die Menschen mit ihren Zöglingen haben, ist, dass diese sich aussuchen, wann sie ihren Menschen ignorieren.
Dieses „Jetzt habe ich gerade Besseres zu tun, als auf dich ein zu gehen." ist das Problem.
Wenn der Hund also beispielsweise unangenehm auf vorbeifahrende Radfahrer reagiert, dann ist nicht der Radfahrer das Problem, sondern der Gedanke des Hundes, dass sein Mensch angesichts der interessanten Situation jetzt mal reden kann was er will. Die Ignoranz, zu der sich der Zögling angesichts „etwas Wichtigerem" entscheidet, ist das einzige Problem. Diese entschlossene Ignoranz kann man bei den meisten, gewöhnlichen Familienbeziehungen sehen, was sich in verschiedener Ausprägung zeigt. Der "gut erzogene" Hund, der auch gern als brav oder lieb bezeichnet wird, ignoriert genau so, wie der nach Dominanz strebende oder der als frech oder unerzogen bezeichnete. Er ignoriert nur nicht unter solch einem derben, energiegeladenen Grundmuster, oder er ignoriert zum Beispiel nur dann, wenn der andere Reiz besonders groß ist. Das Hingehen zur interessanten Begebenheit anstatt hin zu stürmen oder ein Erkunden der Umgebung, anstatt energiegeladen umher zu rennen, während der Erziehungsberechtigte etwas anderes möchte, bedeutet nicht, das die Ignoranz ausgeprägter wäre. Wenn nicht das gemacht wird, was man sinnvoll signalisierte, dann ist das in einer furchtlosen Situation eine entschiedene Ignoranz, gleichgültig, für was sich der Ignorierende ansonsten entscheidet. Wenn dieses Missachten unter starkem Tatendrang geschieht, dann ist es deshalb nicht ein Mehr an

Missachtung, als wenn sich der „liebe“ Hund in aller Ruhe zur Ignoranz entscheidet. Eigentlich ist der als „brav“ oder „lieb“ bezeichnete Hund sogar noch frecher als der energiegeladene, da letzterer mehr eigene Probleme und Unklarheit mit sich herum trägt als der besonnene, was oft aus mangelhafter Bedürfnisbefriedigung, aus schlechten Erfahrungen oder aus jugendlichem Aktionsdruck hervor geht.

Der typische Zögling sucht sich also aus, wann er seinen Erziehungsberechtigten beachtet und wann er ihn und sein Ansinnen ignoriert.

Wir teilen mit dem Hund den Lebensraum, und zwar im engen Sinne. Es wird zusammen ein Territorium bewohnt und sogar das Essen geteilt. Des Weiteren akzeptiert man sich - man hat sich sogar lieb. Dieses Lieb-haben des Schützlings sollte auch der einzige Grund sein, ihn zu sich zu holen. Indiskutabel sollte also die soziale Zusammenschließung der Protagonisten sein. Wenn man jedoch dasselbe Terrain bewohnt und der Hund sich aussucht, wann er seinen Menschen beachtet, dann ist diese Familienbildung fraglich. Man kann es einfach nicht als ein geklärtes Miteinander bezeichnen oder empfinden, wenn immer wieder die Ignoranz auf gewünschte Kommunikation akzeptiert wird. Schlimmer wird es noch, wenn beispielsweise das Auto herannaht oder der Radfahrer moniert und man dann den Hund anbrüllt, damit der endlich mal folgt. Woher sollte er wissen, dass er dieses eine Mal nicht ignorieren darf, wobei es ansonsten geduldet wird? Bei solch einem oder ähnlich üblichem Umgang sind die Positionen zueinander mehr als fraglich. Sie sind nicht einmal erkennbar, womit auch kein Familienbild erkennbar ist. Streit, Hilflosigkeit, Verunsicherung, Verstörung oder einfach die Fessel mittels Leine sind die Folge.

Was bedeutet Erziehung

Also gilt es zunächst die Positionen zueinander abzugrenzen, erst dann kann man auch auf etwas bestehen. Man muss eine Persönlichkeitsabgrenzung innerhalb der Familie herbeiführen, welche dann auch die entsprechenden Entscheidungskompetenzen in Bezug auf familienbezogene Situationen klar stellt. Wen man wo duldet, wo man wann hin geht, zu wem man Kontakt aufnimmt, sind Beispiele für Entscheidungen, welche schlichtweg der Entscheidungsträger der jeweiligen Sozialordnung fällt. Die Schützlinge können familienbezogen nur eine Entscheidung fällen: "Möchte ich hier mit leben oder nicht?" Interessant ist auch, dass in der Natur kein Individuum gezwungen wird, mit einem zusammen zu leben. Jeder, gleichgültig wie viel Entscheidungskompetenz er in dieser Sozialgruppe hat, entscheidet sich freiwillig in der Gruppe mit zu leben. Wenn sich jemand dazu entschließt dazu gehören zu möchten, dann muss er auch akzeptieren, dass hier jemand anderes die Entscheidungen fällt. Ohne diese Akzeptanz gibt es in der Natur kein Miteinander. Kinder und Hunde wollen immer mit einem zusammen leben. Gleichgültig, wie man sie behandelt. Denn sie haben nur hier Nahrung und einen, wie auch immer gearteten Hinwendungsort. Zudem haben sie hier schlichtweg ein Dach über dem Kopf. Also ein Zuhause oder einfach die Zugehörigkeit zu einem Territorium und die Zugehörigkeit zu jemandem, der dieses Territorium etabliert hat. Somit gibt es hier jemanden, der weiß, wie man überlebt. Wenn man innerhalb dieses Prinzips, dass ein Ausgelieferter jemanden braucht, das notwendige Übel für den Ausgelieferten ist, dann hat man versagt. Das heißt schlussendlich aber auch, dass diejenigen, die jemanden zum Überleben brauchen, auch akzeptieren wollen, dass hier jemand ist, der weiß, wie es läuft, da sie selbst es (noch) nicht wissen können. Man sollte nur verstehen, wie man sich als eine positive und mental starke Persönlichkeit darstellt.

Hinsichtlich des Hundes zeigt sich meist ein typisches Bild, indem die meisten Menschen ihren Schützling an die Leine fesseln und versuchen ihn über das Kommando zu erziehen. Dabei ist dies einer der typischen Kardinalsfehler, denn erziehen heißt nicht Signale beibringen. Signale beizubringen heißt genau das: Man bringt etwas bei. Das ist aber nicht erziehen, oder kann sich ein Kind sozial zu benehmen lernen, nur weil man ihm erklärt, dass eins plus eins zwei ergibt? Erziehen bedeutet die Positionen zueinander, also das Sozialgefüge zu klären. Erziehen ist also im weiten Sinne das Deklarieren des Sozialverbandes, wobei die Signale nur eine Grundlage zur Kommunikation darstellen, womit sie auch beigebracht werden müssen. Die Erziehung im persönlichen Umfeld ist schlicht das Aufzeigen von Grenzen. Genau genommen ist diese Grenze dabei immer eine Person und kein Gegenstand. Man darf sich dem einen oder anderen Hilfsmittel bedienen, wie zum Beispiel einer Leine. Aber dabei darf der Inhalt der Erziehung nicht verloren gehen. Es kommt jetzt weniger darauf an, dass der Zögling sein anvisiertes Ziel nicht erreicht, sondern, dass er akzeptiert, dass sein Familienvorstand das nicht möchte. Ein Hilfsmittel dient also nur dazu, die eigene Position ersichtlich zu machen. Das ist die Erziehung. Das ist das Ziel. Man zeigt sich selbst als Grenze. Man bringt also den Ausgelieferten möglichst aggressionslos dazu, zu akzeptieren, was man wollte. Man bringt ihn also dazu auf den Familienvorstand ein zu gehen. Wenn man als Familienvorstand etwas gesagt hat, dann ist das jetzt so. Dann hat das jetzt akzeptiert zu werden, sofern keine Angst besteht und eine umfassende Bedürfnisbefriedigung gegeben ist.

Erziehung bedeutet also:
Den Individuen in einer Sozialgemeinschaft wird die entscheidungsgewaltige Position des Familienvorstandes aufgezeigt. Der Familienvorstand zeigt sich also, zumindest wenn er möchte, in relevanten Situationen als eine unüberwindliche Grenze und verlangt die Akzeptanz dieses Umstandes. Relevante Situationen sind Unterlassungssignale, Interaktionswünsche, Konfrontationssituationen und Begegnungen mit Fremden. Das Individuum wird also vom Familienvorstand dazu gebracht zu interagieren und akzeptieren zu lernen.

So manche Menschen sagen nach einigem Überlegen auf die Frage hin, ob der Hund ein bestimmtes Kommandosignal beherrsche, dass er es mal könne und mal nicht. Das ist recht amüsant, denn nicht können und nicht wollen, sind zwei grundverschiedene Begebenheiten. Wenn der Zögling es kann, wenn er Lust dazu hat, kann er es auch, wenn ihm etwas anderes lieber wäre. Er entscheidet sich dann nur dazu, es nicht zu machen.
Hierzu ein hypothetisches Beispiel:
Angenommen, es würden in einem Wurf Welpen zwei gleichgeschlechtliche Kinder leben, die exakt dieselben Charaktere hätten und jeder würde nach der Entwöhnung von der Muttermilch in eine andere Familie kommen. Dort, in dieser Menschenfamilie, leben die beiden Hunde bereits seit einem Jahr, und jede Familie hat ihrem Zögling einige Signale, wie das typische Hier, Sitz oder Nein erklärt. Jetzt begegnen sich diese beiden Familien auf einem Spaziergang und beginnen ein Gespräch, wobei die Hunde nicht angeleint sind. Auf der anderen Straßenseite kommt ein weiterer Spaziergänger mit seinem Hund an der Leine. Was wollen unsere Einjährigen? Klar, dass sie sich auf den Weg zu dem Hund machen wollen. Hier sieht man nochmal die beiden Gründe für das Beibringen von Signalen, denn wenn sie jetzt über die Straße rennen, dann wäre es Glücksache, ob sie unter die Räder kommen. Des Weiteren kann man sich auf den Unmut des Mitmenschen gefasst machen, wenn man einfach seine Hunde zu ihm rennen lässt. Also besteht Handlungsbedarf. Nun nimmt man in diesem Beispiel an, dass

der eine Hund Nemo heißt und der andere Pepe. Die Menschen erkennen, was die Hunde vorhaben und reagieren gleichzeitig. Der eine Mensch sagt zu seinem Hund: „Nemo Nein.“, um ihm das Hinrennen zu unterbinden. Der andere Mensch äußert denselben Wunsch, mit: „Pepe Nein.“ In unserem Beispiel passiert es nun, dass Nemo prompt stehen bleibt, wohingegen Pepe ungebremst über die Straße rennt. Obwohl die beiden mit denselben Charakteren geboren wurden, gleich alt sind und dieselbe Zeit in ihrer jeweiligen Menschenfamilie verbracht haben, wo sich jeweils um ein Beibringen der Signale bemüht wurde, folgt der eine und der andere nicht. Denkt man jetzt nach, kann man erkennen, um was es sich letztendlich dreht. Denn es wird ersichtlich, dass es doch einerlei ist, was signalisiert wird. Ob es ein Sitz, ein Hier oder ein Nein ist, stellt sich zunächst als gleichgültig heraus. Das einzig wirklich Wichtige ist doch, WER jetzt etwas sagt und nicht, was gesagt wird. Der Pepe denkt sich: „Das dort ist mir grade lieber als das, was du willst, mein lieber Kumpel.“, während der Nemo eher etwas denkt wie: „Ups, Mama will das nicht.“ Vom Nemo wird also explizit eine Person erkannt, die ihn soeben anspricht, während der Pepe genau dieses Gefühl einer Persönlichkeit nicht empfindet. Schlicht gesagt, mangelt es beim Pepe an Respekt. Er empfindet keine Grenze angesichts seines Menschen.
Das Wort Respekt ist dabei ein Problemwort in unserer Gesellschaft. Denn heutzutage wird angenommen, dass Respekt etwas mit aggressivem, preußischem Gebaren zu tun hätte. Doch ist das weit gefehlt. Auf was es ankommt, wird in den Kapiteln des ersten Standbeins deutlich beschrieben, während in dem ersten Teil dieses Buches zunächst das richtige Bild aufgebaut wird.

Im Fazit liegt das Problem also meist nicht darin, dass der Zögling das Signal seines Erziehungsberechtigten nicht verstanden hätte. **Das Problem liegt darin, wer dieses Signal sendet.** Wenn der Spielkumpel, der Essenshinsteller, der Chauffeur, Leinehalter und/oder Türenöffner eine Möchtegern-Anordnung ausspricht, dann ist das dem Empfänger gleichgültig, zumindest wenn etwas anderes interessanter ist. Damit der eigene Reiz, welchen man erzeugt, wenn man ein Signal an seinen Zögling sendet, größer ist als irgendein anderer Reiz, bedarf es schlichtweg eines vernünftigen und positiven Respektes. Dieser Respekt muss, darf und soll nicht negativ belegt sein. Ein Familienvorstand ist nicht gleich einem Tyrann. Bei geklärten Positionen und Signalen braucht der Schützling keine Sorgen haben, dass er etwas "Falsches" machen könnte, und er wird auch keineswegs an seinem Leben gehindert. Im Gegenteil wird ihm ein ausgefülltes Leben geboten, in dem auch gerne geschmust wird, und es herrscht auch Lachen und Spaß in der

Familie. Geklärte Positionen machen einer Fröhlichkeit keinen Abbruch, obgleich aber auch nicht einfach ignoriert wird, wenn der Familienvorstand etwas signalisiert.

Zusammenfassend kann man also sagen, dass die einzige Frechheit im Sozialverband die Ignoranz ist. Frech kann man nur gegenüber einer Persönlichkeit sein, die etwas zu sagen hat. Diese Abgrenzung der Persönlichkeiten innerhalb eines Verbandes sorgt einerseits dafür, dass Harmonie eintritt und andererseits, dass es überhaupt ein Verband ist. Denn wenn klar ist, wem man nicht auf die Füße treten darf, dann gibt es auch keinen Streit mehr, womit Harmonie eintritt. Und durch das Erkennen der anderen, erkennt man sich selbst, etwa in Form von: „Aha, wenn das der Papa ist, dann bin ich der Sohn." Durch das Erkennen der Positionen der anderen Familienmitglieder ergibt sich das Erkennen der eigenen Position und somit die Ausgeglichenheit und das Miteinander. Ansonsten wäre es ein Nebeneinander.
Es ist also eine Grundfeste sich nicht ignorieren zu lassen, womit man auch wissen muss, wann man was möchte. Wenn ich im Vorbeigehen jemandem schnell einen Ratschlag zur Erziehung geben sollte, dann wäre es dieser Grundsatz.
Fair bleiben und nicht andauernd etwas verlangen. Aber wenn, dann gilt das hier und jetzt. Dazu muss man auch wissen, wann man was möchte und nicht einfach ohne Inhalt drauf los reden.

Innere Haltung

Grundsätzlich gibt es hinsichtlich der Einstellung zu den Tieren grob gesagt zwei verbreitete Grundmuster. Einerseits wird in vielen Gegenden das Tier nur als Nutzbringer gebraucht, ohne dessen Leben und Gefühle zu beachten. Gerade der Hund wird oft nur als praktischer Jagdhelfer, als Wächter oder als billige Alarmanlage angesehen. Die Bedürfnisse, Gefühle und Lebensumstände dieses jeweiligen Individuums interessieren dabei nicht. Das scheint in Südeuropa, in Afrika, in Mittel- und Südamerika und in Teilen Asiens bei vielen Menschen so zu sein. Andererseits gibt es Regionen, in welchen die Meinung vorherrscht, dass die Tiere arme, hilfebedürftige, kindliche und süße Kreaturen wären, welche Schokodrops und Babystimmengebaren brauchen, um glücklich zu sein. Das ist etwas überspitzt ausgedrückt, doch zeigt diese Darstellung die Gefühlshaltung von so manchen Menschen. Interessant ist auch, dass beide emotionale Einstellungen zu den Tieren in ein und demselben Menschen zugegen sein können: Die Tiere, die als „süß" oder „schön" angesehen werden, haben sich ihre Daseinsberechtigung verdient, während unerzogene, falsch erzogene, „hässliche" oder „unnütze" Tiere den Menschen gleichgültig sind oder verabscheut werden. Das Ergebnis ist dabei das Interessante: Der typisch südeuropäische Hund hat sogar vor den Menschen Angst, die ihm zu Essen geben. Während hierzulande das Hochspringen und das aufdringliche Gebaren des Hundes nicht gedämpft werden kann, während die Menschen versuchen den Besuch zu begrüßen.

Die Erkenntnis ist jetzt, dass man mit der Einstellung, die man zu seinem Schützling hat, nicht nur dessen Lebensqualität bestimmt, sondern auch dessen Verhalten formt. Mit der inneren Haltung, also der unterbewussten Einstellung, die man hat, stellt man sich unweigerlich dar, womit man auch sein familiäres Gegenüber beeinflusst. Einmal mehr sieht man, dass nicht im Beibringen von Kommandos das Erziehen statt findet, sondern im tägliche Miteinander, in welchem man sich zeigt. Und entweder ist man hierbei ein Jemand, also eine Grenze, oder eben nicht. Und weiter noch: Entweder ist man ein stabiles, liebenswertes Familienoberhaupt oder eben was anderes, wie zum Beispiel ein scheuer Bückling, ein Unterdrücker, ein aggressives, notwendiges Übel oder sonstwas. Das Verhalten des familiären Gegenübers wird entsprechend sein, entweder als Pendant oder als Spiegelbild.

Es ist fraglos auf ethischer und emotionaler Basis die übelste Missetat des Menschen, mit Ausgelieferten derart quälend um zu gehen, wie es gegenüber den Tieren vielerorts täglich getan wird. Irgendeinen Ausgelieferten wie ein Gerät zu erwerben, nur damit er eine Aufgabe bewältigt, ohne dabei als Lebewesen anerkannt zu werden, ist Sklavenhaltung der übelsten Sorte. Andererseits wird es aber auch nicht der Verantwortung gerecht, einen Ausgelieferten zwar lieb zu haben, aber nicht als vollständige Person wahr zu nehmen, wie folgende Erklärung zeigen wird.

Die fremde Welt

Jeder Hund wird gezwungen in der Menschenwelt zu leben. Sekundär wird er von der Menschheit als solche gezwungen, indem er gezüchtet und domestiziert wird. Primär wird er von dem individuellen Menschen, der ihn zu sich holt, zum Leben im menschlichen Staats- und Gesellschaftsgeschehen und zum Leben in dem individuellen Tagesgeschehen dieses Menschen gezwungen. In dieser unnatürlichen Existenz gibt es vielerlei Situationen, in welchen der Hund schlichtweg ausgeliefert ist, und sei es nur, da er nicht verstehen kann, was oder warum das eine oder andere passiert. Und wenn man seinen Hund lediglich an der Leine hat, während man sich mit dem Nachbarn unterhält, so hat der Hund bereits zwei Situationen, welchen er ausgeliefert ist: Zum Einen kann er sich nicht frei bewegen, zum Anderen hat er keine Vorstellung von dieser rein verbalen Interaktion der beiden Menschen. Wobei die Unterhaltung als solche etwas ist, in deren Situation oft ein typischer Fehler gemacht wird, indem der Hundebesitzer nebenher irgendwelche Dinge zu seinem Zögling sagt. Und sei es nur so etwas wie: "Sei doch mal ruhig, wir gehen doch gleich." Der Hund hat keine Ahnung, was ihm gerade gesagt wurde. Der Sinn dieses Satzes bleibt ihm also verborgen. Allerdings erkennt er durch diese Ansprache etwas anderes und zwar, dass er Teil der Unterhaltung ist. Schon versucht er auf seiner Ebene mitzureden, indem er etwa wohin zerrt, an jemandem hochspringt, er sich verbal äußert, oder der Rüde hinterlässt irgendwo seine Duftmarke. Im Notfall der Freiheitsbegrenzung mittels Leine wird amüsanter Weise hierbei mitunter noch der eigene Mensch markiert. Der Fehler ist hier also, dass der Zögling Beachtung findet, obgleich man gerade nichts mit ihm zu tun hat. Man befindet sich also in einer Situation, in welcher man die Entscheidung gefällt hat, sich mit dem Nachbarn zu unterhalten, und man bezieht seinen Hund in diese Entscheidung mit ein. Dann braucht man sich also auch nicht zu wundern, wenn er auf seiner Ebene versucht mit zu agieren.

Der Hund kann in der Menschenwelt schlicht keine sinnvollen Entscheidungen fällen. Durch seinen Menschen gezwungen, kann er sich hier nicht frei bewegen. Und durch unsere Lebensweise kann er gezwungenermaßen nicht mitreden, er kann sich auch nicht selbst ernähren, und er versteht die Verwaltung des Territoriums nicht. All dies trifft sogar zu, während man sich einfach nur mit seinem Schützling zu Hause aufhält. Man selbst fühlt sich in seinem selbst gestalteten Zuhause wohl, aber dass der Hund all diese Auslieferung erfährt, ist dem Menschen in seinem angenehmen Wohnzimmer nicht bewusst. Und außerhalb des Kernterritoriums, also außerhalb des Hauses, kennt er nicht einmal die Grenzen des beanspruchten Habitats. Dem Hund ist nur klar, was das Kernterritorium darstellt. Wo man Zuhause ist, weiß jeder Hund. Das, was wir unser Zuhause nennen, also unser Haus oder die Wohnung, ist faktisch das, was man hinsichtlich der Tierwelt als Kernterritorium bezeichnet. Hier ziehen wir uns aus, man pausiert, man isst, man schläft und so weiter, während niemals irgendjemand ungefragt herein kommt. Also ist man hier im Kernterritorium. Und gerade hier besteht für den Hund eine angespannte Situation, sobald ein Fremder das Haus betritt. Das ist leicht zu durchschauen, wenn man die Natur betrachtet. Auf die Frage hin, wem man in der Natur begegnen kann, erhalte ich nach einigem überlegen oft Antworten in Form von: Gut oder Böse, bzw. Freund oder Feind. Manche sagen auch Mensch oder Tier. Dabei zeigt sich wieder einmal eine Ausgeburt unserer unnatürlichen Lebensweise: Die Worte Mensch oder Gut werden mit dem Wort Freund gleich gesetzt. All dies ist in der Natur aber nicht richtig. Dort kann man lediglich potentieller Beute oder potentiellem Aggressor begegnen. Deutlich ausgesprochen: “Ich kann dem etwas tun oder er kann mir etwas anhaben.” In der Natur gibt es keinen Fremden, der einen streicheln würde, der einem ein Schnitzel mitbringt oder der sich in irgendeiner Weise darum schert, wie es einem geht. In der Natur liegt man mit vierzig Fieber im Regen, was kein einziges außerfamiliäres Individuum interessiert. Außerfamiliär gibt es also keinen Freund. Es gibt dort außerhalb der Familie niemanden, der mal zu einer Plauderei vorbei kommen würde.

Nur in unserer Menschenwelt gibt es die Begebenheit, dass jemand in die Familie herein kommt, den man als Besuch bezeichnet. Mitunter tauchen auch völlig fremde Menschen auf, wie etwa der Stromableser, der Versicherungsvertreter, der Postbote oder Schornsteinfeger. Während ein Bekannter für den Hund unvorhergesehen vorbei kommt und nach einigen undurchschaubaren Verbalgeräuschen einfach wieder geht, erscheinen auch plötzlich gänzlich fremde Menschen, die ebenfalls ins Kernterritorium herein kommen, ebenfalls eine Menge an Verbalgeräuschen äußern oder sogar einige Handgriffe am Zuhause machen und wieder verschwinden.

Das natürliche Territorium

Wenn man sich hierüber Gedanken gemacht hat, wird einem deutlich, wie undurchschaubar die Begebenheiten im menschlichen Territorium für den Hund sind. Um die Gefühlswelt eines natürlichen Lebewesens bei solch einer Situation ermessen zu können, sollte erkannt werden, wie wichtig in der Natur ein Territorium ist. Viele Tierarten beziehen ein Zuhause. Dort wird deutlich gemacht, welche Tierart sich hier niedergelassen hat. Visuell, olfaktorisch oder mittels Akustik wird dies dann regelmäßig und umfassend dargestellt. Ein Zuhause zu besitzen hat Vorteile, ansonsten würde diese Energie nicht ausgegeben werden. Einerseits kennt man sich in einem Zuhause aus. Man weiß, wo die Wildwechsel und Wasserlöcher sind. Andererseits führt man sich noch einmal vor Augen, dass es in der Natur keine Unterstützung von anderen gibt, die nicht mit einem zusammen leben. Außerfamiliäre Individuen sind immer in eine der beiden Kategorien einzuordnen: Potentielle Nahrung, bzw. keine Gefahr oder potentieller Aggressor. Selbst wenn man der Rötelmaus nichts anhaben möchte, so kann man sie dennoch nicht um einen Gefallen bitten. Sie versteckt sich, sobald sie einen bemerkt, denn sie unterscheidet in denselben Kategorien. Andererseits kann man auch keinen Stärkeren um einen Gefallen bitten, der von Natur aus nichts von einem möchte. Kommt man dem Elch zu nahe, dann erfährt man einen derben Tritt oder eine ordentliche Schaufel, denn auch er rechnet nicht damit, dass eine Annäherung eines Fremden etwas Gutes beinhalten könnte. Freundlich kann man sich also nur an Familienmitglieder wenden. Nur innerhalb der Familie kann man gegenseitige Hilfe erwarten. Was bedeutet nun aber eine Begegnung mit einem Fremden derselben Art? Was würde es bedeuten, wenn ein Wolfsrudel einem anderen Wolfsrudel begegnet? Hier wird nicht „gespielt" oder so ein Unsinn, was die Menschen grundsätzlich hinsichtlich ihrer Hunde erwarten, wenn sie irgendeinem anderen Hund begegnen. Spätestens in der Natur stellt ein Aufeinandertreffen mit Fremden der gleichen Art ein hohes Gefahrenmoment dar. Denn die anderen derselben Art begehren dieselben Ressourcen. Die Männer begehren dieselben Frauen, die Frauen begehren dieselben Männer, und es wird dieselbe Beute angestrebt. Der Fremde derselben Art ist also ein Gefahrenherd besonderen Ausmaßes, da er genau das möchte, was man selbst braucht, während er sich nicht da-

rum schert, dass man ohne diese Ressourcen, die er einem bei Gelegenheit weg nimmt, nicht überlebt. Dem Fremden ist es also einerlei, so wie es einem selbst auch gleichgültig ist, wie es den fremden, also außerfamiliären Lebewesen geht. Dabei spielt es auch keine Rolle, wenn man derselben Art angehört. Man nimmt sich was man kriegen kann, um zu überleben.
Genau diese gefährliche Begegnung zwischen Artgleichen, die sich fremd sind, wird durch das Beziehen und durch die Kenntlichmachung eines Territoriums so gut als möglich ausgeschlossen. Denn, wenn in der Natur jemand derselben Art auf eine Markierung eines Zuhauses eines Gleichartigen trifft, dann geht er ab hier grundsätzlich nicht mehr weiter. Ihm ist klar, dass er als Mitesser oder Vermehrungsanwärter nicht geduldet werden wird. Dabei weiß er aber noch nicht, wie stark die hier Lebenden sind, bzw. wie viele derselben Art hier zuhause sind. Die beste Lebensversicherung ist es also, die Finger von fremdem Eigentum zu lassen. Deshalb markieren manche Hunde, die körperlich besonders klein geraten sind, im Handstand. Damit scheint es für einen fremden Rüden, der später an diese Duftmarke heran tritt, als hätte hier ein großer Hund markiert. Jedenfalls ist ein Territorium eine Notwendigkeit für ein möglichst sicheres Leben, da man durch dieses Zuhause ernsthafte, lebensbedrohliche Rivalitätsauseinandersetzungen so gut als möglich ausgeschlossen hat. Hier wird kein Anderer gleicher Art unbedarft hereinspazieren.
In unserer Menschenwelt ist für jeden, also auch in der Empfindung des Hundes, der Kern für das Zuhause die Wohnung, bzw. das Haus. Aber was geschieht in dieser eigenartigen Welt? Es kommt Besuch. Das ist eine Begebenheit, die in der Natur niemals vor kommt. Was sollte der Hund also darüber denken?

In dieser Situation des Besuchs sieht man grundsätzlich vier typische Individualcharaktere unterschiedlicher Art:

1. Der am seltensten, aber typischerweise anzutreffende Hund, ist derjenige, der ein gequältes Vorleben hinter sich hat. Von irgendeinem Menschen wurde er beispielsweise irgendwo als günstige Alarmanlage an die Hauswand gebunden. Dort fristete er sein isoliertes Dasein in seinem eigenen Kot und bekam Prügel, wenn er etwa um Hilfe rief. Andererseits hat er dieselben Prügel erhalten, wenn die angestrebte Alarmanlage nicht funktionierte, er also beim Erscheinen des Postboten nicht bellte. Der Hund konnte nicht einmal einschätzen, warum er misshandelt wurde. Er war einfach, bar jedes Sozialgeschehens, an seiner Fessel den Wetterverhältnissen, Durst und

Hunger ausgeliefert und wurde gequält, sobald jemand ohne Napf an ihn heran trat. Eines Tages holte ihn glücklicherweise der Tierschutz, woraufhin er in liebevolle Hände vermittelt wurde. Allerdings krabbelt der Hund in seinem liebevollen Zuhause hinter das Sofa oder rennt zitternd in das letzte Zimmer, sobald jemand Fremdes das Haus seiner neuen Familie betritt. Er empfindet bei einer solchen Begegnung mit Fremden regelrechte Todesangst, auch wenn er zu seinen neuen Menschen Vertrauen gefasst hat. Bei Anblick eines Fremden rechnet er im Hinblick auf seine bisherigen Erfahrungen sofort mit dem Schlimmsten, zumindest, wenn dieser Fremde in das Kernterritorium tritt.

2. Der nicht so selten, aber typischerweise anzutreffende Hund ist derjenige, der dem Postboten so gut bekannt ist. Dieser Hund sagt dem Fremden deutlich, dass er hier nichts zu suchen hat. Dieser Hund macht klar, dass dies hier SEIN Zuhause ist. Ein Mitesser oder zumindest potentieller Nutznießer oder Aggressor wird hier nicht geduldet. Mitunter gibt es da auch Schlawiner, die den Fremden, ganz in Manier der menschlichen Gewohnheiten, zwar hinein lassen, sie diesem Eindringling dann aber klar machen, dass sie sich hier drin am besten reglos verhalten oder, dass sie als fremder Eindringling nun ihm gehören. Der Hund lässt den neuen Besitz dann einfach nicht mehr gehen oder er verhindert durch aggressive Zurechtweisung jede Bewegung des Menschen, um etwas Schlimmeres zu vermeiden. Der Hund kann ja die Handlungen des Menschen nicht abschätzen, weshalb er grundsätzlich jede Bewegung des Eindringlings verbietet.

3. Der in der Begegnung mit Fremden im Kernterritorium eher häufig anzutreffende Hund ist derjenige, der mit leicht gesenktem Kopf freundlich, aber vorsichtig heran kommt und sich sachte an den Schenkel des Fremden stellt. Er schmiegt sich zärtlich an, angelt sachte mit der Pfote nach der Aufmerksamkeit des Fremden oder er legt sich, manche sogar mit Volldampf, auf den Rücken. So jemand signalisiert, dass man mit ihm auskommen kann. Er macht gut Wetter oder zeigt sich sogar demütig. Seine Aussage ist: "Was immer du hier möchtest, nimm es dir, aber tue mir bitte nichts an." Er macht klar, ein „lieber Hund" zu sein, damit er bei einer negativen Intension des Fremden gute Karten hat verschont zu werden. Vor lauter Stress des Beschwichtigens bei einem potentiellen Aggressor, verlieren manche Hunde sogar ungezielt Urin.

4. Letztendlich ist in unserer Region einer der häufigste Hund der, welcher noch nie irgendetwas Negatives in der Menschenwelt erfahren hat. Er ist von klein auf wohlbehütet bei seinen Menschen aufgewachsen, welche ihm mitunter seine momentanen Wünsche erfüllen, ohne ihn je reglementiert oder ihm sinnvolle, persönliche Grenzen gezeigt zu haben. Hier findet das typische Nebeneinander statt, indem mal angeleint wird und mal nicht, er oft alleine bleiben muss und andererseits unklare Interaktion herrscht. Mal wird was gesagt, mal nicht. Mal wird sich wiederholt, mal wird hingenommen, dass er auf eine Ansprache nicht reagiert. Dieser Hund, vor allem, wenn es ein kontaktfreudiger Charakter ist, trabt oder stürmt durchaus mit freundlichen Körpersignalen zum Besuch, rennt um diesen herum oder hüpft unermüdlich an ihm hoch. Hier wird oftmals gedacht, dass er sich einfach freuen würde. Es wird gedacht, dass er „begrüßen" würde. Dieser Hund hat grundsätzlich aber eine andere Intention. Er macht deutlich, dass er hier der Ansprechpartner ist. Ohne Gedanken daran, dass seitens eines Menschen etwas Schlimmes passieren könnte, signalisiert er freundlich aber deutlich, dass man sich mit ihm zu unterhalten hat, wenn man hier herein kommt. Er ist derjenige, der den Besuch in Empfang und in Beschlag nimmt, wobei von ihm meist nicht einmal wahr genommen wird, dass seine Familienmitglieder, also diese Menschen, mit denen er zusammen lebt, auch da sind.

Das Problem des Ausgelieferten

Man sieht also bei den einzelnen Individuen in gleichartigen Situationen verschiedene Verhaltensweisen. Dahingehend machen sich die Menschen immer viele Gedanken, warum ihr Hund in bestimmten Situationen auf bestimmte Weise reagiert. Da wird dann sinniert, warum er das eine oder andere macht und es wird darüber nachgedacht, wie man in diesen Situationen richtig reagieren könnte, um seinen Zögling zu erziehen. Oft höre ich auch Aussagen, in denen geschildert wird, wann er wie was macht, und dass es hierhingehend auch Ausnahmen gibt. Dabei ist wieder erkennbar, wie der Hund als Person unterschätzt wird. Denn bei den Überlegungen hinsichtlich des Verhaltens ihres Lieblings wird versucht, die momentane Situation zu durchschauen. Es wird versucht zu erkennen, warum er in diesem Augenblick so etwas macht. Dabei sehen die Menschen das Leben dieser Person, die sie hier vor sich haben und die wahrhaftigen Umstände darin nicht. Denn das Problem des Schützlings ist sein empfundener Zwang, eine Entscheidung fällen zu müssen. Eine Entscheidung in einer Welt, die er

nicht versteht. Dabei fühlt er den Entscheidungsdruck deshalb, da er niemanden hat, der vor ihm stehen würde. Er hat niemanden, der Herr der Lage ist. Er hat also keinen Familienvorstand. Er hat keinen Orientierungspunkt und keine Anlehnung an einem liebvollen, aber entscheidungsgewaltigen Familienmitglied, welches sich hier, in dieser Menschenwelt nicht nur auskennt, sondern sich auch nicht die Stellung des Familienoberhauptes streitig machen lassen würde – weder innerfamiliär noch von der Umwelt. Ein Geborgenheitshort, der weiß, wie es läuft und der es im Griff hat. Wäre jemand da, der die Zügel in der Hand hält und der die familienbezogenen Entscheidungen fällt, dann hätte der Hund auch Orientierung und Entspannung in Anlehnung an dieses souveräne Individuum. Er bräuchte einfach ein liebevolles, aber klares Familienoberhaupt.
Es ist also gleichgültig, wie die Entscheidung des jeweiligen Hundes aussieht, ob er sich verkriecht, ob er abwehrt, sich einschmeichelt oder ob er die Unterhaltung führt. Kraft seiner Erfahrungen fällt er eine situationsbedingte, individuelle Entscheidung, da er, mangels eines Geborgenheit spendenden Familienoberhauptes, das Gefühl hat, handeln zu müssen. Das Resultat seiner Entscheidung ist aber sekundär, primär ist, dass er die emotionale Haltung in sich trägt, eine Entscheidung fällen zu müssen, da er nicht das Gefühlt hat, dass diese Entscheidung jemand aus der Gruppe seiner Spielkumpels, Essensgeber, Türöffner oder Fesselhalter fällt, fällen sollte oder fällen könnte. Nein, seine Kumpels nimmt er hinsichtlich einer interessanten oder gar prekären Situation oft nicht einmal wahr.

Der, hinsichtlich unserer erwachsenen Gesellschaft Ausgelieferte hat also das Problem, in einer undurchschaubaren Lebensweise, in die er gezwungen wird, keinen starken Orientierungspunkt zu haben. Einen Orientierungspunkt, bei dem er weiß: „Wenn dieser mich lieb habende Mensch da ist, dann hat er das Geschehen immer im Griff. Dieser, mein mich lieb habender Familienvorstand, weiß was zu tun ist und das lässt er sich auch nicht nehmen." Das sollte, bei aller Liebe, die Erkenntnis des Zöglings hinsichtlich der Familienverhältnisse seitens der Erziehungsberechtigten sein.
Solange er also einen Entscheidungszwang empfindet, kann es ihm in unserer Gesellschaft gar nicht gut gehen. Wie soll denn derjenige, der diese erwachsene Menschengesellschaft nicht durchschaut und beherrscht, das Familienoberhaupt sein? Wie sollte gerade der Hund in einer Welt, in welcher er sich nicht frei bewegen kann, sich nicht einmal selbständig ernähren und er nicht einmal mitreden kann, derjenige sein, der das Sagen hat? In einer Welt, in welcher er die Interaktionen zwischen den Menschen, die hier alles

ständig verändern und handhaben, nicht einschätzen kann, kann er nicht führen. Wie soll er in einer Welt Entscheidungen fällen, wo er nicht einmal versteht, warum ein fremder Mensch in das Kernterritorium tritt oder warum auch fremde Hündinnen und Rüden im Terrain des Spaziergangs, also in dem, aus seiner Sicht, erweiterten Territorium, herum laufen?
Es muss einem letztlich klar werden, dass jeder, der keinen Familienvorstand vor sich hat, sich gezwungen sieht Entscheidungen zu fällen. Genau so ergeht es dem typischen Hund: Mangels Anlehnung an ein Familienoberhaupt (oder mehrere) versucht er sein Leben irgendwie selbst zu meistern. Einerseits ignoriert der Zögling also die Ansprache seiner untergestellten oder gleichgestellten Familienmitglieder, Spielekumpel oder notwendigen Übel, wenn er es möchte, da er grundsätzlich selbstbestimmt, also geradezu solitär seinen Alltag meistert und seine Entscheidungen fällt. Andererseits empfindet er Entscheidungsdruck, wenn sich Situationen anbahnen, die er nicht durchschauen kann.
Fasst man nun zusammen, so wird einem deutlich, dass man alle Fliegen mit einer Klappe schlagen kann, wenn man sich als ein zwar liebevolles, aber dennoch respektiertes Familienoberhaupt darstellt. Dann kann man seinen Zögling kommunikativ daran hindern, gesellschaftlich anzuecken oder in Gefahrensituationen hinein zu geraten. Des Weiteren nimmt man ihm den Entscheidungsdruck in einer Welt, die er nicht durchschauen kann. Somit bietet man ihm Entspannung, Geborgenheit und das, was Familie ausmacht.

Immer wieder sieht man Hunde, welche entweder ständig Angst haben oder die versuchen, ihren Status, welcher ihnen durch falschen Umgang verliehen wird, darzustellen. Da wird mitunter im Auto ein höllisches Theater veranstaltet, sobald ein anderer Hund oder gar ein Mensch vorbei läuft oder es wird vom Balkon herunter gebrüllt und an den Gartenzaun geschossen, sobald jemand des Weges kommt. An der Leine sieht es meist nicht besser aus. Meistens zeigt sich dieses Auf-Den-Putz-Hauen des Hundes sogar noch deutlicher, wenn sein Kumpel ihn an sich fesselt – Druck, auch mittels Freiheitsbegrenzung, erzeugt eben grundsätzlich Gegendruck. Ob mit oder ohne Leine, wird sich beim Fremden eingeschmeichelt, um Schlimmeres zu verhindern, es wird sich vor dem Fremden versteckt oder es wird Streit mit ihm angefangen, wenn nicht sogar gleich angegriffen wird, da man im Erstschlag die besten Siegesaussichten hat. Wenn fremde Hunde untereinander aggressiv werden, dann sagen Menschen auch gerne so etwas wie: „Lass nur, das müssen die unter sich aus machen.", womit diese Menschen ihrem Hund und der Umwelt auch noch tatkräftig zu erkennen geben, dass seine Anfüh-

rer-Position richtig ist, und dass sie selbst hier nichts zu sagen haben. Beziehungsweise wird der Angegriffene schändlich im Stich gelassen.
Andererseits gehen die Hunde mitunter jagen oder Komposthaufen plündern, und wenn sie wollen, blenden sie es einfach aus, wenn ihre Menschen ihnen etwas signalisieren.
All diese Hunde leben die Begebenheiten ihrer sie mächtig machenden Verhältnisse. Sie versuchen ihren Status darzustellen oder ihre Haut zu retten. Sie leben schlichtweg selbstbestimmt, ohne sich an irgendjemandem zu orientieren. Für manche ausgelieferte Individuen zeigt sich mitunter noch eine angespanntere Situation, indem sie sich, als letzten Ausweg, tatsächlich ängstlich an ihren Menschen wenden, ohne dabei die ersehnte Geborgenheit zu erfahren.

Ein Leinenbeispiel: Wie würde man sich fühlen, wenn man von seinem Kind im Schlafzimmer eingesperrt würde? Das wäre schlicht inakzeptabel. Man würde verdammt ärgerlich werden. Wie könnte denn derjenige, der nicht Familienvorstand ist, auf vernünftige Weise dafür sorgen, dass der Familienvorstand im Zimmer bleibt? Er könnte nur darum bitten. Dabei wäre die Bitte davon abgängig, ob der Gebetene darauf eingehen möchte, doch würde sich der Familienvorstand keinesfalls einschließen lassen. Andererseits könnte der Familienvorstand dem Zögling anordnen, dass dieser in das Zimmer gehen und dort bleiben soll. Wenn man jetzt tatsächlich den Familienvorstand darstellt, dann muss man hinter dem Kind auch nicht die Türe schließen, denn es respektiert die Anordnung, egal wie freundlich sie ausgesprochen wurde. Also: Warum brauchen die Menschen immer Leinen für ihre Hunde? Weil sie nicht der Familienvorstand sind. Und wie fühlt sich dann der Hund, wenn er von dem Kumpel an sich gefesselt wird? Wie wir, wenn wir von unserem Kind oder einem Kumpel in ein Zimmer geschlossen werden.
Das soll nicht heißen, dass der Hund einen als sein Kind ansieht, aber wenn man nicht respektabel ist, dann ist sein Gefühl nicht viel besser, sobald er mal wieder von seinem Menschen an der Freiheit gehindert wird. Wo ist in dieser Welt die vorstehende Persönlichkeit der Familie, welche dementsprechend auch der Entscheidungsträger ist? Wo ist diese Persönlichkeit, welche Geborgenheit spendet, womit auch deren Signale respektiert werden? Schlussendlich muss man verstehen, dass derjenige, der das Leben nicht selbständig meistern kann, jemanden Akzeptierenden und auch Liebevollen aber mental Starken vor sich haben muss, der dieses Leben sichtlich meistern kann. Mit Stärke ist hier nicht Köperkraft, sondern Selbstsicherheit

gemeint. Selbstsicherheit bedeutet dabei keinesfalls Aggressivität, sondern Stabilität. Nur so kann ein ausgeliefertes Individuum ein besonnenes, ausgeglichenes und glückliches Leben führen. Spielkumpels und Türöffner helfen in Stresssituationen nichts. In entsprechenden Reizsituationen hilft nur die Anlehnung an jemanden, der weiß, wie es läuft.

Ein Umkehrbeispiel

Um im Hinblick darauf, in welcher undurchschaubaren Welt der Hund leben muss, ein besseres Gefühl für seinen Schützling zu entwickeln, kann man sich in eine ähnliche Lebenssituation versetzen:
Angenommen, man begibt sich interessehalber in die Wüste. Wenn man sich hier nun einen völlig fremden Kulturkreis, zum Beispiel der Nomaden, ansehen möchte, dann geht man am besten mit einer Reisegruppe mit, ansonsten müsste man mit dem Schlimmsten rechnen. In der Reisegruppe sind aber Menschen dabei, und seien es Einheimische, welche sich mit den Gepflogenheiten dieser Nomaden auskennen. Dort kann man sich sicher fühlen, denn diese Reiseleiter wissen, wann man wo hin geht und wie man es macht, um nicht den Säbel der Nomaden verspüren zu müssen. Würde man alleine hin gehen, dann müsste man damit rechnen ausgeraubt und tot im Wüstensand liegen zu bleiben. Also geht man mit einem Reiseleiter mit, der ein Geschäft mit dieser Nomadensippe macht, welche daraufhin duldet, dass man zwischen ihnen herum läuft und deren Lebensweise betrachtet.
Jetzt befindet man sich also dort, schlendert zwischen den Zelten umher und ist etwas gedankenabwesend, woraufhin man den Anschluss an den Bus mit der Reisegruppe verliert. Mit einem Mal stellt man fest, dass man mutterseelenallein zwischen den einerseits mit Säbel und andererseits mit Flinte bewaffneten Nomaden steht. Man kann sich leicht ausmalen, wie einem plötzlich mulmig zumute wird. In fünfhundert Kilometer Umkreis gibt es keine bekannte Zivilisation, kein Handynetz, keine Polizei, kein Krankenhaus, kein Touristenzentrum, keinen Supermarkt und keinen Landsmann. Hier und jetzt sieht man sich unmittelbar diesen Nomaden ausgeliefert. Man hat keine Ahnung, in welcher Situation einem der Kopf abgeschlagen, die Hände abgehackt oder man schlicht an den nächsten Brunnen gehängt wird. Das ist der Moment, in welchem man kleinlaut wird. Dies ist vergleichbar mit dem Hund, der aus dem Tierheim geholt wird. In den nächsten Tagen ist er eben kleinlaut. Er weiß doch noch nicht, warum er hier ist, ob er bleiben darf, ob er zu Essen bekommt oder ob er gar das Essen darstellt.

Dann, nach wenigen Wochen, wundern sich die Menschen, dass der Hund plötzlich Dinge unternimmt, welche man ihm bisher nicht zugetraut hatte und welche fortan immer schwieriger werden. „Anfangs wussten wir gar nicht, ob der bellen kann.", ist eine häufige Äußerung, wenn die Menschen beginnen, die Problemsituationen dar zu stellen. Bezieht man das auf obiges Beispiel, in welchem man plötzlich einem fremden Kulturkreis ausgeliefert ist, kann man die Zusammenhänge erkennen. Man steht im ersten Moment also kleinlaut zwischen diesen Fremden in dieser undurchschaubaren Kultur. In den nächsten Tagen erlebt man aber, dass diese Nomaden einen umgarnen und sie sich an dem Fremden, welchen man darstellt, orientieren. Man kann sich aussuchen, wann man wohin geht, die Nomaden gehen mit. Falls man auf den Marsch durch die Wüste keine Lust mehr hat, setzt man sich einfach in den Sand, woraufhin sich alle fünfzig Nomaden niederlassen, einem ein Sonnendach gespendet wird, sowie man mit Essen und Wasser versorgt wird. Beim täglichen Umherschlendern wendet sich einem jeder Nomade, dem man begegnet, aufmerksam zu. Jeden neuen Tag erfährt man einmal mehr, wie umgarnend diese Nomaden sind. Geht man nach links, gehen auch die Nomaden nach links, geht man nach rechts, dann gehen sie eben dort lang. Begegnet man einem, dann unterbricht er alles andere, lächelt einem zu, bietet etwas Leckeres an, pflegt einen oder sinnt schlicht darüber nach, wie er einem etwas Gutes tun kann. Derart umgarnt würde man bald ungefragt in jedes Zelt gehen und auf jedem beliebigen Teppich schlafen. Es geht bald soweit, dass man sich ungefragt hinzu setzt und aus demselben Topf einer der Nomaden isst. Das macht man sogar auf eine nette und lächelnde Weise, aber man hat nicht mehr das Gefühl, etwas Falsches zu machen, bzw. hinterfragt die eigenen Handlungen nicht mehr. Bei all der Umgarnung würde man sich vorherrschend wähnen und benehmen. Alsbald würde man furchtlos, lächelnd und ausgelassen durch die Sippe marschieren und sich nehmen, was einem gefällt - eben so, wie sich die meisten Hunde ihren Menschen gegenüber benehmen. Man wäre also nicht unfreundlich, warum denn auch? Aber man hätte auch keinen Respekt mehr. Alles in allem würde das innerhalb dieses relativen Gruppenlebens auch kein weiteres Problem darstellen, wenn die anderen das dulden. Doch eines Tages, nachdem man sich zwischen "seinen" Nomaden wie Gott in Frankreich fühlt, ist es soweit, dass ein fremdes Nomadenvolk auf das hiesige zureitet. Die Staubwolke am Horizont wird immer größer, und die fremde Sippe kommt unaufhaltsam näher. Was würde man jetzt tun? Gezielt schießen oder einen Tee anbieten? Verneigt man sich oder bleibt man aufrecht? Geht es jetzt ums Ganze oder kann man einfach aneinander vorbei gehen? Man weiß es nicht,

da man keine Ahnung von den Gepflogenheiten der Nomaden hat. In der brenzligen Situation zeigt es sich, dass man bei aller Umgarnung, bei aller Bedienung und Bevorrechtigung keine Ahnung von der Kultur und den Geschehnissen einer Begegnung hat. Da hilft es auch nichts, ständig der umgarnte Mittelpunkt zu sein. Jetzt und hier sieht man sich plötzlich in einer brenzligen Situation, ohne einen Orientierungspunkt zu haben, da man ja nur so eine Art Kumpels um sich hat. Dabei hat man keine Ahnung, was das richtige Verhalten wäre.
Ebenso geht es jedem Hund, an jedem Tag, wenn er keinen hat, der vor ihm steht. Immer, wenn ein anderer Hund oder die Katze auftaucht, wenn es an der Tür klingelt oder wenn irgendetwas Ungewöhnliches, wie ein lauter Knall in der Umgebung, geschieht, sieht sich der Hund in einer fremden Welt in einem Entscheidungszwang, solange er keinen Familienvorstand vor sich hat.

Ohne jemanden, der dieses Tagesgeschehen versteht und im Griff hat, kann der Hund sich nicht entspannen. Dann erfährt man meist Aussagen wie: „Zuhause ist er ganz lieb, bloß wenn Besuch kommt oder wenn wir draußen jemandem begegnen, dann macht mein Hund Probleme." Wir wären zu unseren Nomaden auch nicht aggressiv, brutal oder unfreundlich. Warum auch? Diese umgarnenden Leute wären doch unser vorteilhafter Lebensstandart. Sobald aber Außenreize in unsere Sicherheit dringen würden, wäre es vorbei mit der Entspannung, zumindest wenn wir in diesen undurchschaubaren Gepflogenheiten meinen würden der Anführer zu sein, was man allein dann schon empfindet, wenn man keinen Anführer vor sich hat. Dann sieht man sich zumindest hinsichtlich des eigenen Lebens in einer Entscheidungsposition.

Um den Hund in unserer Gesellschaft noch tiefergehender zu verstehen, kann man sich noch in ein weiteres Beispiel versetzen, welches auf die Geborgenheit hinaus läuft. Viele Menschen halten ein Umsorgen und Verwöhnen für Geborgenheit. Doch in Zusammenhang damit, akzeptiert zu sein, ist Geborgenheit nichts anderes als ein Sicherheitsgefühl. Zu diesem Beispiel versetzt man sich noch einmal in die Nomaden-Situation, in welcher man den Anschluss an die Reisegruppe verpasst hat. Man steht mit einem Mal wieder zwischen dieser Sippe, einsam und ahnungslos in Bezug auf deren Lebensweise. Wieder wird man kleinlaut und man nimmt sich zunächst nichts heraus. In diesem Beispiel sind diese Nomaden jedoch nicht umgarnend. Man wird von ihnen einfach links liegen gelassen, während sie

ihr Tagesgeschehen weiter treiben. Wenn man hier überlebt, indem man etwa die Mülleimer plündert, um sich zu ernähren, wird man sich auch nach Monaten nicht ungefragt auf einen Teppich begeben oder gar in ein Zelt gehen. Und niemals wird man jemandem ungefragt irgendwelche Datteln aus der Hand nehmen oder aus dessen Topf löffeln, ansonsten müsste man mit allem rechnen. Jetzt nimmt man weiterhin an, es gäbe dort jemanden, dem Himmel sei Dank, der einem täglich ein Essen hin stellt. Derjenige ist auch noch mehr als nett und erfüllt einem mit vielerlei Verneigungen jeden Wunsch. Dieser eine Nomade ist der Diener der anderen und er ist der Einzige, der einen beachtet. Jeden Tag bemüht er sich, diesem Fremden, den man selbst darstellt, den Aufenthalt so angenehm wie möglich zu machen. Man wird von demjenigen also vorherrschend behandelt. In der Folge wird man bemüht sein, diesen Nomaden nicht aus den Augen zu verlieren. Packt diese Sippe ihre Sachen und zieht weiter, wird man darauf achten, diesen Hinwendungsort nicht zu verlieren. Im normalen Tagesgeschehen hat man aber nicht das Gefühlt, sich um den Diener bemühen zu müssen, da er einen ja umgarnt. Dies ist Vergleichbar mit der Aussage von vielen Hundehaltern, in welcher sie zugeben, dass ihr Hund schon frech ist, sie aber mit Stolz schildern, dass ihr Hund kommt, sobald sie auf dem Spaziergang die Richtung wechseln. Der Hund respektiert seinen Menschen noch lange nicht, nur weil er seinen Kumpel und seine Futterquelle nicht verlieren möchte.
Gleichgültig, wie viele Essen der eine Nomade uns hinstellen würde, solange er sich umgarnend verhält, würden wir dennoch keinen Respekt hinsichtlich seiner Persönlichkeit haben. Man wäre nicht unfreundlich zu ihm. Warum denn auch? Aber man könnte sich bei ihm auch nicht sicher fühlen. Denn, wenn die anderen Nomaden eines schönen Abends beschließen, diesen Fremden, den man darstellt, aufzuknüpfen, wird oder kann uns unser positionsschwache Nomade nicht helfen. Und wenn er einem tausendmal ein Essen hin gestellt hat, ist er in dieser Situation keine sichere Anlaufstelle. Er wird verprügelt oder daneben gehängt, wenn er versuchen würde, seinen angehimmelten Fremden zu verteidigen. Man fühlt sich bei so einem Individuum also nicht geborgen, egal wie sehr sich um einen bemüht wird.
Ein Gefühl der Geborgenheit ist ein Gefühl der Sicherheit. Also, wessen Gunst hätte man in solch einer Situation am liebsten? Natürlich die des Anführers. Wie auch immer dieser dort genannt wird, Chef, König oder Häuptling, wenn derjenige einem eines Tages wohl gesonnen ist, befindet man sich fortan auf der sichersten Seite. Erst wenn jemand, der auch ein Jemand darstellt, sagt, dass man fortan zu ihm gehören darf, kann man sich auf der sicheren Seite wähnen. Man wird sich also so benehmen, dass dieser

Anführer positiv auf einen aufmerksam wird, und man es sich auch in der Folge nicht mit ihm verscherzt. Wenn man zu ihm gehören darf, dann können die anderen ruhig kommen und einen aufknüpfen wollen, der Anführer wird sagen: "Finger weg, der gehört zu mir." Und dann sind die Finger weg! Wenn man sich dann noch vorstellt, dass dieser Nomadenanführer einen auch mag, er einen gerne sieht und er gerne mit einem Zeit verbringt, dann ist die Welt vollends in Ordnung. Dann möchte man wahrscheinlich nicht einmal mehr zurück in sein ursprüngliches Zuhause.

Fazit

Möchte man seinem Hund Geborgenheit und somit die Möglichkeit auf Ausgeglichenheit und Anlehnung bieten, dann muss man auch der sein, welcher das Tagesgeschehen meistert. Derjenige, der Probleme problemlos löst oder besser noch, derjenige, bei dem erst gar keine Probleme entstehen. Schlichtweg die Persönlichkeit innerhalb der Familie und Menschenwelt, welche genau weiß, wie es funktioniert: Der Entscheidungsträger oder, emotionaler gesagt, hat man sich wie Mutter oder Vater darzustellen. Dabei ist weder das Genom noch die Zeugung des Zöglings gemeint, sonder rein die Position: Man liebt seinen Zögling, was der auch fühlen muss, genau so, wie er fühlen muss, wen er hinsichtlich der Entscheidungsgewalt für diese Familie vor sich hat.
Man erkennt wieder, dass dies, neben den ersten beiden Gründen, nicht gesellschaftlich anecken zu wollen und seinen Schützling aus Gefahren heraus halten zu wollen, der dritte Grund ist, warum man sich selbst als liebevolles, aber respektiertes Familienoberhaupt darstellen sollte. Der Zögling kann diese Menschenwelt nicht lenken. Wenn er Entlastung, Ausgeglichenheit, innere Ruhe und Geborgenheit empfinden soll, dann muss man eben selbst das Familienoberhaupt und damit auch der Ruhepol und Geborgenheitsspender sein.

In unserer naturentfremdeten Welt ist man einem Chef gegenüber oft negativ eingestellt. Aufgrund von Zahlen auf einem Papier (Noten), aufgrund von Geld oder Begünstigung von Freunden und Familienmitgliedern kommen so manche Leute in Führungspositionen, weshalb man oft Menschen vor sich hat, welchen man nicht wirklich positiv respektiertes Ansehen entgegen bringt. Eben Menschen in gehobenen Positionen, welche nicht die entsprechende innere Haltung, bzw. passende Persönlichkeit haben. Mitun-

ter hat man dann Duckmäuser, inkompetente Möchtegerns oder Schreihälse vor sich. In der Natur gibt es solche Scharlatanerie nicht. Hier ist Entscheidungsträger, wer das Zeug dazu hat. Dort hat man auch kein negatives Gefühl für jemanden, der die entsprechende Souveränität mit sich bringt. Das ist dann kein Schreihals, sondern jemand Entspanntes, der es einfach besser kann als man selbst.
Schafft man es, eine solche entspannte Familienoberhaupt-Position einzunehmen, wird man auch erleben, wie der junge Hund in Reizsituationen dennoch auf Ansprache seines Menschen antwortet. Und wenn er erwachsen ist, wird eine Anordnung kaum noch nötig sein, da er in diesem Gefüge nicht die Entscheidung fällt, welcher Hund vorbei gehen darf oder welches Wild wann gejagt wird. Ist man dabei kein Tyrann, sondern einfach nur ein Familienoberhaupt, wird der Schützling sein Leben genießen. Er wird seine Umwelt interessiert wahr nehmen, herumspielen, gerne Kontakt mit aggressionslosen Artgenossen und noch lieber Kontakt mit seiner Familie haben, in der er gerne lebt. Aber er wird keine unangenehmen Entscheidungen hinsichtlich des Umfeldes fällen. Diese Entscheidungen überlässt er dem Familienoberhaupt.

Zur inneren Haltung kann man also sagen, dass man bemüht sein sollte, seinen Hund als Individuum und Person ernst zu nehmen. Dabei sollte spiegelgleich die Erkenntnis einhergehen, auch selbst eine möglichst liebevolle und auch lebensfrohe, aber ernst zu nehmende Person zu sein.

Hinsichtlich dieses Familiengefüges ziehe ich gerne den Vergleich zum Menschenkind, denn Respekt hat nichts mit Furcht oder Erniedrigung zu tun. So manche haben sich mir heimlich schon anvertraut, dass ihr Hund Kindersatz sei, wobei andere schon äußerten, dass sie darauf achten, den Hund nicht als Kind zu sehen. Dabei ist es genau das, was er letztendlich ist. Denn wenn man ein Kind hat, dann sollte es eine Selbstverständlichkeit sein das Kind zu lieben. Bei jedem vernünftigen, Brutfürsorge betreibendem Tier ist dies so, ansonsten stimmt etwas nicht. Und der einzige Grund, irgendeinen Ausgelieferten zu sich zu holen, ist genau der, da man ihn lieb hat. Der Körper spielt dabei keine Rolle, man hat immer jemanden vor sich, der eine umfassende Gefühlswelt in sich trägt, die nicht geringer ist als die Eigene. Dabei ist derjenige, den man da zu sich geholt hat, einem schuldlos ausgeliefert. Und wie ist es bei dem Kind? Man nimmt mal in den Arm, man ist sofort für sein Kind da, wenn es ein Problem hat, und man ist auch mal ausgelassen und spielerisch. Doch sollte es bei aller Liebe, bei aller Ausgelassenheit und Zuneigung so sein, dass man eine Anordnung aussprechen kann. „Sei mal still, ich telefoniere gerade.", „Sei um acht Zuhause.", „Mach bis morgen deine Hausaufgaben." oder „Iss jetzt keine Schokolade mehr, gleich gibt es Mittagessen." Das sollte jeweils keine Diskussion, kein Streit und auch keine Bitte sein, sondern, bei aller Ruhe und Entspannung, sollte dies jeweils eine Anordnung sein.

Genau dieselbe Situation sollte auch in der Beziehung mit dem Hund gegeben sein. Bei allem Schmusen und auch Spielen, sollte ein „Hier", ein „Nein" oder was auch immer, keine Diskussion und auch kein Streit werden, sondern es sollte eine zu beachtende Anordnung des Familienoberhauptes darstellen. Die Situation hinsichtlich Kind, Tier oder irgendeinem nicht selbstständigen Lebewesen, welches mit einem den Alltag verbringt, ist letztendlich dieselbe, indem dieses Lebewesen einem selbst und dieser undurchschaubaren Gesellschaft der erwachsenen Menschen ausgeliefert ist, während es nicht anders fühlt, als man sich selbst auch fühlen würde, wenn man sich in derselben Situation befände. Dabei hat dieses jeweilige Lebewesen in keinem Fall darum gebeten, einem ausgeliefert zu sein.

Die Grundlage bleibt sich also gleich, indem man Signale sowie die Entscheidungsgewalten innerhalb dieser Sozialgemeinschaft klärt. Dabei muss man immer selbst derjenige sein, der die höhere Entscheidungsgewalt hat, denn das andere Individuum kann es ja nicht, sonst wäre es einem nicht ausgeliefert. Das alles hat aber nichts damit zu tun, kalt, hartherzig oder lieblos zu sein. Im Gegenteil: Der emotionale Zusammenschluss ist eher die Grundlage dafür, dass es den Zöglingen auch emotional gut geht. Sie sollen ja nicht einfach nur folgen, sondern auch glücklich sein.

Eine Respektsposition ist also nichts Schlechtes, solange man es schafft, diese ohne unnötige Aggression, ohne Furcht und ohne Brutalität zu erreichen. Im Gegenteil ist eine solche Position sogar eine Notwendigkeit, um denjenigen, die diese erwachsene Menschenwelt nicht durchschauen, ein gutes Zuhause zu bieten.

Die innere Haltung, also die emotionale Einstellung, ergibt das Resultat des Charakters seines Schützlings. Wenn man denkt und fühlt, dass der Hund einfach ein Ding ist, welches seine Aufgabe erledigen soll, dann hält man ihn in erniedrigenden und meist grausamen Lebensumständen. Ist die Gefühlshaltung, dass der Hund ein niedliches, possierliches, nettes, edles, gefährliches oder mutiges Tier ist, das grundsätzlich damit zufrieden ist zu Essen oder zu Spielen zu haben, dann wird das Resultat ein entsprechendes sein. Dabei wird man aber niemals ein glückliches und umfassendes Familien-

oder Gesellschaftsmitglied erziehen können. Man muss seinen Schützling mit seinem individuellen Charakter und seiner individuellen Persönlichkeit umfassend ernst nehmen, sowie man bei aller Liebe darauf zu achten hat, sich selbst ernst zu nehmend zu verhalten. Dann kann man als Ergebnis auch einen glücklichen und gesellschaftsfähigen Zögling erwarten, welchem man befriedigende Lebensumstände geboten hat.

Weder Hund noch Kind sehen sich als süß, niedlich, gefährlich oder hübsch. Sie leben einfach nur ihr Leben, welches sich durch das soziale Umfeld und den Umgang darin formt.

Das Menschenkind lernt über viele Jahre hinweg die Selbständigkeit, indem es auf der Grundlage der umfassenden Verbalsprache die erwachsene Menschenwelt zu durchschauen lernt. Der Welpe ist einfach nur ein Kind, nichts anderes sonst. Wobei sich der Rüde als Mann und die Hündin sich als Frau sieht, ohne die erwachsene Menschenwelt je zu durchschauen gelernt zu haben. Allesamt, Kind und auch erwachsene Hunde, sind dabei mit allen erdenklichen Gefühlen, wie jedes andere, in die Menschenwelt gezwungene Tier, einer fremden Welt ausgeliefert.

Hyperaktivität und ADS

Man kennt das: Jemand befindet sich mit seinem Hund (kein Welpe) auf dem Spaziergang und der Hund eilt völlig kopflos durch die Gegend. Er spielt nicht gezielt und es bestehen auch keine weiteren Reize. Dennoch saust er im dreißig Meter Umfeld um seinen Menschen umher, schnuppert hier, bellt ohne Sinn und ist recht ziellos in all seinem Gebaren. So manche Menschen sehen hier kein Problem. Diese Hyperaktivität wird mitunter als Lebensfreude interpretiert, wenn es überhaupt auffällt. Doch hat dies nichts Schönes an sich. Im Gegenteil, es fehlt diesem Hund etwas Entscheidendes für ein ausgeglichenes und bedürfnisbefriedigtes Leben: Ein Sozialpartner. Dieser Hund hat von Kindheit an kein vernünftiges Sozialsystem um sich. Er hat entweder einen Ignoranten oder nur einen Kumpel oder so etwas wie einen Diener oder Roboter zu Hause, anstatt einem tiefer gehenden Sozialpartner. Entweder wurde er einfach noch niemals als lebendes Individuum ernst genommen, wodurch eine Art Kaspar Hauser aus ihm wurde, oder er hat in seiner Kindheit gelernt, dass er grundsätzlich bekommt was er möchte. Falls er es mal nicht bekommt, dann ist eine mechanische Schranke (z. B. Leine) dafür verantwortlich, aber keine Person. In dem Fall des Individuums das schon immer der Mittelpunkt war, hat es weiterhin gelernt, wie es seinen Kumpel, Diener oder Roboter dazu bringt, zu machen was es möchte, wenn dieser Mittelpunkt nicht gar Aufträge erteilt. Der Zögling weiß dann, dass, wenn er sich neben seinen Menschen setzt und den Kopf schief legt, ihm dieser etwas zu Essen gegeben wird. Er hat auch gelernt, dass, wenn er zur Türe geht, ihm diese dann mindestens geöffnet wird, falls man nicht gar mit ihm spazieren geht. Und wann immer er eine Streicheleinheit möchte, stellt er sich einfach neben seinen Kumpel, der Rest geht dann von selbst. Und wenn dieser Kumpel tatsächlich mal nicht kann oder das Ding mal klemmt, so kommt doch mindestens etwas Anderes, wie etwa eine verbale Beachtung dabei heraus.

Der Hund hat begriffen, mit welchem Verhalten er was erreicht. Das war jetzt etwas überspitzt dargestellt, aber es trifft meist die Verhältnisse innerhalb des menschlich-familiären Durcheinanders, in welchem die Türe mal offen ist und mal zu, mal etwas fünf Mal gesagt wird und manchmal auch nicht. Mal auf etwas Undurchschaubares bestanden werden möchte und andererseits dann doch wieder akzeptiert wird, dass der süße Hund nicht darauf ein geht. Weder herrscht in der Kommunikation, noch im täglichen Einerlei Klarheit. Dabei kann der Zögling auch noch seine Menschen lenken.

Wenn dies von klein auf so geschieht, dann fehlt das wichtigste und vielleicht auch einzige Mittel um ein Individuum zu einem sinnvollen Gesellschaftsmitglied heranreifen zu lassen. Das Mittel schlechthin, um die Möglichkeit eines strukturierten Denkens zu schaffen. Dieses natürliche Mittel heißt wiederum personenbezogene Grenze. Es müssen also wieder diese Grenzen da sein, welche nicht mechanisch sind, sondern aufgrund einer Person bestehen, wodurch sich der Zögling dazu gezwungen sieht, in Kommunikation und Kooperation zu treten, um etwas zu erreichen. Und um mit Persönlichkeiten sinnvoll zu kommunizieren und zu kooperieren, muss sich der Zögling dann auch auf die herrschende Situation ein lassen.

Um dieses Prinzip zu erkennen, bei dem ein Individuum zu einem vernünftigen Gesellschaftsmitglied wird, wirft man am besten wieder einen Blick in die Natur. Seit Jahrmillionen leben die verschiedenen, sozialfähigen Säugetiere in Verbänden. Wie auch immer der Mensch diese Verbände nennt, Meute, Herde, Gruppe oder Rudel, die Prinzipien bleiben sich immer gleich. Es ist immer ein überschaubarer, sozialer Verband. Und zumindest, wenn die Gruppe aus weniger als etwa dreißig Individuen besteht, ist es immer das, was wir Familie nennen, mit tiefer emotionaler Zuneigung. Bei größerer Anzahl ist es eher so etwas wie ein Staatengebilde, innerhalb dessen enge und auch wenig ausgeprägte, persönliche und emotional tiefgehende Beziehungen bestehen.

Die Voraussetzung für Harmonie in einer solchen Gruppierung ist dabei die Persönlichkeits-, bzw. Rangabgrenzung. Erst wenn diese herrscht und damit auch akzeptiert wird, gibt es wohl kaum mehr einen Grund für eine Prügelei. In der Natur ist ein vernünftiges Sozialgeschehen überlebensnotwendig. Die Persönlichkeiten kristallisieren sich in einem Alltag heraus, der sich um das Fortbestehen und Überleben dreht. Hier kann man nicht immer nur die Zöglinge umgarnen oder sich auf die faule Haut legen. Es ist ein unbedingtes Muss, im Alltag vernünftig zu agieren. Ein Zusammenwirken, um den täglichen Überlebenskampf zu bewältigen, würde nicht existieren, wenn hier keine personenbezogenen Grenzen bestehen würden.

Hier sieht man auch schon, warum wir in unseren zivilisatorischen Hochburgen derartige Probleme haben: Wir müssen uns nicht mehr um unser Leben und Überleben bemühen. Wir müssen es nicht einmal mehr erarbeiten. Die Menschen haben es kaum noch nötig, sich zu behaupten oder sich gar vor dem Hunger- oder Feindestot zu schützen. In unserer Welt kann man sich als aktiver Arbeitsverweigerer in sein Wohnzimmer setzen und den ganzen Tag nichts machen, was einem dann auch noch bezahlt wird. Das persönlichkeitslose Gesetz hat die Überlebensbemühungen abgelöst. Und dann stehen die Menschen oftmals vor ihren Hunden oder Kindern und wissen nicht was tun. Manche wissen nicht einmal, dass sie etwas tun sollten. Viele Menschen habe in dieser geschenkten Umgebung schlicht nicht gelernt ein Jemand zu sein, womit das ausgelieferte Gegenüber entsprechend alleine gelassen wird.

Die Folgen fehlender Erziehung

In unserer Art des Umganges mit dem Zögling sieht man einen eklatanten Unterschied hinsichtlich der natürlichen Persönlichkeitsabgrenzung. Auch derjenige, der sich in unserer erwachsenen Gesellschaft nicht auskennt, erfährt oftmals keine sinnvollen, personenbezogenen Schranken. Von klein auf erfährt er ein Durcheinander und mitunter auch ein liebloses Nebenher oder ein regelrechtes Bedienen. Damit lernt er niemals Situationen richtig einzuschätzen, da der Zögling keine Anbindung an jemanden erfährt, mit dem man kommunizieren kann oder er es sogar ist, der immer die Situation bestimmt. Dieses Kind sieht sich nicht gezwungen, mit jemandem in Kommunikation zu treten, bzw. mit jemandem zu kooperieren. Also braucht sich das Individuum auch auf niemanden einzulassen, wenn es die Situation nicht gar bestimmt. Also lernt dieses Individuum nicht die gegebene Situation zu durchschauen, da es die Situation grundsätzlich bestimmt oder es sich einfach nicht darauf einlassen muss. Wenn dieses Individuum durch das Fehlen einer zwar liebevollen, aber unbeirrbaren Persönlichkeit die Situationen nicht einzuschätzen gelernt hat, dann kann es diese auch unmöglich akzeptieren, da es diese Situation ja gar nicht erkennt. Letztendlich sind dadurch, dass dieses Individuum, durch die fehlende, personenbezogene Grenze die Situation weder einschätzen, noch akzeptieren kann, all seine natürlichen Bedürfnisse und Gefühle gleichzeitig in ihm zugegen: Spiel - Ruhephase, Interaktion - Ignoranz, Lauschen - Sehen, Fremdkontakt – allein sein, sich durchsetzen - akzeptieren und so weiter. Der Zögling empfindet fortan alles gleichzeitig, da er, durch den Umstand der fehlenden Kommunikation und das Fehlen der erforderlichen Persönlichkeitsabgrenzung nie gelernt hat, die Situation einzuschätzen – er ist entweder allein gelassen oder er ist immer der beeinflussende oder sogar bestimmende Mittelpunkt, sobald er erscheint. Das heißt, dass der Zögling selbst ständig die Situation darstellt, anstatt sich in einer zu befinden.

Durch die allenfalls mechanischen Schranken in unserer Menschenwelt wie Türen, Leinen oder ähnliches, wird nicht kommuniziert, womit auch keine Kooperation erschaffen wird und vor allem kein liebevoller aber respektabler Familienvorstand erkennbar wird, und somit in dem Zögling keine Erkenntnis hinsichtlich der herrschenden Situation Einzug hält, wodurch die Akzeptanz der Situation nicht ermöglicht wird.
Es fehlt die Akzeptanz hinsichtlich einer Person, die hier entscheidungsgewaltig ist, wodurch auch die herrschende Situation erkannt und akzeptiert werden könnte. Also tritt die oben beschriebene Begebenheit des Fehlens der Erkenntnis hinsichtlich Situation und deren Akzeptanz ein, womit der Zögling nicht lernen kann, wie man sich im Sozialverband, also in sozialen Situationen, benimmt.
Im sozialen Verband hat man andere und deren Wünsche zu akzeptieren, was sich auch auf einen selbst spiegelt. Doch einfach wegsperren, mittels Leine fesseln oder andererseits grundsätzlich geben, was der Zögling möchte, damit man Ruhe hat oder weil man es unterschätzt, ist falsch. Dadurch enthält man ihm die Teilnahme an der Familie vor. Anders gesagt, kann das Kind einen solchen Umgang nicht als Familie interpretieren.

Die Entwicklung der Persönlichkeit

Ungeachtet der bestehenden Situation herrscht in einem Individuum, welches in seinem bisherigen Leben keine natürlichen Grenzen hinsichtlich Persönlichkeiten kennen gelernt hat, also immer derselbe, hektische und unerträgliche Gefühlssturm, welcher sich nie in ein Muster aus erkannten Situationen ordnen konnte. Hier kann man noch einen Schritt weiter gehen, indem man behauptet, dass ein derart aufgewachsenes Individuum auch nicht seine Persönlichkeit entfalten kann, da man ein soziales Umfeld braucht, um die eigene Persönlichkeit zu erkennen und zu entwickeln. Jeder Mensch weiß in seinem sozialen Umfeld, wie er sich wem gegenüber verhalten kann oder sollte. Wer mehr respektiert wird, demgegenüber wird man auch höflicher sein. Wird jemand nicht respektiert, kann man auch mal sagen: "Heute nicht, ruf mich morgen an." Oder man freut sich jemand Bestimmtes zu sehen, der sich genauso freut. Also auch in unserer Welt besteht das, was hinsichtlich der Tierwelt gemeinhin als Ränge bezeichnet wird. Durch Erfahrungswerte und das Wissen, wie man sich wem gegenüber verhalten kann, erhält man seine Persönlichkeit, da man eine bestimmte Stelle innerhalb dieser Sozialgruppe einnimmt. Durch die Erkenntnis des Anderen kann man sich ihm gegenüber also spiegeln. Und viele geborgenheitsbedürftige Individuen, ob Kind oder Hund, schwimmen diesbezüglich, da sie nie erfahren haben, wer sie im Gegenzug zu ihren „Familienmitgliedern“ denn eigentlich sind, da sich derjenige nie dargestellt hat. Es ist dann oftmals wie Elefant und Nashorn. Beide stehen auf derselben Steppe, essen dieselben Gräser, doch niemand kann dem anderen sagen, was er tun oder lassen soll. Dieses Bild der Unkenntnis über die eigene Identität, was durch die Unkenntnis über die Identität der anderen herrührt, ist ausgeprägt, wenn das Individuum wie oben beschrieben aufgewachsen ist. Sein Bedürfnis auf Sozialstruktur wurde nie befriedigt - das Individuum ist für die Anderen entweder niemand oder es hat nur unkenntliche Nebenher-Figuren oder gar Diener, aber keinen Jemand, und es hat folglich niemals gelernt ein Jemand zu sein.

Hyperaktivität oder Bedürfnisbefriedigungsdefizite in unserer modernen Welt

Mitunter wird heutzutage auch versucht, dieses Problem des unterforderten Zöglings durch vielerlei Unternehmungen mit ihm zu lösen, oder es werden gar Medikamente verabreicht. Letzteres ist ohne Worte aber typisch menschlich: Es entsteht ein Problem, woraufhin das Symptom behandelt wird, anstatt die Ursache der Problemsituation zu beheben.
Leider kennen die Menschen die Ursache der hier behandelten psychischen Erscheinungsbilder nicht, weshalb es in diesem Kapitel erklärt wird. Jedenfalls gehen manche Hundehalter beinahe täglich vom Obedience zum Agility, lassen den Hund am Fahrrad mit laufen, gehen joggen oder drei Mal täglich zwei Stunden spazieren, um ihren Hund geistig fordern und beruhigen zu wollen. Schön, wer die Zeit dazu hat. Aber dennoch ist der Schützling nicht ausgeglichen oder beruhigt. Des Abends eilt er ebenso hektisch und unbefriedigt umher, wie es auch bei Tagesbeginn der Fall war.
Hierzu wieder ein Beispiel: Man stelle sich einen hyperaktiven Hund in seiner Menschenfamilie vor. Die Menschen bemühen sich auch, doch schaffen sie es nicht, ihren Hund durch Unternehmungen zur Ausgeglichenheit zu bringen, da ein buntes Einerlei statt einer sozialen Struktur vorherrscht. So rennt der Hund aufgeregt und hyperaktiv durch die Gegend und reagiert explosiv auf jede Situationsänderung.
Andererseits lebt ein Hunderudel, von mir aus dieselbe Rasse oder besser noch die Geschwister und Eltern des eben beschriebenen, in einem be-

stimmten Gebiet. Dieses Gebiet ist nicht zu klein, so dass sie sich nicht eingesperrt und nicht ausgeliefert fühlen. Zur Ernährung wirft man ihnen täglich Essen hin. Unternommen wird mit diesen Hunden aber nichts, sondern man überlässt sie einfach sich selbst in diesem eingezäunten Quadratkilometer. Herrscht unter den Hunden ein heilloses, hyperaktives Durcheinander wie in der menschlichen Familie oder ein besonnenes Agieren? Selbstverständlich letzteres, ansonsten wäre es keine Familie (Rudel), sondern ein bunter Haufen an Hunden. Jetzt lässt man den unausgeglichenen, hyperaktiven Hund aus der Menschenfamilie in dieses Rudel und kehrt dem Ganzen den Rücken (so etwas nicht machen, das wäre gefährlich für den Schützling). Drei Wochen später schaut man sich das Gesamtbild an. Wenn er es geschafft hat dort aufgenommen zu werden, rennt er dann ebenso planlos, unausgeglichen und unsinnig durch die Gegend, wie er es bei seiner Menschenfamilie machte, oder ist Ruhe eingekehrt? Wieder eine rhetorische Frage, denn jeder gibt mir bei diesem Beispiel dieselbe Antwort: Er wird sich beruhig haben. Was ist aber der Unterschied?

Er hält sich nun einfach in einer gesunden Sozialstruktur auf, also in einer geklärten Struktur. Das bedeutet, dass er zu tun hat. Ständig hat er darauf zu achten, dem falschen nicht an den Karren zu fahren, mit ihm nicht zu machen was er möchte und ihm die Entscheidungen über die Familie zu überlassen, ansonsten würde er seinen Unmut wecken. Möchte er hier mit leben, darf er kein Querulant sein. Andererseits lässt er mit sich auch nicht einfach machen, was irgendein Jugendlicher gerade möchte, zumindest nicht, wenn er es nicht selbst möchte. Er achtet also auf die entscheidungsstärkeren Positionen und ist andererseits darum bemüht, seine eigene, nun gewonnene Persönlichkeit, nicht zu verlieren. Somit hat er zu tun, indem er auf erkannte Situationen vernünftig reagiert. Dadurch ist ein natürliches Gedankenmuster, Erkenntnis und Struktur eingekehrt. Er ist somit geistig ausgeglichen, da er sich situativ in die entsprechenden Gegebenheiten einfühlt und reagiert, ohne die Situation selbst darzustellen oder gar teilnahmslos zu sein. Er fühlt sich dadurch auch geborgen, dazugehörig und hat sinnvolle Kommunikation, wodurch er sich auch als einen Teil eines Ganzen erkennt, da ihm bewusst ist, wen er hier darstellt. Er kann sich und seine Position also in der klaren Interaktion mit den anderen abgrenzen, spiegeln und erkennen. Sein Bewusstsein hat eine Struktur erfahren, indem er situationsbedingt erkennen, handeln und akzeptieren gelernt hat. Somit findet in seinem Geist ein vernünftiger, situationsangepasster und strukturierter Gedankenfluss statt. Er ist also ein Teil eines Ganzen, womit er auch Persönlichkeit entwickelt hat, sowie er mit dieser gedanklichen Struktur, welche aufgrund der Abgrenzung mit den Persönlichkeiten der anderen statt gefunden hat, Ruhe und Ausgeglichenheit empfinden kann. Als Fazit kann man festhalten, dass der Hund, wie andere sozialfähige Säugetiere auch, erst eine Befriedigung erfährt, wenn er auch in einer Familie lebt. Damit ist nicht gemeint, dass irgendwelche Individuen einfach zugegen sind, sondern, dass, trotz aller Zuneigung, dennoch eine Abgrenzung der Persönlichkeiten und Entscheidungsgewalten besteht. Erst dann ist es auch eine Familie und nicht nur ein buntes Nebeneinander von verschiedenen Leuten. Dass hierbei jedes Individuum seinen eigenen Gen- und Phänotyp aufweist ist selbstredend. Beim einen ist mehr Energie notwendig als beim anderen, um sich als Persönlichkeit darzustellen, die nicht an die Wand redet. Das ist aber kein Grund aufzugeben, sich zurück zu lehnen und zu behaupten, der Zögling wäre psychisch gestört und eventuell sogar noch Medikamente zu verabreichen, damit man Ruhe hat.

Der Hund darf nicht isoliert sein. Er ist ein Teil des Ganzen und somit auch dabei. Am besten lebt er vierundzwanzig Stunden mit seinem Menschen zusammen. Er wird bestenfalls überall mit hin genommen, wo er sein darf (im Supermarkt geht's nicht) und wo es nicht ungesund für ihn ist (nicht, dass man ihm qualvoll auf dem Konzert das Gehör versaut). Doch, so viel er auch dabei ist, ist er währenddessen nicht der Mittelpunkt. Der Entscheidungsträger, also das Familienoberhaupt, ist dieser Mittelpunkt. Dieses Familienoberhaupt ist Ansprechpartner für die Außenwelt und entscheidet, wann wo hingegangen und welcher Fremde wo geduldet wird, während klar erkennbare Interaktionen stattfinden. Und plötzlich braucht man nicht mehr von A nach B mit seinem Schützling zu rennen, um ihm eine Chance auf Ausgeglichenheit geben zu wollen. Plötzlich hat man einen Begleithund, einen Partner, der sich zu einem funktionierenden Familiengeschehen zugehörig fühlt und dementsprechend auch zu tun hat, indem er den Entscheidungsträger nicht ausblendet und er im Schutze dieser liebevollen, aber starken Persönlichkeit keine Entscheidungszwänge empfindet. Dabei kann er mit allem Interesse die Welt in Geborgenheit und Anlehnung erfahren. Im Gegensatz dazu wird der Mensch dann einen Hund als echtes Familienmitglied haben, der auf Wunsch jederzeit mit seinem Familienoberhaupt kommuniziert und somit auch, durch eine gewisse Grundaufmerksamkeit, nur selten eine Anweisung und niemals eine Leine braucht.

Wichtig ist hier auch zu verstehen, dass ein Ranggefüge und sich liebhaben zunächst zweierlei Dinge sind. Die Menschen meinen oft, eine Respektsperson würde man nicht mögen. Das ist weit gefehlt, denn ein solcher Jemand braucht in seiner Darstellung keinesfalls derb, brutal, unterjochend oder versklavend zu sein, ansonsten ist er keine positive Respektsperson, sondern ein Aggressor. Das sind so "altpreußische" Gedanken, welche auf den alten Schutzhundeplätzen schon oft zu sehen waren. Eine Respektsperson muss nicht einmal laut werden. Im Gegenteil ist es so, dass man umso weniger eine positive Respektsperson darstellt, je mehr man sich gezwungen sieht laut werden zu müssen. Was aber heutzutage bei vielen Hundehaltern geschieht, ist, dass sie zum Psychopathen für ihre Hunde werden. Den ganzen Tag läuft es so, wie der Hund es möchte. Ständig erfährt er Ansprache und er bekommt was er möchte, oder es wird einfach hingenommen, wenn er nicht auf Ansprache seines Menschen reagiert. Immer wieder wird er auf nette Weise angesprochen, ohne dass eine Reaktion von ihm auch nur erwartet wird. Es werden mitunter Kommandos gesagt, die dann nicht befolgt werden müssen, da es ja gerade nicht dringend ist. Wenn dann aber eine Situation eintritt, in welcher der Hund folgen sollte, damit der Jogger sich nicht ärgert oder der Hund nicht unter die Räder kommt, wird er plötzlich angebrüllt oder Schlimmeres. Und das vom ansonsten so umsorgenden und umgarnenden Rangniederen; vom Möchtegern-Freund, für den der Hund in dieser undurchschaubaren Welt in Reizzuständen einfach keine Zeit hat. Das wird noch überboten, wenn der Hund auch noch den halben Tag alleine sein muss. Er hat schlichtweg kein Leben, zumindest kein schönes.
Wenn man weiß, wer in dieser Familie welche Entscheidungskompetenzen hat, ist ein gegenseitiges Liebhaben der Protagonisten auch auf einer wesentlich tieferen Ebene möglich, als wenn man nur "Spielekumpel" füreinander ist. Bei entsprechender Akzeptanz der Mit-Lebenden (jeder, der die Struktur in der Familie akzeptiert, wird auch als Lebenspartner akzeptiert) werden die einzelnen Personen auch als solche erkannt. Damit sind wir wieder bei diesem Jemand, statt dem Etwas. Einen Jemand kann man lieben, ein Etwas kann man eher besitzen, was sich immer bei den „Eifersuchtsszenen" zeigt, wo der Hund einen anderen verweist der es wagt, sich seinem Menschen zu nähern. Dabei wird diese Situation immer positiv durch das Wort Eifersucht tituliert oder es wird davon gesprochen, dass der Hund einen beschützen würde. Dabei ist eine solche Situation grundsätzlich eine In-Besitznahme des Hundes, der dem anderen klar macht, dass sich niemand anderes mit dem Spielzeug oder Essensgeber beschäf-

tigen darf als er selbst. Er gibt also grundsätzlich zu erkennen, dass dies SEIN Mensch ist. Mit diesem Besitz kann jemand anderes nicht einfach machen, was er will, während der Besitzer wie ein Niemand daneben steht. Wie kann es aber sein, dass man der Besitz, das Eigentum seines Hundes ist? Hier sieht man eine typische Fehleinschätzung der Menschen. Einem Eigentum gegenüber kann man machen, was man möchte, einschließlich den Kontakt des Eigentums mit Anderen zu unterbinden, bzw. anderen den Kontakt zu verwehren. Bei einem Jemand achtet man aber darauf, dass dieser einen auch mag, ansonsten möchte dieser nicht mit einem leben. Somit wird man einen Jemand, den man mag, auch entsprechend mit liebevollem Respekt behandeln. Auch der Zögling und Schützling wird mit liebevollem Respekt behandelt, wenn er die Entscheidungskompetenzen des Familienoberhauptes akzeptiert. Akzeptieren wird er diese, wenn der andere eine ruhige, respektable und natürliche Persönlichkeit ist und kein Spielzeug, kein Diener und kein Schreihals.

Wer dieses Thema verstanden hat, dem wird auch bewusst geworden sein, dass dieses Prinzip der personenbezogenen Grenze, um sozialfähig zu werden und adäquat auf Situationen reagieren und sich konzentrieren zu können, auf jede Tierart, welche im Sozialverband lebt, wie auch dem Menschen zutrifft. Der Grund für Hyperaktivität und Aufmerksamkeitsdefizitsyndrom o. ä. Störungen ist in der Menschenwelt kein anderer als in der übrigen Tierwelt. Interessant ist auch, dass es diese psychischen Krankheitsbilder in der Natur nicht gibt. Auch in der dritten Welt, in der das Leben noch ernsthaft erarbeitet werden muss und somit Familien auch Strukturen aufweisen, sind solche Störungen weitgehend unbekannt. Da muss das Leben noch gelebt werden. Dort muss das Kind bereits mitarbeiten und zur Sicherung des Lebens beitragen. Entsprechend werden dort auch noch Grenzen aufgezeigt, da dort schlichtweg keine Zeit für einen solchen Schlendrian gegeben ist, wie es in unseren geschenkten Leben der Kapitalstaaten, in welchen man keinen Finger für ein Überleben heben muss, gewöhnlich ist. Nur beim Menschen, der das natürliche Leben im Familienverband verlernt hat, treten solche Störungen auf. Hyperaktivität und Aufmerksamkeitsdefizitsyndrom sind also immer ein Phänomen sozialer Defizite durch fehlende Leitfiguren.

Rüde und Hündin

Wie jeder Erwachsene weiß, gibt es zwischen Mann und Frau einen Unterschied in den Wertschätzungen und Herangehensweisen von Situationen und Begebenheiten. Woher dieser Unterschied kommt, kann man gesondert diskutieren, was hier den Rahmen des Grundsatzes sprengen würde. Kurz gesagt kümmern sich Männer im Wesentlichen um äußere Angelegenheiten, während Frauen eher innerfamiliär handeln. Männer handeln vor allem ehrenbezogen, wohingegen Frauen im Schwerpunkt mit Stolz gewappnet sind. Ehre ist eher etwas Filigranes - mit einmal stolpern kann die Ehre schon dahin sein. Bei einem Stolz weiß man eher, wer man ist. Ist doch der Frau egal, wer beim Schmusen zuschaut, während der Mann in der Öffentlichkeit fürchtet, seine zumindest potentielle Respektsposition zu verlieren, wenn er sich so „weich" zeigt. Männer agieren eher körperlich, während Frauen, körperlich unterlegen, eher sozialkompetent und somit auch manipulativ agieren, womit die Männer meist gar nicht bemerken, wie sie von einer vernünftigen Frau gelenkt werden.

Innerhalb einer Sozialgruppe ist ein Mann damit zufrieden der Mann Nummer eins zu sein. Damit sind die anderen Männer Schachfiguren und haben im Allgemeinen die Frauen nicht anzufassen. Wenn man dem vorherrschenden Mann dann nicht auf die Nerven geht, ist er auch schon zufrieden. Von dieser Position aus führt er im wahrsten Sinne des Wortes an. Wo es wann hingeht, wer herankommen darf, was wann gejagt wird, sind typisch männliche Entscheidungen auf der Führungsebene. Die Frau denkt sich dabei: „Ist schon recht, der kann das, dann soll er." Sie schaut nicht wie er aus der Sozialgruppe heraus, um Entscheidungen zu fällen. Sie schaut in die Sozialgruppe hinein. Hier liegt ihr Schwerpunkt. Sie geht eher selten den direkten Weg, so wie es der Mann machen würde. Sie schaut sich die verschiedenen Protagonisten an und denkt sich: „Wer ist hier wer und wie erreiche ich, dass die Positionsstarken machen, was ich möchte?" Damit vergehen Tage, Wochen oder Monate, in welchen der führende Mann innerhalb der Sozialgruppe nur auf den Tisch haut, wenn er sich genervt fühlt und er weiterhin nach außen fungiert. Doch in diesem Zeitraum hat meist eine Frau durch geschickte Manipulation innerhalb der Gruppe die Zügel in die Hand genommen. Durch ihre Fähigkeit der Manipulation hat sie sich eine stolze, meist unzerstörbare Position geschaffen. Sie hat mit ihren Mitteln dafür gesorgt, dass gemacht wird, was sie möchte, ohne dass es der Betreffende bemerkt hat oder zumindest, ohne dass dieser hinsichtlich der vernünftigen und sozialkompetenten Herangehensweise dieser Frau über diesen Umstand verärgert geworden wäre.

Hundetypische Ausprägungen des Geschlechtsdimorphismus

In der Praxis zeigt sich diese grobe Unterscheidung des Öfteren, wenn jemand eine Hündin und einen Rüden hat. Oft kann der Rüde in seinem Dampf kaum gebremst werden, wenn andere Hunde auftauchen, da er ja nach außen seine Frau/Familie in Besitz nimmt und hierhingehend entscheidet. Wenn man dann aber mal fünf Minuten zu schaut, muss grundsätzlich darauf hin gewiesen werden, dass der Mensch erst mal der Hündin Herr werden sollte. Die Menschen sind dann meist ganz verblüfft. Doch zeigt sich das Problem schon in einer einfachen Situation: Angenommen, es wird der Hündin sowie dem Rüden von ihrem Menschen ein „Sitz" signalisiert und beide befolgen zunächst diese Anweisung. In der Umgebung befindet sich ein anderer Hund, in diesem Beispiel ist es vorzugsweise ein fremder Rüde. Die Hündin sitzt entspannt, während der Rüde eher unter Anspannung sein Kommandosignal gerade noch hält. Währenddessen wird der Rüde von seinem Menschen beobachtet und mit Strenge daran erinnert, dass er ja sein Kommando ausführen soll. Immerhin hat dieser Rüde einen Handlungsdruck, der vermutlich auch zu nichts Gutem führen würde, während die Hündin entspannt ist. Letztere steht dann ruhig und mit freundlichem Wedeln auf, geht „lieb" zu ihrem Menschen und schmiegt sich an diesen. Dort wird sie dann gestreichelt, während der Rüde weiterhin ermahnt wird, sein Kommando zu halten.

Jetzt sollte man sich aber mal überlegen, was der Rüde dabei beobachtet. Der sieht hier die wahren Gegebenheiten, indem er zuschaut, wie die Hündin frei entscheiden darf, wann die Anordnung vorbei ist. Sie ging zunächst auf das Signalisierte ein, zumal es ihr meist ohnehin egal ist, wer dabei zusieht. Dann hat sie aber mit ihrer „lieben" Art dafür gesorgt, dass sie diese Anordnung aufheben kann. Durch ihre manipulative Handlungsweise hat der Mensch gar nicht bemerkt, dass sie eben das Kommando brach. Doch auf Gedeih und Verderb wird versucht, den Rüden im Kommando zu halten, da er nicht verschmust herkommen, sondern sich mit dem zehn Meter weiter befindlichen Rivalen klären möchte. Hier sollte einem klar sein, dass es einerlei ist, was derjenige, der das Signal empfangen hat, vor hat. Entweder ist man der Familienvorstand oder nicht. Und wenn man etwas signalisiert hat, dann hat das jetzt zu laufen, unabhängig davon, was der Signalempfänger gerade möchte. In dieser Situation hat man beiden etwas gesagt, dann sollen sie es auch machen, solange sie keinen Grund zur Angst haben.

Agiert man nur am Rüden, ist man eher dessen Kontrahent als der Familienvorstand von allen. Und da Frauen mit ihren manipulativen Fähigkeiten innerhalb sozialer Begebenheiten meist eine starke Position einnehmen, ist es besonders wichtig, nicht darauf hereinzufallen. Gerade wenn man dem Rüden Geborgenheit und Anlehnung geben möchte, um daraus resultierend auch die Beachtung von Signalen abverlangen zu können, muss man ihm auch die eigene Position hinsichtlich der Hündin zeigen. Ein einfacher und unumgänglicher Schritt hierhingehend ist es, vor Augen des Rüden zu klären, dass auch sie die Anordnung nicht selbständig aufzuheben hat. Dann sieht der Rüde bereits anhand dieses Durchsetzens, wer hier das Sagen hat – nicht die Hündin, sondern der Mensch. So kann man schon ein um etwa 40 bis 70 % (je nach Beziehung zwischen den beiden) ruhigeres Verhalten von dem Rüden erreichen, noch bevor man sich mit ihm direkt befasst hat. Den Rest kann man dann, von dieser geschaffenen Position aus, sanft mit ihm persönlich klären.

Um hier ein anschauliches Szenario in Bezug auf die Gedankenhaltung von Rüde und Hündin zu finden, stellt man sich eine geforderte Demutsgeste vor, welche so gut wie nie notwendig sein sollte. Das möchte ich deutliche betonen: Wenn man meint eine Demutsgeste von seinem Hund verlangen zu müssen, dann besteht ein grundsätzliches Problem, welches derart nicht gelöst wird. Zu einer sogenannten Unterwerfungsgeste wird im letzten Abschnitt des Buches noch etwas erläutert. Doch um den Geschlechterunterschied darzustellen, ist eine solche imaginäre Situation ein treffendes Beispiel.
Es sind in dieser folgenden, hypothetischen Situation mehrere Hunde zugegen. Ein Rüde benimmt sich schlecht; er haut gegenüber den anderen unnötig auf den Putz, während er seinen Menschen ignoriert. Hier stimmt meist etwas nicht, ansonsten wäre es nicht so. Doch nun geht man einfach davon aus, dass Grundlegendes stimmen würde und der Rüde würde gegenüber den anderen Hunden dennoch seinen Tatendrang ausleben. Er gibt also alles, um der überragende Hundemann zu sein. Er gebärdet sich laut und maskulin, um der zu sein, der von allen respektiert wird. Es ist Unsinn und geradezu misshandelnd, hier nun eine Unterwerfungsgeste anzustreben, aber in unserem Beispiel nehmen wir ein solches Szenario einmal an, um die emotionale Haltung von Mann und Frau zu veranschaulichen. Der angeberische Rüde wird in unserem Beispiel nun also, ohne Aggression oder Geschrei, in eine Demutsgeste verbracht, und er bleibt ohne Druck liegen und kein anderes Individuum wird dabei heran gelassen, da es eine Interaktion zwischen

diesem Rüden und seinem Menschen ist und dies niemand anderes etwas angeht. Nun gut, wenn er liegen blieb, hat er klein bei gegeben und man tritt von ihm zurück, woraufhin er wieder aufsteht. Jetzt fühlt er sich elend. In dem Moment wo offensichtlich wurde, dass er der Unterlegene ist, ist all seine Wichtigtuerei zusammengebrochen. Er hatte auf den Putz gehauen und plötzlich ist er der Belächelte. Jetzt kann es sein, dass er innerhalb der nächsten Stunde einen anderen Rüden verprügelt, nur um sich in Form von „Und ihr lacht nicht über mich!“ wieder her zu stellen. Oder aber, wenn das Ganze wirklich erfolgreich war, zieht er sich hinter seinen Menschen zurück und hätte am liebsten eine Papiertüte mit zwei Löchern über dem Kopf, da er sich degradiert und blamiert fühlt. Sein Auf-Den-Putz-Hauen ist völlig in die Hose gegangen. Jegliche Wichtigtuerei und sämtlicher Möchtegern-führungsanspruch ist den Bach runter, und er fühlt sich von den anderen ausgelacht. Hier sieht man Handlungsantrieb und Gefühlshaltung eines typischen Mannes.

Im Gegensatz hierzu betrachtet man eine Hündin in demselben Beispiel. Sie haut weniger auf den Putz, möchte zwischen den anderen aber dennoch wichtig sein, womit sie, die Ansprache ihres Menschen ignorierend, Interaktionen mit einzelnen Hunden anstrebt. Ihr Mensch, der diese Ignoranz nicht duldet, steuert sie sodann unmutig an, um sich Gehör zu verschaffen. Wieder mit der Voraussetzung, dass man sich mit ihr bereits geklärt hat, bemerkt sie über die Strenge geschlagen zu haben, und siehe da: Sie legt sich bereits in die Unterwerfungsgeste, noch während man die letzten beiden Schritte auf sie zu geht – ganz ohne Geschrei oder sonstiger Aggression. Dann steht man vor ihr und muss erkennen, nun nicht mehr handeln zu können, da sie äußerlich ja die Demutsgeste zeigt. Die Krux ist hier aber, dass sie dabei einen gänzlich anderen Gedankengang hat als der Rüde. Sie denkt sich nicht wie er: „Oh Mist! Jetzt bin ich zum Pausenclown geworden.“ Nein, sie denkt: „So, was willst du denn jetzt noch? Jetzt kannst du auch wieder gehen.“ Und so ist es. Immerhin zeigt sie doch die Demutsgeste, dann kann man auch nicht weiter handeln. Also ist die Sache erledigt. Man dreht sich um, und sie steht auf und macht, eventuell auf eine abgewandelte Weise, denselben Mist noch mal. Im Gegensatz zum Rüden, der sich den Anderen gegenüber schlussendlich erniedrigt sah, hat sie mit dem Familienoberhaupt entsprechend der gegebenen Positionen kommuniziert. Sie hat ihren Menschen gezielt manipuliert, damit dieser wieder zufrieden ist. Die anderen waren ihr dabei gleichgültig.

Wo der Mann den direkten Weg geht, in Form von gewinnen oder verlieren, geht die Frau gerne den indirekten Weg der Manipulation, womit man auch schon sieht, dass es Männern um den Führungsanspruch gegenüber allen geht, wohingegen die Frau gegenüber dem Einzelnen gewinnen möchte, während ihr die Umstehenden in einer laufenden Interaktion recht gleichgültig sind. Frauen gewinnen in geschickt geführten Gesprächen und meist aggressionslosen Interaktionen, indem sie meist unerkannt zu etwas anleiten, was der auf diese Weise Gelenkte meist nicht einmal bemerkt. Falls es zwischen Frauen tatsächlich einmal eine Prügelei gibt, dann wird es meist eher prekär als zwischen Männern. Denn ein Mann möchte auf diese körperlich mächtige Weise seine Respektsposition erreichen. Wenn er diese hat, ist er zufrieden. Wenn eine Frau aber mal kämpft, dann geht es nicht selten um ein Beseitigen, da die soziale Manipulation in diesem Fall nicht funktioniert hat. Somit prügeln sich Männer öfter als Frauen, denn es wird jedem Fremden oder Aufbegehrenden sogleich klar gemacht, wer hier in der maskulinen Führungsposition ist oder sein möchte. Den Frauen geht es meist darum das interne Sozialgeschehen, auch den Mann Nummer eins zu lenken. Das geschieht oft durch indirekte Machenschaften, womit der Mann sich als Anführer wähnt und somit zufrieden ist, während die Frau intern lenkt und somit indirekt aber tatsächlich führt und auch zufrieden ist. Wenn jedoch eine andere Frau nicht lenkbar ist, sie also dieselben gehobenen Manipulationsbefähigungen hat wie diese Nummer eins Frau, dann geht es darum, diese zu beseitigen. Somit kommen Frauen nur selten in Prügeleien, doch wenn, dann geht es mitunter ums Ganze.
Der Rüde sollte hinsichtlich seines Menschen also wissen, dass er nicht der anführende Mann ist. Hat man nebst des Rüden eine Hündin, muss man ihm zeigen, dass man auch der Hündin überlegen ist. Das heißt, man darf sich nicht von seiner Hündin hinters Licht führen lassen. Ansonsten führt sie den Rüden oder, wenn sie keine Lust hat ihn zu lenken, dann überlässt sie ihn sich selbst, während er bemüht ist, der Umwelt zu zeigen, dass er hier der männliche Familienvorstand ist.

Diese Aufgabenaufteilung von Mann und Frau ist ein Grundsatz. Es gibt gelegentlich auch Frauen, die nach außen agieren, sich prügeln und kaum Interesse an Kommunikation und sozialer Manipulation haben. Sowie es natürlich auch Männer gibt, die keinen Negativ-Gedanken entwickeln, wenn ein anderer Mann auftaucht. Da im Grundsatz aber naturbedingt den Männern die Aufgabe anheim fällt, sich um außerfamiliäre Gefahren zu kümmern, sind es auch die Männer, die in der Begegnung mit fremden Männern der

eigenen Art mit steifem Verhalten reagieren. Jedoch ist immer der Individualcharakter, also der Phänotyp eines Individuums, maßgeblich. Wenn der betreffende Mann keine entsprechenden Erfahrungen gemacht hat, weiß er nicht worum es gehen könnte, wenn der fremde Mann freundlich ist. Es ist also immer sinnvoll, einen Buben und jungen Mann niemals mit Männern in Kontakt treten zu lassen, die sich rüde verhalten. Dann wird er es nicht lernen, sich mit steifem Männlichkeitsgebaren zu verhalten, wenn ein anderer Mann auftaucht. Sein natürliches Potential würde durch das Ausbleiben einer negativen Erfahrung nicht unnötig geweckt oder angeheizt werden.
Interessant ist auch, dass Rüden, die meinen den Fremden beherrschen, verjagen oder bekämpfen zu müssen, immer Angst dabei haben (zumindest 90 % von ihnen). Dieser Satz ist also wörtlich zu nehmen: Sie meinen, dass sie dies tun müssten. Man bewahrt den jungen Mann also immer davor, von einem anderen Mann gedemütigt oder gar in Angst und Schrecken versetzt zu werden, damit der Gedanke, mit anderen Männern kämpfen zu müssen, erst gar nicht manifestiert wird. Wenn man dann noch entspannt und liebevoll, aber klar und deutlich die Führung übernimmt, wird es immer ein freundlicher Mann bleiben, bzw., wenn es sich um einen Rüden mit einem deftigen Hormonhaushalt handelt, so wird er dennoch keinen starken, maskulinen Handlungsdruck verspüren, wenn sein Entscheidungsträger anwesend ist.

Der Entscheidungsträger

In den vorhergehenden Themen wurde oft der Ranghohe, Ranghöchste, Anführer, Chef, Familienoberhaupt oder eben Entscheidungsträger angesprochen. Egal, wie man dieses Individuum bezeichnet und gleichgültig, welchem Geschlecht angehörig, es ist immer dasjenige, das am meisten Respekt genießt. Somit sollte nun einmal überdacht werden, wer oder anders gesagt, was für eine Charaktere in einer Sozialgruppe diese Persönlichkeit darstellt.

Auf die entsprechende Frage hin wird oft viel überlegt, und es wird dann meist gemutmaßt, es würde der Stärkste, der Intelligenteste oder einfach der sein, der das Essen herbei schafft. Die Wissenschaft selbst scheint davon auszugehen, dass es ein Zusammenspiel dessen ist, was dieses Individuum kann, was aber, kurz gesagt, nicht richtig ist.

Man erkennt den wahren Grund für eine respektable Persönlichkeit, wenn man auf das Eigentliche zurück führt. Das Wurzelwerk einer jeden Sozialgemeinschaft ist die innere Struktur, die ausschließlich auf den Persönlichkeiten der Protagonisten beruht, nicht auf deren Fähigkeiten. Der Mensch beäugt grundsätzlich die materiellen Begebenheiten, wie sich auch in diesem Thema zeigt. Es wird beobachtet, wer-was-wie-gut-kann, wenn das tierische Leben durchleuchtet werden möchte. Dabei liegt dieses Können kaum in den körperlichen Veranlagungen verborgen, sondern eher in der Persönlichkeit eines Individuums. Es zeigen sich oft leicht zu beobachtende Begebenheiten und Verhaltensweisen, die dem Menschen dann gerne zum Rückschluss auf den Rang eines Tieres in dessen Verband dienen.

Wenn man äußerlich beobachtet, man also lediglich die Fähigkeiten und situativen Verhaltensweisen der Tiere betrachtet, kann es meiner Meinung nach vier solcher leicht zu beobachtenden Voraussetzungen oder Fähigkeiten geben, weshalb ein Individuum gerne als Ranghoch bezeichnet wird: Es kann tatsächlich Körperkraft sein (das sieht man oft bei männlichen Affen in haremsbildenden Gruppen) oder aber diese sogenannte Intelligenz, bei der ermessen wird, wie gut ein Individuum mechanische Probleme löst. Doch können es auch soziale Kompetenzen sein (oftmals Frauen, welche ihre manipulativen Fähigkeiten entsprechend gut ausleben) oder einfach und häufig verbreitet, sind es die Erfahrungswerte, welche das entsprechende Individuum hat, um es als ranghoch zu erkennen, womit wir der Wahrheit am nächsten sind.

In einer oder mehrerer dieser Fähigkeiten ist ein Individuum den anderen, gleichartigen Fähigkeiten der weiteren Gruppenmitglieder überlegen, was dann von den Menschen als Grund für dessen hohen Rang anerkannt wird. Diese zu beobachtenden Dinge wie Körperkraft, mechanische Lösungsstrategien, Sozialkompetenz oder Erfahrungswerte, können mitunter so etwas wie eine Voraussetzung für den Rang eines Individuum sein, allerdings nicht dessen Grund. Der Grund für den sogenannten Rang, also für die soziale Stellung, bzw. für die Respektsposition und resultierenden Entscheidungsgewalt in einer Gemeinschaft, ist die Selbstsicherheit des Individuums.

In der Natur ist grundsätzlich der Selbstsicherste an der höchsten Position. Ist es der Stärkste einer Gruppe, so kann er dementsprechend selbstsicher durch die anderen hindurch waten - keiner von ihnen kann ihm etwas anhaben. Dazu braucht es keinerlei Aggression. Wenn es der intelligenteste ist, dann ist das etwas schwerer zu erklären und würde hier den Rahmen des Grundsatzes sprengen, denn diese sogenannte Intelligenz beinhaltet bereits die Selbstsicherheit, da sie sich meist in einer selbstsicheren Handlungsweise, also unbeirrten Entschlusskraft, zeigt. Oder auch die Fähigkeit, andere zu lenken, kann viel Selbstsicherheit mit sich ziehen. Wenn man erfolgreich manipulieren kann, man also die anderen dazu bringt, das zu tun, was man selbst für richtig hält, dann kann man auch selbstsicher sein, was uns so manche Damen beweisen. Doch, wie auch immer, schlussendlich ist es die Selbstsicherheit, welche zur Respektsperson erhebt, nicht die Fähigkeit selbst, weshalb es häufig gerade die Erfahrungswerte sind, welche diese Selbstsicherheit verschaffen. Einfach eine Abgebrühtheit. Man hat alles schon gelebt, gemeistert und verstanden, weshalb man dann auch die prinzipielle Gelassenheit haben kann. Denn Selbstsicherheit zeigt sich in Gelassenheit, Ausgeglichenheit und Unbeirrbarkeit. Der/die Selbstsichere muss nicht unnötig auf den Putz hauen. Er/sie macht einfach, was er/sie möchte, ohne Gedanken daran, was die anderen darüber denken. Dementsprechend kann es gewisse Fähigkeitsintensitäten geben, die dem Individuum hohe Selbstsicherheit ermöglichen. Ob es aber nun auf bestimmten Fähigkeiten beruht oder nicht, der Grund für die jeweilige soziale Stellung ist der Grad an Selbstsicherheit des Individuums.

Hier zeigt sich dann ein etwas hässliches, aber natürliches Prinzip, welches die meisten Menschen irgendwann in ihrem Leben (meist im Liebeskummer) bereits erlebt haben:
Wer braucht, der wird nicht gebraucht - wer gebraucht wird, der braucht nicht.

Das heißt, dass der Selbstsichere die anderen nicht nötig hat. Das hat natürlich nichts mit dem Geschlecht zu tun, hier wird der Einfachheit halber „der" Selbstsicherste tituliert. Jedenfalls interessiert sich dieser Selbstsicherste bei keiner seiner Handlungen für die Meinung der Anderen. Der Selbstsichere hinterfragt nicht. Wenn er etwas macht, sieht er niemand anderen dabei an. Der nicht so Selbstsichere nähert sich im Beisein anderer Sozialpartner vorsichtiger seinem Wunsch an. Der Unsichere hingegen rechnet mit Reaktionen anderer, wenn er seinen Wünschen nachgeht. Bei wem würde man sich eher einmischen? Bei dieser Überlegung muss man auch bedenken, dass es sich um eine Welt handelt, in welcher ausschließlich das Faustrecht gilt. Und insbesondere hier gilt: Je selbstsicherer das Gegenüber ist, umso weniger möchte man dessen Unmut wecken, denn dieser Selbstsichere weiß prompt und unbeirrt, was er wie macht, auch in einer eventuellen Auseinandersetzung. Die Chancen, eine Auseinandersetzung mit einem selbstsicheren Individuum zu verlieren, stehen also hoch.
Die Selbstsicherheit eines Individuums ist also gleichbedeutend mit der Position, also dem sogenannten Rang, innerhalb der Sozialgemeinschaft. Woher das Individuum seine Selbstsicherheit bezieht, ist eine andere Frage. In einer Dokumentation war sogar einmal ein Dachs zu sehen, der so unbeirrt seiner Wege ging, dass ihm ein Bär gewichen ist. Die Selbstsicherheit des Dachses hat also auch außerfamiliär funktioniert.
Beim Selbstsicheren fühlt man sich immer etwas oder gar gänzlich verunsichert. Man denkt, ob man sich mit dem eigenen Verhalten zum Gespött macht, wenn jemand wahrlich Selbstsicheres zugegen ist. Und spätestens, wenn es zur Konfrontation kommen könnte, empfindet man Verunsicherung. Bei einem selbstsicheren Gegenüber möchte man keinen Ärger, da man erkennt, dass derjenige bei völliger Gelassenheit genau weiß, was er tun wird, wenn das Gegenüber Arger machen möchte. Bei einem selbstsicheren Individuum muss man also mit wirkungsvollen Reaktionen rechnen. Außerdem ist es nur gut, sich dessen Verhalten und Zielen anzugleichen, denn der Selbstsichere fällt die richtigen Entscheidungen, sonst wäre er nicht so selbstsicher, womit man wieder sieht, dass die individuelle Selbstsicherheit meist dem Grad an Erfahrungswerten gleicht, zumindest, wenn das Individuum in seinen Erfahrungen nicht traumatisiert wurde.

Um die Persönlichkeitsabgrenzung in einer Sozialgemeinschaft klarer vor Augen zu haben, wird das Wer-Braucht-Wen-Prinzip im Folgenden nochmal anders beleuchtet.

Hierzu versetzt man sich in ein natürliches Leben. Dort, in der Natur, gibt es keinen Supermarkt, keinen Arzt, keine Apotheke, kein Krankenhaus, keine Suppenküche, keine Kleiderhilfe, keinen hilfreichen Nachbarn und kein Harz vier. Man steht nackt im Nirgendwo und muss damit zurecht kommen. Allen Fremden ist es einerlei wie man sich fühlt und diejenigen, welche mit einem im Sozialverband leben, haben ein ebenso schweres Leben wie man selbst. Der Sozialverband ist aber das Überleben, und es herrscht meist Harmonie und viel Liebe, solange es keine Streitigkeiten um Positionen gibt. Dennoch muss man, wenn auch gemeinsam, nichts anderes als in einer gesetzlosen Welt überleben, in welcher einem weder ein Haus hingestellt, noch etwas zu Essen dargeboten wird. Hier steht man nun also in seiner Familie und erduldet einerseits die Witterungsumstände und Bedingungen des Habitats, sowie man andererseits sein Bestes tut, um so sicher als möglich zu sein. So steht man also nackt im Regen und überlegt, was man bestenfalls für sein Wohlergehen erarbeitet. Während man jetzt bemüht ist, einen sinnvollen Entschluss zu fassen, geht jemand aus der Familie an einem vorüber, der während seiner Handlungen nicht einmal daran denkt, sich nach einem anderen umzudrehen. Derjenige geht einfach vorüber und macht, was er gerade für richtig hält, als sei man selbst gar nicht zugegen. Wenn derjenige, den man selbst etwas unschlüssig beobachtet, etwas macht, dann geht es diesem Individuum gänzlich am verlängerten Rücken vorbei, was die anderen davon halten. Ganz ohne Aggression und ohne Hinterfragen handelt der Sozialgemeinschaftspartner wie er es für richtig hält. Entweder er macht was oder nicht. Und wenn, dann macht er eben etwas. Fertig.
Man erkennt bei einem derart selbstsicheren Handeln, dass dieses Individuum, bei aller eventueller Liebe, einen selbst für seine Entscheidungen nicht nötig hat. Dann erkennt man auch, dass derjenige das Leben im Griff hat. Also: Wer braucht hier wen? Wenn man selbst nicht diese Selbstsicherheit hat, dann läuft man demjenigen, der diese Selbstsicherheit hat, am Besten hinterher. Denn der kann es! Dieses Individuum hat die jeweilige Situation, das Tagesgeschehen, schlicht das Leben, im Griff. Der überlebt am ehesten. Von dem Tagesablauf dieses Individuums kann man nur profitieren. Somit verhält man sich auch so, dass dieser Sozialpartner einen als solchen auch akzeptiert und mitlaufen lässt. Man ist hier kein Querulant und haut nicht auf die Pauke. Man ist doch froh, wenn dieses selbstsichere Individuum einen bei sich sein lässt, denn dieses Individuum verkörpert für einen selbst Sicherheit. In die Menschenwelt übersetzt kann man sagen, dass ein solches selbstsicheres Individuum für den Unsicheren den Supermarkt, das Harz vier, die Polizei und schlechthin das Zuhause darstellt. Dies zu verlieren wäre

unaussprechlich. Wünscht dieser Fels in der Brandung also seine Ruhe, so hat er diese. Wünscht diese selbstsichere Persönlichkeit eine Interaktion, so hat sie auch diese. Aufgrund seiner Selbstsicherheit genießt das Individuum Respekt. Und aus demselben Grund ist diese Person unentbehrlich. Dort laufen also die Fäden zusammen. Schlichtweg bestimmt also der Grad an Selbstsicherheit die Position, also den Respekt der anderen und somit die Entscheidungsposition und Orientierung.

Falls in den unteren Rängen zwei Protagonisten denselben Grad an Selbstsicherheit haben und keine guten Freunde sind, dann gehen sie sich am Besten aus dem Weg, da die selbstsicherste Persönlichkeit nicht duldet, dass hier unnötige Prügeleien statt finden. Da es seine Gunst ist, welche man herbei führen möchte, prügelt man sich auch nicht unnötig. Streng genommen gehört man, sofern man hier mit leben möchte, dem Selbstsichersten, und er möchte nicht, dass sich sein Besitz beschädigt. Außerdem kann es nicht angehen, dass die Kleinen hier auf die Familie bezogene Entscheidungen fällen. Wenn man sich nicht daran hält, funktioniert man nicht und man fliegt raus. Wenn es an der Führungsspitze geschieht, dass zwei Protagonisten dieselbe Selbstsicherheit haben und nicht befreundet sind, so geht es bestenfalls auseinander. Es ergeben sich zwei Sozialgemeinschaften, indem diese Gemeinschaft sich teilt, einer der Führungsspitzenanwärter sich eine neue Familie sucht oder alleine weiter lebt. Im schlimmsten Fall geht es irgendwann in der offenen Auseinandersetzung um alles.
Im Ganzen genommen kann man wieder erkennen, dass ein sogenanntes Ranggefüge immer eine Abstufung von Selbstsicherheiten ist. Ganz unten der Unsicherste und ganz oben der Selbstsicherste. Somit ist der Oberste auch nicht der Schreihals oder der Aggressive, sondern der Souveräne. In Zusammenhang mit der natürlichen Aufgabenteilung von Mann und Frau wird auch erkennbar, dass es immer einen weiblichen und einen männlichen Thron in einer Sozialgemeinschaft gibt. Das ist in unserer Menschenwelt ein Problem geworden, da Mann und Frau sich meist um einen Thron bekämpfen, anstatt jeden auf seinem Platz nehmen zu lassen. Soll mich meine Frau doch lenken, wenn ich dabei das Gefühl habe der Anführer zu sein. In der Natur gibt es also immer eine selbstsicherste Frau und einen selbstsichersten Mann. Eine Prügelei zwischen Mann und Frau ist in der Natur so gut wie undenkbar, da die beiden Aufgabengebiete und Machtpole einfach zwei Welten im Sozialgefüge darstellen.

Die Zuneigung zu den Unsicheren

Bei dem Wer-Braucht-Wen-Prinzip richtet man jetzt noch den Blick auf die Unsicheren, damit keine falschen Schlüsse entstehen.
Es gibt einen guten Grund um als Gruppe zu leben. Je größer und gesünder die funktionierende Gruppe, umso gesicherter und größer ist das Territorium und das eigene Leben. Zumindest ist das so, solange keine Überpopulation im Entstehen ist. In der Gruppe hat man mehr an Verteidigungs- und Jagdstärke. Zudem sind in der Gemeinschaft immer Geschlechtspartner verfügbar und die Kinder wachsen in größtmöglicher Sicherheit auf. Also braucht hier jeder jeden. Der Unsicherste braucht den Selbstsichersten, sowie der Selbstsicherste auch den Unsicheren braucht, ansonsten würde man nicht als Gruppe leben. Das liest sich jetzt konträr zu dem oben erwähnten Naturprinzip des Brauchens, doch der Unterschied liegt im Zeitraum.
Auf einen Zeitabschnitt gesehen, sei es ein Tag, eine Woche oder ein Jahr, brauchen sich die Gruppenmitglieder gegenseitig. Und wenn der Unsicherste nur zwei Prozent Stärke- und Fähigkeitspotential auf die Waage bringt, so sind es dennoch zwei Prozent. Der Chef schenkt diese nicht her. In einer harten Welt ohne Hilfe von außen kann man es sich nicht erlauben, auch nur ein halbes Prozent an Überlebenspotential zu verschenken. Wer also kein Querulant ist, darf mit leben, gleichgültig, wie viel Stärke er mitbringt. Wenn klar ist, dass man keine Gefahr für die Familie darstellt und man die Entscheidungsgewalt der Familienoberhäupter anerkennt, dann darf man dazu gehören, da man dann die Gemeinschaft stärkt. Zusammen sorgt man für die Größe des Territoriums, für den Jagderfolg, für die Kinder und die Sicherheit – in unserem Beispiel wird also alles um zwei Prozent größer, wenn dieser „Schwächste“ mit lebt.
Aus diesem Gefüge von gegenseitiger Akzeptanz ergeben sich dann die Vorteile in Bezug auf das Leben im Allgemeinen, dessen Effekt sich insbesondere in Zeiträumen zeigt. Das ganze Jahr über hat man sich um das Leben zu kümmern, wozu alle in der Gemeinschaft wichtig sind, da jeder sein persönliches Potential an Stärke und Fähigkeiten mit sich bringt, um die Sicherheit und den Erfolg zu gewährleisten. Das Gesamtpotenzial einer Gruppe bezieht sich im Grundsatz also auf einen Zeitraum. Jedoch braucht das männliche oder weibliche Familienoberhaupt im Hier und Jetzt niemanden, um eine Entscheidung zu fällen. Was von höherer Position aus, also von selbstsicherer Persönlichkeit, hier und jetzt entschieden wird, hat hier und jetzt Bestand. Im Hier und Jetzt haben die anderen keinen Einfluss auf die Entscheidung des Familienoberhauptes, zumindest nicht, wenn derjenige sich nicht

aus eigenem Entschluss auf die anderen einlässt. Im Hier und Jetzt braucht das selbstsichere Individuum niemanden für seine Entscheidung.
Was wäre der Selbstsicherste ohne die Anderen? Was wäre er ohne diejenigen, durch die er der Selbstsicherste ist? Diese Anderen spielen einerseits ganz pragmatisch eine ebenso entscheidende Rolle im Gesamtgeschehen, wie das Familienoberhaupt selbst. Und emotional sind sie der Grund für seine Stellung und akzeptieren diese, womit auch Zuneigung herrscht. Aber sie spielen keine Rolle für die situativen Entscheidungen des Familienoberhauptes, zumindest nicht, solange das Familienoberhaupt es nicht möchte. Möchte ein Familienoberhaupt jetzt seine Ruhe, so hat es diese. Möchte Mutter oder Vater jetzt eine Interaktion mit jemandem, so wird es hier und jetzt nicht ignoriert. Möchte das Familienoberhaupt jetzt essen oder jagen gehen, ist das selbstredend.

Gemäß des Status der eigenen Selbstsicherheit hat man eine Position, welche man geachtet sehen möchte. Dies wird auch beachtet, wenn man diese Position, also diesen Grad an Selbstsicherheit, auch wirklich hat, womit es dann auch keine Reibereien gibt. Wer also immer wieder Theater mit seinem Zögling hat, der versucht nur der Familienvorstand zu sein, ist es aber nicht. Da muss dann in einer möglichst entspannten Weise an einem sinnvollen Grundrespekt gearbeitet werden, was im entsprechenden Themenabschnitt beschrieben wird. Entscheidend ist aber, dass der Grad der Selbstsicherheit die Position der Entscheidungsgewalt innerhalb der Gruppe, also den sogenannten Rang, darstellt. Man sieht also auch, dass es weniger das direkte Auseinandersetzen mit dem Sozialpartner ist, was die Position herauskristallisiert, sondern die Lebensweise im Alltag, an welcher man das Wer-Braucht-Wen-Prinzip erkennen kann.

Zwischenwort

In diesen bisherigen Themen wurde ein Bild über das dieser erwachsenen Gesellschaft, unserem Staats-, Verbal- und Gesetzesgeschehen ausgelieferte Individuum aufgebaut. Dabei wurde ersichtlich, dass anderen Tieren als dem Menschen lediglich das Sprachvolumen fehlt, um unser Gesellschafts- und Staatsgeschehen nachvollziehen zu können, womit auch erkennbar wird, dass die Emotionen in einem Lebewesen dieselben bleiben, auch, wenn es nicht unsere menschliche Verbalsprache durchschauen kann. Bei diesen Erkenntnissen wurde die Problemsituation innerhalb des menschlichen Sozialgefüges und der darin beinhalteten Kommunikation deutlich, womit auch der Indikator für die Entscheidungsposition innerhalb einer Beziehung ersichtlich wird. Denn, je öfter man in einem Aufeinandertreffen oder einer angestrebten Kommunikationssituation mit seinem Familienmitglied von demjenigen selbstbewusst ignoriert wird, umso weniger wird man respektiert. Dabei erkennt man auch nochmal, dass man dafür selbst verantwortlich ist, wenn man sich nicht ernst zu nehmend benimmt.
Im folgenden Abschnitt dieses Buches wird nun erklärt, auf was es ankommt, um das erkannte und akzeptierte Familienoberhaupt zu werden. Es wird also das Gegenbild zu dem bisher Erklärten aufgezeigt, das der Schützling bei einem entspannten Umsetzen erkennen wird.

Erstes Standbein: Die Persönlichkeitsabgrenzung

Der Grundrespekt:

- Die rangabhängige Interaktion (erster und zweiter Punkt des Grundrespektes)

- Konfrontationssituationen (dritter Punkt des Grundrespektes)

Art und Weise:

- Drei Tabus

Der Grundrespekt

Meine Wortschöpfung Grundrespekt dient dazu, die wahren Zusammenhänge hinsichtlich der Achtung eines Sozialpartners darzustellen. Viele Menschen versuchen ihren Hund über Leckerbissen, Kommandos oder über körperliche Kraftverhältnisse zu erziehen oder sich dadurch Respekt zu verschaffen. Allerdings verhält es sich in Wahrheit so, dass man im täglichen Leben sieht, in wieweit jemand respektabel ist. Hierbei braucht es keiner expliziten Kommando- oder Interaktionssituationen, sondern einfach nur das „Erleben" des Sozialpartners im Alltagsgeschehen.

Selbst bei sich völlig fremden Personen erkennt man anhand des Auftretens der Protagonisten, wie sie sich einschätzen. Schaut man etwa in ein Wartezimmer, dann unterhalten sich diese Menschen meist nicht und sie kennen sich auch nicht. Und dennoch, obgleich sie sich nicht kennen und sie nicht miteinander interagieren, besteht ein Unterschied in den Respektspositionen. Der Grad an Selbstsicherheit ist es, welcher für die entsprechende Position sorgt. Erkennbares Aggressionspotential kann natürlich auch für so etwas wie eine Respektsposition sorgen, doch ist diese Position dann negativ – man möchte keinen Kontakt zu negativen Möchtegern-Respektspositionen. Ein Aggressor ist ein Gefahrenherd, kein Orientierungspunkt, womit wir ein solches Verhältnis auch kein entspannt-soziales Miteinander nennen könnten. Ein positiver Respekt hat also erstaunlich wenig mit Aggression zu tun.
Schaut oder hört man jemandem nur einen Moment zu, dann sieht man dessen Grad an Selbstsicherheit. Das kann sogar in einem einzigen Augenblick erkannt werden. Dabei sieht man wieder, dass die Menschen auch nichts anderes als evolutiv entstandene Tiere sind. Ihre Meinung und die auf der Sprache beruhende Vorstellungskraft haben nur dafür gesorgt, dass sie ihre Animalität nicht mehr wissen, ja, dass sie diese sogar leugnen und mit Höflichkeitsgebaren und ähnlichem bemüht sind, sich vom Tier zu distanzieren. Aber das Prinzip der Wirkung des Grades an Selbstsicherheit funktioniert nach wie vor, nur ist es den meisten Menschen nicht mehr bewusst. Die Person, die sich möglichst unauffällig verhält, zu Boden sieht und darauf achtet in nichts verwickelt zu werden, wird weiniger respektiert, als diejenige, die sich entspannt und aufrecht zeigt. Letzteres Individuum bewegt und verhält sich so, wie es das auch tun würde, wenn niemand anderes zugegen wäre. Es ist eine rhetorische Frage, wem gegenüber man eine niedere Hemmschwelle

hätte oder anders gesagt, mit wem man eher die Konfrontation auf sich nehmen würde. Die Selbstsicherheit ist hier maßgeblich. Das, aus dem Bereich der Selbstverteidigung stammende Wort „Opfertyp" sagt hier schon viel aus. Auch innerhalb höflicher und vernünftiger Kommunikation sieht man bereits einen Unterschied im Respekt, der jemandem entgegen gebracht wird. Bei der einen Person berührt man vorsichtig die Schulter und übt einen zärtlichen Druck aus, während man höflich etwas sagt, wie: „Entschuldigung, darf ich mal vorbei?" Bei der selbstsicheren Person bleibt man aber außerhalb eincs adäquaten Individualitätsbereiches und äußert aus diesem Meter Distanz denselben Wunsch. Das selbstsicher erscheinende Gegenüber wird nicht ungefragt berührt.

Ein anderes Beispiel, in welchem man das Wort Grundrespekt erklären kann, ist, wenn jemand etwas in der Hand hält. Würde sich für diesen Gegenstand jemand interessieren, wäre es in der normalen, sozialen Interaktion gewöhnlich danach zu fragen, ob man das mal ansehen dürfe. Sodann kann der Besitzer des Gegenstandes ganz entspannt entscheiden, ob er das Objekt des Interesses aus der Hand gibt oder nicht. Doch wie kann es sein, dass anstatt danach zu fragen, der andere einem den Gegenstand einfach aus der Hand nimmt? Spätestens dann wird man sich das verbieten, auch wenn man bei vernünftiger Nachfrage den Gegenstand überlassen hätte. Man lässt sich aber nicht einfach etwas aus der Hand reißen, zumindest nicht, wenn man etwas auf sich hält. Und was geschieht, wenn man ein Wurstbrötchen in die Hand nimmt und der Hund kommt des Weges? Nur allzu viele Menschen recken dann die Hand in die Höhe oder verstecken sie hinter dem Rücken, damit der Hund nicht die Nase daran hält. Das kann doch wohl nicht sein. Hier gibt es nichts zu sagen und nichts zu verstecken, er hat nicht ungefragt das Brötchen in der Hand seines Sozialpartners zu inspizieren oder gar zu beanspruchen. Ein solch freches Verhalten resultiert auch in keiner Weise aus irgendwelchen Kommandoübungen. Nein, der Hund hat im täglichen Leben festgestellt, dass sein Mensch ein Spaßvogel oder ein sonstiges, nicht ernst zu nehmendes Etwas ist. Also pfeift der Hund darauf, ob das Brötchen diesem Etwas gehört oder nicht. Er inspiziert es oder er würde es ungefragt nehmen, wenn nicht die Hand in die Höhe gehalten werden würde.

Dementsprechend beginnt dieses erste Standbein für ein ausgeglichenes Miteinander innerhalb der Familie. Das erste Standbein ist also die Persönlichkeitsabgrenzung, was immer im täglichen Einerlei, also grundsätzlich zu Hause passiert oder zumindest beginnt. Es ist nicht die Ablenkungssituation

in welcher man plötzlich zur Respektsperson aufsteigt, wenn man nur dort etwas unternimmt, während man im Alltag derselbe Kumpel bleibt anstatt endlich zum Familienoberhaupt aufzusteigen. Man ist es oder nicht. Man kann nicht nur situativ ein Familienoberhaupt sein möchten.
Der von mir sogenannte Grundrespekt geschieht also im täglichen Zusammenleben. Es ist immer ein Beziehungsproblem und kein Begegnungs-, Jagd- oder Hyperaktivitätsproblem, wenn der Zögling sich entscheidet nicht auf sein Familienmitglied reagieren zu möchten, nur weil was Interessanteres des Weges kommt. Wobei es hierbei auch oft der Fall ist, dass der Zögling zu wenig Leben hat. Der Hund ignoriert seinen Menschen nicht, da er sein Kommando nicht kennen würde. Er ignoriert seinen Menschen, da er ihn nicht respektiert, womit er auch kein funktionierendes Sozialsystem um sich hat und somit auch nicht ausgeglichen ist. Und dieser Umstand hat weder etwas mit dem Kommando, noch mit dem Radfahrer, dem anderen Hund oder der Katze zu tun, sondern einzig und allein mit dem Zusammenleben, bei welchem der Hund den Eindruck von der Ernsthaftigkeit und Persönlichkeit seines Menschen und dem Familiengeschehen erhält.

Man kann selten jemanden finden, dessen Hund in aller Ruhe und Anlehnung mit seinem menschlichen Familienoberhaupt mit geht, ohne dabei eigenmächtige Entscheidungen zu fällen oder sein Familienoberhaupt zu ignorieren, wenn es etwas signalisiert. Dabei ist es dann immer besonders bemerkenswert, dass dieser Mensch noch nie ein Hundebuch in die Hand genommen und er niemals einen Fuß in eine Hundeschule gesetzt hat, sowie er noch nie aggressiv zu seinem Schützling war. Und wenn er mit seinem Hund interagiert, ist er entspannt, ausgeglichen oder liebevoll und spricht mit ihm auf dieselbe ruhige Weise wie mit seinen Mitmenschen. Diesen Menschen kann man mitunter jedweden Hund geben, und es funktioniert binnen kurzer Zeit auf dieselbe ruhige, aggressionslose Weise. Dies ist schon der Beweis, dass es nicht auf das Üben, sondern auf die Verteilung der Entscheidungskompetenzen, also auf die Persönlichkeitsabgrenzung innerhalb der Sozialgruppe ankommt. Doch was machen diese Menschen anders, als all diejenigen, deren Zöglinge entscheiden, wann sie mal zuhören wollen? Es ist denkbar einfach: Sie nehmen ihren Hund als Person ernst. Sie schauen nicht auf die Uhr, wann der Schatz was zu essen „braucht“, spielen „muss“ oder ähnliches, wobei sie den Hund auch in keiner Weise vernachlässigen. Aber er muss einfach auch mal warten, während sein Mensch etwas zu erledigen hat. Der Hund wird als Person ernst genommen, womit er auch alles bekommt, was er zu seiner Bedürfnisbefriedigung braucht. Dabei wird er

aber nicht als armes Geschöpf angesehen, das es nicht besser wüsste, als sich kopflos, fordernd oder ignorierend zu benehmen.
Zumindest hinsichtlich seines Zöglings, der nur da ist, weil man ihn liebt, darf man sich weder von seinen Mitmenschen beirren lassen, von denen heutzutage jeder etwas „Kluges" über die Hundeerziehung zu sagen weiß, noch darf man sich vom Zögling selbst beirren lassen.
Man hat eine Person vor sich, der gegenüber man, bei aller Liebe, die eigene Persönlichkeit nicht verlieren darf.

Um also die Verteilung der Entscheidungspositionen sinnvoll zu gestalten, sind die Erkenntnisse des Grundrespektes unbedingt zu verinnerlichen. Verinnerlichen heißt, es zu leben. Man sollte es also nicht wie eine mathematische Formel umsetzen, sondern verstehen, durchschauen und entspannt leben. Die nächsten drei Überschriften sind also der Schlüssel zur Persönlichkeitsabgrenzung, der zur Abgrenzung der Entscheidungsgewalt bezüglich der Familie führt.

Erster Punkt des Grundrespektes

Gleichgültig was der Schützling möchte, es muss nicht jetzt sein.

Deutlich hervorzuheben ist hier das Möchte. Ein Muss ist also etwas anderes als ein Möchte. Wenn der Zögling irgendein physisches oder psychisches Unwohlsein hat, dann kümmert man sich natürlich augenblicklich im ausreichenden Maße darum. Dann hält man denjenigen, der ihm begründet Angst macht, von ihm fern, man zieht ihm umgehend und liebevoll den Dorn aus dem Ballen oder man geht mit ihm sogleich an die nächstgelegene Stelle, an welcher er sich erleichtern kann, je nachdem, was soeben sein Bedürfnis ist. Bei einem Problem kümmert man sich sofort um seinen Schützling. Forderungen hingegen werden ignoriert. Dabei bemerken die Erziehungsberechtigten oft nicht, dass die Erfüllung seiner Wünsche durch seinen Menschen für den Zögling selbstverständlich ist. Er stellt sich zu seinem Menschen und schon wird er angesprochen oder gestreichelt. Der Zögling stellt sich an die Terrassentüre und schon wird diese von seinem Menschen geöffnet. Warum sollte er sich dabei ungestüm benehmen? Es läuft doch. Er muss nur zeigen was er will und schon bekommt er es. Überspitzt, aber vor Augen führend ausgedrückt, sollte einem bewusst werden, dass der Zögling mit dem Finger schnippt und man springt, um ihn zu bedienen. Wen stellt man dann dar? Wenn der Zögling also einerseits bedürfnisbefriedigt ist, andererseits aber dazu neigt zu ignorieren, wenn man was möchte, dann ist das Beenden von Forderungen ein wichtiger Schritt.

Kommt der noch zu erziehende Schützling also und möchte spielen, essen, auf den Balkon oder eine wie auch immer geartete Aufmerksamkeit, dann wird er anfangs einfach mal ausgeblendet. Man ignoriert anfangs also den Wunsch, wenn der Zögling davon ausgeht, dass sein Mensch selbstverständlich darauf eingehen wird. Ignorieren heißt, so zu tun, als sei der Schützling gerade nicht da. Das macht man sofern der Zögling seinen Menschen als reinen Spielkumpel oder ähnlich ansieht, anstatt diesen als Familienoberhaupt zu erkennen. Denn wenn man die Wünsche bisher immer sogleich beantwortet hat, geht der Zögling natürlich davon aus, dass es genau so läuft. Der Zögling hat dann also die Meinung, dass es selbstverständlich ist, dass dieser Mensch alles beantwortet was er momentan wünscht. Wer ist man dann? Familienoberhaupt, Kumpel oder gar Diener?

Frage oder Forderung

Viele Menschen können nicht auf Anhieb beurteilen, ob ihr Hund fordert oder eine Frage stellt. Was von beidem es ist, bemerkt man an der Penetranz, wenn man mal nicht auf seinen Wunsch eingeht. Nimmt er den Umstand, seinen Wunsch jetzt nicht erfüllt zu bekommen, nach wenigen Sekunden hin, dann war es eine Frage. Fängt er jedoch an penetrant zu werden, indem der Zögling seinen Menschen etwa unaufhörlich anbellt, am Ärmel zerrt oder an ihm kratzt, dann ist es eine Forderung. Allerdings darf man kein Muss mit einem Möchte verwechseln, sowie es anfangs auch meist so ist, dass der Zögling erst mal verwirrt ist, wenn sein Apparat mal nicht funktioniert, weshalb der Ablauf, um klar zu machen, dass man kein Diener, sondern eine eigenständige Persönlichkeit ist, nachfolgend näher beleuchtet wird.

Wie im Vorwort angesprochen, wird natürlich davon ausgegangen, dass eine Bindung zwischen den beiden Sozialpartnern vorhanden ist und der Schützling bisher nicht lieblos behandelt wurde. Das heißt, dass primäre Bedürfnisse des Schützlings befriedigt sind. Nun geht es aber darum, dem Zögling deutlich zu machen, dass er hier kein Spielzeug und keinen Besitz vor sich hat, sondern eine Persönlichkeit. Da wir dem Tier hingegen keine umfassende Verbalsprache zur Verfügung haben, muss man die eigene Stellung also vorleben, anstatt diese mit Worten zu erklären zu versuchen. Also beginnt man damit nicht gleich auf das einzugehen, was der Hund möchte. Denn hier geschieht meist der große Fehler und der Zögling lernt nicht nur, wie er bekommt was er möchte, sondern auch noch, dass er es dann bekommt, wann er es möchte. Letztendlich beherrscht er also seinen Menschen und den Tagesablauf. Wenn man dann dem fremden Hund begegnet, die Katze flüchtet oder der Giftköder am Wegesrand liegt, möchte man die Befolgung einer Anweisung verlangen? Das ist sinnlos, wenn es den ganzen Alltag über der Zögling ist, der bestimmt und dafür sorgt, wann sein Mensch ihm gegenüber welche Handlung auszuführen hat.

Es ist also unablässig ihn auch mal stehen zu lassen wenn er etwas wünscht, zumindest, wenn man nicht positiv respektiert wird. Denn wenn der Sozialpartner, mit dem man sinnvoll kommunizieren möchte, bestimmen kann wann er was bekommt, dann sind das keine Äußerungen von Wünschen, sondern Forderungen, bis hin zu Anordnungen. Auch wenn das niedlich aussieht, was der Zögling da macht um sein Ziel zu erreichen, weiß er: „So geht´s. So gibst du mir, was ich will."

Wenn es also so ist, dass der Hund bestimmt, wann er seinen Menschen ignoriert, dann kann man bei einem Familienhund davon ausgehen, dass er auch bestimmen kann, wann er Aufmerksamkeit bekommt. Dann muss er jetzt eben mal aufwachen und feststellen, dass sein Mensch nicht mehr der Diener ist, sondern eine eigenständige Persönlichkeit. Man lässt ihn fortan abblitzen, wenn er etwas möchte, bis seine Forderungen wieder eine Frage geworden sind. Auf eine Frage oder Bitte kann man dann wieder eingehen, doch das muss erarbeitet werden, wozu man gekonnt zu ignorieren lernen muss. Eine Frage oder Bitte ist es, wenn nur kurz „nachgefragt" wird und er nach wenigen Sekunden der Ignoranz seines Menschen akzeptiert, dass es nun nichts gibt. Doch wenn er mit Nachdruck und Penetranz seine Ziele verfolgt sobald man mal nicht darauf eingeht, dann sind es Forderungen, welche er einem sendet, solange es sich nicht um eine Muss-Situation handelt.

Hinsichtlich des Ausblendens der Wünsche des Zöglings in den frechen Phasen, habe ich auch schon erleben dürfen wie jemand laut und fröhlich, unter Tätscheln und Streicheln, seinem Liebling verbal erklärte, dass er gerade keine Zeit für ihn habe, nachdem ich empfahl, den Hund jetzt mal zu ignorieren. Natürlich musste ich bei solchen Begebenheiten nach kurzer Perplexität lächeln – ein Mehr an Beachtung war schlicht nicht möglich. Erfahrungsgemäß zeigt sich also, dass diese Ignoranz, die man seitens der Forderungen seines Hundes zeigen sollte, besser noch etwas beleuchtet wird:
Zu ignorieren bedeutet, den anderen nicht wahrzunehmen und weiterzumachen, als ob dieser nicht da wäre. Dementsprechend wird der Sozialpartner, welcher weniger Entscheidungsgewalt innerhalb der Familie haben sollte, in solchen Momenten, in denen er etwas fordern möchte, nicht angefasst, nicht angesprochen und auch nicht angeschaut. Auch nicht, wenn man abends vor dem Fernseher sitzt und der Hund einen mit der Nase stupst, da er jetzt eine Aufmerksamkeit wünscht. Nicht hinsehen, sondern weiter das Programm verfolgen. Er bekommt jetzt nicht was er wünscht. Der Blickkontakt wäre bereits Interaktion, womit der Versuch des Ignorierens in die Hose gegangen wäre.
Ein gekonntes ignorieren geht dabei aber noch weiter. Man darf sich körperlich nicht versteifen. Also nicht die Arme verschränken und starr die Wand ansehen. Das würde man auch nicht machen, wenn der Hund nicht da wäre. Der ist doch nicht dumm. Er sieht doch, dass hier ein steifes, verhärtetes, aufgesetztes und unnatürliches Handeln gezeigt wird, sobald er etwas einfordert. Locker bleiben und für den Zögling jetzt einfach mal keine Zeit

haben. Egal was man gerade macht, man hat zu tun. Und sei es nur, dass man vor sich hin sinniert. Man lässt sich dabei nicht beirren und auch nicht davon abbringen.

Wenn man dies entspannt und auf eine lockere Weise selbstbewusst vollbringt, dann wird man sehen, wie der Schützling sich mäßigt. Er wird dann beginnen nachzudenken, womit Übertreibungen seinerseits sich mäßigen.

Doch trifft man immer wieder Hunde an, welche das Nicht-Funktionieren ihres Roboters nicht akzeptieren möchten. Da wird dann mitunter unaufhörlich gebellt, an der Kleidung gezerrt oder an einem gekratzt in Form von: „Und du beachtest mich jetzt, so wie sonst auch!" Wenn der Hund dann derart fordernd wird, dass nicht mehr ignoriert werden kann, dann muss natürlich gehandelt werden. Doch ist hier deutlich darauf hin zu weisen, dass es sich dann um eine extreme Penetranz handelt, nicht um einen kleinen Versuch, wie einem Hochhopser. Wenn der Hund zwei, dreimal durch hochspringen versucht die Aufmerksamkeit zu erregen, dann ist man noch souverän genug, um nicht darauf einzugehen. So etwas wird gekonnt, also völlig entspannt, ausgeblendet, als sei er nicht da. Doch bellt er einen unablässig an, kratzt oder zerrt er an einem, dann kann man dies wohl kaum noch missachten. Dann muss man also handeln, wobei man hier zunächst in die Trickkiste greifen kann, indem man sich ein, hinter dem Hund gelegenes Ziel aussucht. Man fingiert also die Situation, dass man jetzt genau zu dem Fenster oder Sideboard oder sonstwas gehen möchte, welches sich hinter dem Hund befindet, welcher soeben durch penetrantes, nicht mehr zu ignorierendes Verhalten auf sich aufmerksam machen möchte, weil er nicht dulden möchte, mal nicht der Mittelpunkt zu sein. Man steht unter den penetranten Bemühungen des Hundes völlig entspannt und ruhig auf, als ob er nicht da wäre, und geht durch ihn hindurch zu dem anvisierten Ziel. Entscheidend ist hier wieder die Ignoranz. Man stürmt also nicht hin, sondern geht so, als ob da niemand wäre. Wenn man ihn dabei, also beim normalen Gehen, mit den Beinen trifft, ist einem das einerlei. Das nenne ich das aktive Ignorieren. Dabei sieht der Fordernde auf eine aktive Weise, dass er den Tagesablauf, die Ziele und Handlungen seines Menschen nicht manipulieren kann. Man geht durch den Fordernden hindurch, als sei er nicht da, während man sich so benimmt, als hätte man gerade etwas zu tun.

Es gibt noch eine dritte Möglichkeit, eine penetrante Forderung zu unterbinden. Falls das Hindurch-Gehen situativ nicht machbar wäre und der Hund derart penetrant ist, dass es nicht mehr ignoriert werden kann, dann erst beachtet man ihn körperlich, was eine heikle Angelegenheit ist, da man hierbei besonders souverän sein muss. Es bleibt dann leider nichts mehr anderes übrig, als direkt zu handeln. Man schubst oder schiebt ihn dann beiseite. Hierbei ist aber die Krux, die Persönlichkeit und die Emotionen des Fordernden nicht zu beachten. Man schubst ihn also zur Seite, ohne ihn dabei anzusehen. Man schiebt ihn zur Seite, als sei er ein lebloser Gegenstand. Das Gespräch mit dem anderen Menschen oder was auch immer man gerade macht, wird in dieser dritten Form des Unterbindens von Forderungen also nicht unterbrochen, während man, wie nebenbei, den Hund zur Seite schubst oder ihm den Fang öffnet, damit man den Ärmel wieder hat. Ausschlaggebend ist hierbei wieder die ruhige, unbeirrbare Handlungsweise, bei welcher man wenigstens die Persönlichkeit des frech Fordernden ignoriert. Genau das ist hier das Ausschlaggebende: Man ignoriert nicht mehr den störenden Körper, aber die darin wohnende Persönlichkeit.

Gerade hier ist Vorsicht geboten, denn wenn die einfache oder auch die aktive Ignoranz nicht funktioniert, dann zeigt der Mensch oft kein wahres, gelassenes Ignorieren. Diese Menschen sind dann meist emotional zu angespannt, was der Zögling selbstverständlich sieht und was auch nichts mit Souveränität zu tun hat, weshalb von diesen Menschen meist auch nicht die Persönlichkeit des Fordernden ausgeblendet werden kann. Durch die problemvoll vergangenen Wochen oder Monate besteht schon zu viel Verhärtung zwischen den Beiden. Dann auch noch schubsen zu wollen endet meist als ausholende, zackige und letztendlich aggressive Handlung, womit man weit ab der Zielverfolgung wäre.

Das aktive Beenden der Forderung ist also leichter gesagt als getan. Der hilflos-emotionsvolle Versuch eine Forderung zu beenden ist nicht nur unfruchtbar, sondern auch sehr schlecht, da dann Prügeleien entbrennen, man sich als nicht überlegen zeigt oder der Hund schlicht gewinnt, indem er Aufmerksamkeit erfährt und er über die Bemühungen seines Menschen lacht, während diesem gleich voll die Sicherung durchbrennt. Also, einfach und gelassen wegschubsen, ihn hinter sich heben oder wie auch immer seine Forderung mit einfachen körperlichen Mitteln beenden, als sei er ein störender Gegenstand, falls die reine Ignoranz und das aktive Ignorieren nichts gebracht haben sollten oder situativ nicht möglich wären. Es wird ihm dabei also auch nicht in die Augen gesehen. Damit das Ganze funktioniert, macht man während der Beseitigung dieser Störung damit weiter, was man eben tat, und sei es, dass man die Unterhaltung mit jemandem weiter führt, während man den über Gebühr fordernden Hund ganz gelassen, wie eine Sporttasche, einfach ein Stück beiseite schiebt, ohne ihn auch nur anzusehen. Dabei ist Entspannung die Voraussetzung, ansonsten wird ein Spiel oder ein Kampf daraus. Also, nicht schimpfen, nicht ausholen, nicht angespannt starren, sondern das Ansinnen und die Emotionen des Hundes nicht beachten und die mechanische Störung „nebenbei" beseitigen, was man aber erst macht, wenn die reine Ignoranz nichts gebracht haben sollte oder die aktive Ignoranz nicht möglich wäre.

Man sieht also einen Übergang: Zunächst die reine Ignoranz. Sollte diese nicht funktionieren, dann zeigt man mit aktiver Ignoranz etwas deutlicher, dass man gerade unbeirrbar zu tun hat, indem man durch den Fordernden mal hindurch geht, als ob er nicht da wäre. Ist letzteres nicht möglich, dann ignoriert man nicht mehr die körperliche Anwesenheit, sondern die Person, indem man mit deren Körper wie mit einer unbelebten Sache umgeht und sie einfach ungeachtet der darin steckenden Persönlichkeit beiseite schiebt, stellt oder schubst. Hierbei sieht man aber gleichzeitig auch wieder, in wieweit man selbst als Person angesehen wird. Denn je mehr es braucht, um die freche Forderung zu beenden, umso weniger stellt man für seinen Zögling dar, weshalb man sich gezwungen sieht, ihn umso mehr zu beachten, um die Frechheit zu beenden. Das kann ein Teufelskreis sein, den man dann umso mehr mit Ignoranz durchbrechen sollte, anstatt darauf einzugehen.
Scheint dies alles nicht möglich zu sein, gibt es eine vierte Möglichkeit, die ich ansprechen möchte: Kann man ein penetrantes Fordern auf keine ignorante Weise beenden, dann ist man entweder bereits in einer emotional hilflosen Lage oder es herrschen Bedürfnisdefizite. Bei Bedürfnisdefiziten handelt es sich nicht mehr um eine freche Forderung, sondern um eine Muss-Situation, weshalb man dringend auf den Schützling eingehen muss, um dessen Bedürfnisse zu befriedigen. Man muss seinem Ausgelieferten immer erst ein Leben bieten, damit man etwas verlangen kann. Ist der Grund dafür, dass Forderungen des Zöglings ausufern aber nicht ein Bedürfnisdefizit, sondern Anspannung des Menschen, dann hilft auch eine Repressalie nicht, denn dann kommt es nur zur Misshandlung oder zu Streit. Also bleibt dann nur noch ein Ausweg, indem man nicht mehr ignoriert, da hierfür einfach bereits zu viel Verhärtung in der Beziehung herrscht. In solch einem Fall wird dann ein klares Kommandosignal aggressionslos aber unmissverständlich signalisiert, bei dem der Hund seinen Korb aufzusuchen hat oder, wenn man draußen ist, wird er zwei Meter abseits in ein Sitz beordert. Es wird also ein Ausführungskommando signalisiert, was man sodann entsprechend durchsetzen kann, bis es akzeptiert wird. Bei einer Unterlassung, also einem „Nein" in Bezug auf Forderungen, kann man nicht wirklich gewinnbringend durchsetzen, da der Hund dann einfach die Aufmerksamkeit hät-

te, die er wollte. Das heißt, dass es eine Diskussion werden würde, wenn man „Nein" zu seinen Forderungen sagt, er aber weiter fordert. Was macht man dann? Weiterhin „Nein" sagen? Das wäre sinnlos, da er ja dann die Aufmerksamkeit hätte. Also gibt man bei überdurchschnittlichen, anfänglichen Problemen zunächst ein Ausführungskommando, welches man dann auch zum Ziel bringen kann, indem man es herbeiführt. Wie man es herbeiführt, wird im nächsten Abschnitt dieses Buches beschrieben, doch kurz gesagt, bringt man ihn dorthin, wo er bei Befolgung der Anweisung sein sollte, wenn er es nicht freiwillig macht. Immer wieder, bis er es akzeptiert.

Sollte ein Ausführungskommando nötig erscheinen, um eine Forderung zu beenden, dann ist diese Handlungsweise aber nicht die Endlösung. Mit der Zeit, wenn der Zögling also verstanden hat, dass er per Anweisung aufgeräumt wird, wenn er penetrant stört, sollte Ignoranz genügen wenn er etwas fordern möchte, womit man dann auch erkennt, dass man inzwischen in der Persönlichkeit gestiegen ist.

Der Weg bleibt immer derselbe: Man zeigt, bei aller Liebe, dass man eine eigenständige Person ist, die über ihren Tagesablauf selbstständig entscheidet. Die Frage ist nur, wo man diesen Weg beginnen muss. Wenn man noch Ruhe und Selbstsicherheit hinsichtlich seines rotzfrechen Zöglings besitzt, dann lässt man ihn einfach stehen, wenn er einen lenken möchte. Will er nicht einsehen, dass sein Mensch ihn gerade nicht bedient, ignoriert man ihn aktiv, indem man durch ihn hindurchgeht, während man seinen Tagesablauf bestreitet. Dann zeigt man also aktiv, dass man gerade eigene Interessen verfolgt und keine Zeit für die Kaspereien seines Zöglings hat. Ist letzteres nicht möglich, ignoriert man wenigstens seine Persönlichkeit, während man den störenden „Gegenstand" beiseite schiebt. Geht nichts mehr, da schon zu viel Anspannung herrscht, dann sagt man ihm, was er zu tun hat, wenn er fordert, bis er gelernt hat, dass es so nicht läuft und man dann mit reiner Ignoranz den Rest dahingehend erledigen kann, endlich einen Jemand in dieser Beziehung darzustellen.

Das Miteinander durch Struktur

Wenn der Hund völlig ignorant seinem Menschen gegenüber macht was er möchte, wenn also eine Strukturierung der Familie dringend gemacht werden muss, dann ignoriert man anfangs jeden seiner Wünsche, bis er verstanden hat, dass er nicht machen kann was er will - schon gar nicht mit seinem Menschen. Dann werden, meist schon nach zwei bis fünf Tagen, aus seinen Forderungen Anfragen oder gar Bitten, in Form von: „Hättest du bitte mal Zeit für mich?“ Das merkt man dann in der Art seiner Kontaktaufnahme. Er zerrt dann nicht an der Kleidung und springt auch nicht ungestüm an einem hoch. Er fragt nur zwei bis fünf Sekunden lang durch Herankommen und Ansehen oder auch durch zärtliche Kontaktaufnahme mit der Pfote nach, ob man gerade Zeit für ihn hätte. Ignoriert man dies, dann lässt er auch schon von einem ab. Der Zögling hat dann also seine starke Penetranz, die er in den Anfängen der Ignoranz auf seine Wünsche hin zeigte, eingestellt. Dann ist es soweit, dass man auch mal auf ihn eingeht, denn dann nimmt er einen als Person und nicht mehr als Besitz oder Diener wahr. Der Schützling fragt oder bittet dann um eine Aufmerksamkeit, anstatt die Erfüllung seiner Wünsche zu fordern. Eine Frage nach Aufmerksamkeit ist wünschenswert, denn der Zögling ist kein Niemand. Man selbst ist auch kein Niemand, was er einem durch die Nachfrage auch signalisiert, anstatt einfach eine Forderung zu stellen. Da die Beziehung selbstverständlich nichts anderes als liebevoll, warmherzig und auch kontaktreich sein soll, kann und sollte man auf eine Bitte oder Frage gerne auch mal eingehen. Dort angekommen, wenn der Schützling also schon einen vernünftigen Respekt zeigt, kann man seine Anfragen auch mit einer sanften Verneinung beantworten, wenn man keine Zeit hat. Man muss dann in keiner Weise kühl sein, denn das Ziel, als ein Jemand anerkannt zu werden, ist ja erreicht. Es ist ja dann bereits so, dass man nicht mehr als Gegenstand oder Pausenclown behandelt wird. Das heißt also, dass man kein Tyrann sein darf, nur weil man der Familienvorstand ist. Doch muss man erst zu einer respektierten Persönlichkeit werden, wenn man in der Vergangenheit durch Unwissen dem Zögling aus Versehen eine hohe Entscheidungsgewalt gegeben hat. Dann muss Hund und Mensch da eben durch und die Beziehung muss auf sinnvolle Beine gestellt werden, weshalb seine Wünsche mal ein paar Tage ausgeblendet werden, damit er lernt, dass sein Mensch eine eigenständige Persönlichkeit und kein Spielzeug ist. Meist ändert sich also innerhalb von etwa vier Tagen recht viel. Am ersten Tag ist der Schützling baff, am zweiten fordert er mehr denn je, da er es nicht einsehen mag, dass sein Gerät nicht so funktioniert wie sonst, und am dritten zieht er sich zurück oder er trottet ständig hinterher, während er die Situation überdenkt. Am vierten Tag erfolgt dann eine Bitte statt einer Forderung, da er dort, wo er bisher diese Selbstverständlichkeit hingenommen und benutzt hat, so langsam eine Person vor sich sieht und zu dieser Kontakt aufnimmt. Die vier Tage sind nach Erfahrungswert ein normales Mittelmaß, doch kann sich dies auch vierzehn Tage ziehen. Klare Zahlen können in der Erziehung kaum genannt werden. Sie dienen grundsätzlich nur dazu ein Gefühl zu vermitteln. In der Erziehung sind immer die handelnden Personen mit ihrer Individualität und der resultierenden Individualität dieser Beziehung maßgeblich.

Außer Frage ist, dass die Forderungen beendet werden müssen, womit man dringend zu lernen hat, mögliche Sachverhalte zu durchschauen. Einerseits darf man nicht verwechseln, was eine Muss- und was eine Möchte-Situation ist, sowie man eine Forderung von einer Frage zu unterscheiden lernen sollte. Andererseits sind die zaghaften Kontaktaufnahmen eines verängstigten oder persönlichkeitslosen Individuums keine Forderungen. Diese zu ignorieren wäre fatal. Die Persönlichkeitsentwicklung oder das Selbstwertgefühles eines sozialfähigen Individuums wird bei entsprechendem Mangel natürlich gefördert, indem man auf seine zaghaften Anfragen erfreut und liebevoll eingeht. Es werden grundsätzlich die rotzfrechen Hunde bei ihren Forderungen ignoriert, welche durch falschen Umgang in den Mittelpunkt des Weltgeschehens gehoben worden sind.
Des Weiteren muss noch gesagte werden, dass ein jeder sich einfach nur freut, wenn er ausgeliefert und isoliert warten musste und der Sozialpartner endlich wieder nach Hause kommt. War der Hund also alleine, sei es, da man abends ins Kino ging oder man morgens aufsteht und der Hund nicht mit im Bett schlief, dann freut er sich einfach. Das ist meist keine Forderung und man kann und sollte gerne darauf ein gehen. Eine solche Wiedersehensfreude ist also eher ein Muss, da hier gerade freudige Gefühle im Zögling tanzen und er nicht ungestüm auf den Putz haut und er gerade nichts dahingehend im Sinn hat, was die Beherrschung des Sozialpartners oder der Situation im Sinn hätte. Also darf man selbst fröhlich und nett sein, wenn der Zögling sich gerade einfach nur freut ohne etwas bestimmen zu wollen.

Fazit

Machen Sie deutlich, kein Gegenstand und kein Diener zu sein. Forderungen müssen also beendet werden. Verwechseln Sie aber keinen Wunsch mit einer Frage und schon gar nicht mit einem Bedürfnis. Forderungen sind nur anfangs gegeben, wenn man es bisher aus Unwissenheit falsch gemacht hatte. Die Penetranz, wenn ein Wunsch nicht erfüllt wird, zeigt, solange es sich nicht um eine Muss-Situation handelt, dass es sich um eine Forderung handelt. Wenn Sie unsicher sind, um was für ein Gesuchen es sich handelt, gehen Sie lieber darauf ein und entwickeln mit der Zeit einen besseren Blick auf Ihren Zögling. Das kann etwa passieren, wenn er sich so benimmt, als müsse er auf die Toilette. Dann öffnet man ihm eben die Türe zum Garten. Rennt er dann bellend los, schickt man ihn augenblicklich wieder hinein. Bzw. schickt man ihn wieder hinein, wenn er sich nicht in den ersten zehn Sekunden nach einer geeigneten Stelle zu seiner Erleichterung umsieht. Man lässt sich ja nicht an der Nase herumführen.

Zweiter Punkt des Grundrespektes

Natürlich ignoriert man nur die Forderungen, wie zuvor beschrieben. Ansonsten hat man selbstverständlich Interaktionen mit seinem Familienmitglied. Wenn es keine Forderung ist, kann auch der Schützling eine Interaktion starten. Dabei kommt es darauf an, ob man Zeit dazu hat. Aber selbst kann man natürlich immer eine Interaktion starten. Wichtig ist dabei, dass man eine klare und erkennbare Interaktion beginnt.

Grundsätzlich gibt es zwei Interaktionsmöglichkeiten: Entweder man verlangt etwas oder man hat einfach mal Zeit für seinen Schatz. All das, was profan als Kommando bezeichnet wird, wird verlangt, weshalb auch diese Verteilung der Entscheidungsgewalten, also der Grundrespekt zugegen sein muss. Es ist also wieder so wie mit dem selbst gezeugten Kind: Man nimmt liebevoll in den Arm oder man spielt auch mal. Andererseits werden aber Anordnungen ausgesprochen. „Sei um acht Zuhause", „Sei still, ich telefoniere" oder „Iss jetzt keine Schokolade mehr" sind hinsichtlich des Menschenkindes typische Anordnungen und keine Bitten, keine Diskussionen und keine Streitereien. Zumindest hat es so zu sein, ansonsten hat man genau das Problem der fehlenden Persönlichkeits- und Entscheidungsabgrenzung innerhalb der Familie. Wer hat in dieser Sozialgemeinschaft Entscheidungsgewalt? Das Kind/der Hund kann es nicht sein, also wird innerhalb der Familie bereits geklärt, wer hier welche Position hat. Somit gibt es Interaktionen, die sozusagen zunächst rangunabhängig sind und andere, die von vorn herein sozusagen rangabhängig sind. Entscheidend ist aber, dass es immer Interaktionen sind und keine Aktion zum Zögling hin, der einen stehen lässt.

Wann was verlangt wird, bestimmt schlicht der Tagesablauf, denn es gibt immer mal wieder einen Grund für eine Anordnung. Wie oft steigt man an jenem Tag aus dem Auto oder wie oft wird der Hund hergerufen, da zum Beispiel eine Gruppe Jogger entgegen kommt? Das ist von Tag zu Tag verschieden, und auf die Thematik dieser geklärten und rangabhängigen Signale wird im nächsten Buchabschnitt genau eingegangen.

Doch hier, bei diesem zweiten Punkt des Grundrespektes, geht es um die rangunabhängigen Interaktionen, welche insbesondere das Schmusen und das Spielen sind.

Hierzu sind zwei Dinge zu beachten: Zum Einen, dass der Hund nicht den Spieß umdreht und zum Anderen die Klarheit der angestrebten Interaktionen.

Die Häufigkeit dieser rangunabhängigen Interaktionen kann eine eigene Rolle spielen, wenn der Mensch seinen Schützling bisher zum Mittelpunkt des Universums empor gehoben hatte.

Zunächst also einige Worte zu dem, dass der Hund nicht den Spieß umdreht. Ruft man sich den vorherigen Punkt des Grundrespektes in Erinnerung, so macht man seinem Schützling deutlich, sich nicht von ihm lenken zu lassen. Man ignoriert seinen Schützling also nicht unentwegt, vor allem nicht, wenn man als Familienoberhaupt positiv respektiert wird. Man kann gerne auf eine Frage oder Bitte eingehen oder einfach selbst die Interaktion starten. Dabei ist man, je nachdem ob man schmust oder spielt, nichts anderes als entspannt und liebevoll oder ausgelassen und spaßig. Man zeigt seinem Schatz also positive Gefühle.
Bei einer solchen Schmusesituation kann es dazu kommen, dass der Hund seinen Menschen ausblendet. Wen man genau hinsieht, kann man genau das häufig beobachten: Ein Mensch schmust seinen Hund, welcher sich wie selbstverständlich abwendet und etwas anderes macht.
In diesem Moment wird diese rangunabhängige, zunächst rein liebevolle Kontaktaufnahme zu einer rangabhängigen Kontaktaufnahme, da man sich als Familienoberhaupt schlicht nicht ignorieren lässt. Dabei gibt es keinen Grund wüst zu sein. Man hindert den Hund einfach daran sich zu entfernen, indem man ihn einfach kurz aufhält, wieder los lässt und weiter streichelt. Ob er möchte oder nicht, er wird jetzt gestreichelt. Wichtig ist, dass er dabei keine Angst hat. Eine Bindung wird bei einer Korrektur der innerfamiliären Positionen vorausgesetzt - sonst gibt es nichts zu korrigieren, sondern zusammenzufinden. Jedenfalls wird der Zögling einfach sanft aber bestimmt einen kurzen Moment, z. B. an der Hüfte, gehalten und wieder losgelassen. Falls er sich bereits zwei, drei Schritte entfernt hat, kann man ihn dabei auch wieder heran ziehen. Aber durchaus mit netten Worten begleitet und ohne zu reißen. Nett, aber bestimmt, etwa in Form von: „Jetzt warte mal, Mäusle, ich rede doch mit dir." Selbstverständlich versteht er den Inhalt der Worte nicht, aber er soll an der emotionalen Haltung erkennen, dass dies kein Streit ist, was durch aggressionsloses, aber bestimmtes Handeln und einer netten Betonung gewährleistet wird. Dann streichelt man weiter, auch wenn er gerade keine Lust darauf hätte. Wichtig ist aber, dass er wenigstens duldet. Wenn nötig, wird er erneut aufgehalten, so oft es eben notwendig ist, um seine Akzeptanz zu erreichen. Dies ist es auch, worum es geht: Er hat es zu akzeptieren. Was auch immer sein Familienoberhaupt möchte, so lange es nicht beängstigend oder erniedrigend ist, hat er es zu ak-

zeptieren. Erst wenn man diese Akzeptanz erkannt hat, indem der Zögling das Tätscheln über sich ergehen lässt, ist man zufrieden. Wie nett man dabei auch immer ist, so kommt er dennoch nicht um diesen Interaktionswunsch seines Familienoberhauptes herum.
Falls es sich um ein Spiel handelt, welches man gerade zusammen betreibt, dann kann man schlecht zum Spiel zwingen, wenn der Hund plötzlich abbricht, da seine Aufmerksamkeit z. B. spontan von einem Mäuseloch in Anspruch genommen wird. In so einem Fall kann man eine Ersatzhandlung anwenden, indem man an dem Interaktionswunsch dran bleibt, was man ganz banal auf verbale Weise signalisiert, etwa in Form von: „He, jetzt komm' noch mal her." Es ist immer noch eine emotionale Situation, weshalb hier verbal das Gefühl leichten Unmutes betont wird anstatt ein Kommandosignal anzuordnen. Der Hund sollte sich daraufhin bremsen, woraufhin man als Ersatzhandlung eine Gesundheitskontrolle unternimmt. Einfach zwei, drei Sekunden lang den Hund betasten und begutachten, der das hin nehmen muss, woraufhin man zufrieden ist. Man lässt also nicht zu, dass er einen stehen lässt. Man beharrt also darauf, dass er einen nochmal beachtet oder er wenigstens die Handlung seines Familienoberhauptes über sich ergehen lässt, wenn er dieses stehen lassen wollte, woraufhin man wieder zufrieden ist und man ihn ruhig auch lächelnd mit einem netten Klaps wieder gehen lassen kann. Aber: Man hat ihm sofort den Respekt der Beachtung abzuverlangen, sobald er eine Interaktion abbrechen wollte, auch dann, wenn es eine lustige oder liebevolle Interaktion war.

Falls der Hund auf die sinnvoll signalisierte Gefühlshaltung seines Menschen noch nicht eingeht, dann ist das auch noch nicht der richtige Augenblick, um ausgelassen in einer Umgebung zu spielen, die auch anderweitig für den Hund interessant ist. Man erarbeitet dann nur einen vernünftigen Grundrespekt, bevor man sich in Situationen begibt, in denen man sich zum Hampelmann machen könnte. Hierbei denkt man bestenfalls auch mal darüber nach, wie oft die Führungsebene in einem natürlichen Sozialverband die Rangniederen zum Spiel auffordert. So etwas gibt es fast gar nicht. Wenn, dann vielleicht mit den ranglosen Kindern, aber nicht mit Heranwachsenden oder Erwachsenen, die weniger zu sagen haben. In unserer Menschenwelt, in der der Hund kaum eigene Interessen hinsichtlich eines erwachsenen Lebens wahrnehmen kann, muss das nicht sein. Man darf als Führungsebene ruhig auch mal damit beginnen Ausgelassenheit zu signalisieren. Deshalb der obig angesprochene Kniff. Auch mal ausgelassen herumspielen, bedeutet aber genau das, dass man nicht in unsinnigen Situationen

anfängt zum Spiel aufzufordern, und dass man nicht den ganzen Tag herumhampelt. Falls man sich dann bei einem sinnvollen, ausgelassenen Spiel dennoch zum Affen macht, indem man einfach stehen gelassen wird, dann sollte man handeln, indem man kurz eine Aufmerksamkeit, bzw. Duldung verlangt, die der andere akzeptieren muss. Ein kurzer Gesundheitscheck kann genügen.
Dies ist das erste, was man bei den rangunabhängigen Interaktionen beachtet: Auch bei einer rein liebevollen oder spielerischen Geste lässt man sich nicht einfach ignorieren. Sonst wäre es keine Interaktion, sondern nur ein Hin-Agieren, während einem der Rücken gekehrt wird. Man lässt nicht zu, dass man während einer Interaktion stehen gelassen wird, da man nicht derjenige ist, der umgarnt, sondern derjenige, der mit seinen Familienmitgliedern interagiert wenn er es möchte. Vom Familienoberhaupt gibt es zu den Zöglingen hin niemals eine unbeantwortete Aktion, sondern ausschließlich Interaktionen.

Bei all dem wird weiterhin ersichtlich, was unabdingbar für das Funktionieren dessen ist, was man anstrebt: Klare Interaktionen. Nicht einfach am Hund vorübergehen und ein paar nette Worte fallen lassen. Nicht die Hand zum Tätscheln ausstrecken, während der Zögling ungeachtet vorbei geht. Und vor allem nicht sinnlos kommentieren, was er da gerade macht. Das erlebt man nur all zu oft, dass ein Mensch sich in ungefähr folgender Weise an seinen Hund wendet: „Na, Clemens, was hast du denn da gefunden? Nein! Aus! Nicht, dass du etwas Schlechtes isst! ... Ach, ist ja nur ein Apfel. Den darfst du natürlich weiter essen." Während der Mensch den Rumpf beugte, auf seinen Hund einredete und den Kopf hin und her wiegte, um zu erkennen was sein Schützling da gefunden hat, hat der Hund nichts anderes getan als an dem gefundenen herum zu nagen. Den Hund hat dieses Gerede einen Kehricht interessiert und der Mensch ist damit zufrieden, denn es war ja nur ein Apfel. Entscheidend ist hier nicht der Apfel, sondern die Ansprache. Hat sich der Mensch mit seinem Hund befasst oder nicht? Ja, das hat der Mensch einerseits emotional, also ohne Kommandosignal, und andererseits auch noch mit Kommandosignalen, doch hat er sich eindeutig und erkennbar seinem Hund zugewandt und zu ihm hin agiert. Dabei kam nichts zurück, woraufhin es keine Interaktion war, sondern nur ein Bemühen des einen um den anderen. Dabei wurde aber derjenige, der sich bemühte, ausgeblendet. Der Clemens ist hierbei nicht so minderbemittelt und dumm, um die emotionale Hinwendung seines Menschen nicht zu erkennen. Der Inhalt der Worte ist einem Hund in der emotionalen Ansprache natürlich

nicht bewusst, wobei im obigen Beispiel sogar noch typisches „Nein“ und „Aus“ verborgen waren. Aber, dass sein Mensch soeben auf ihn einredete, war Clemens im entsprechenden Moment klar. Doch hatte der Hund Besseres zu tun, als sein Hintergrundgeräusch zu beachten, womit dieser Clemens in diesem Beispiel seinen Menschen ganz bewusst ignorierte. Die Menschen rechnen in solchen Situationen nicht einmal mit einer Reaktion, geschweige denn, dass sie eine Reaktion auf ihr Bemühen einfordern würden. Es ist also sinnlos, derart auf seinen Zögling einzureden. Und nicht nur das. Die Menschen sorgen mit einem derartigen, rückmeldungslosen Hin-Agieren dafür, von ihrem Zögling nicht mehr ernst genommen zu werden.
So etwas darf niemals geschehen, nicht ein einziges Mal. Entweder hat man soeben eine sinnvolle Interaktion oder nicht. Punkt. Es gibt also nur sinnvolle Interaktionen, womit man sich immer selbst hinterfragen muss, mit welcher Intension man sich soeben an seinen Schützling wendet. Das ist wieder ein Grundsatz, der unumgänglich ist: Man muss schon wissen, was man soeben von seinem Schützling möchte. Sowie man dann auch eine Reaktion auf die angestrebte Interaktion erwartet und bei Bedarf auch einfordert.
Man duldet niemals, dass der Zögling einen stehen lässt. Wenn der Interaktionswunsch sinnvoll ist, das heißt, dass der Schützling gerade keine Angst hat und dass die angestrebte Interaktion seitens des Erziehenden erkennbar ist, dann besteht man auch darauf, dass dieser Interaktionswunsch beantwortet wird. Man sieht hierbei auch, welche Pflichten man als Erziehender hat. Man hat unbedingt erkennbar zu bleiben. Das heißt, dass man sich bewusst sein sollte, was man soeben anstrebt, noch bevor das erste Wort den Mund verlässt. Kommando oder gefühlsorientierte Interaktion? Eins von beidem. Bei der gefühlsorientierten Hinwendung sendet man die eigene, emotionale Haltung. Hier kommt es also auf Betonung und Gestik an und nicht auf den wörtlichen Inhalt, womit man hierbei keine exakte Reaktion verlangen kann, aber man darf eine emotionale Antwort darauf erwarten. Bei einem sogenannten Kommando geht es nicht um Betonung und Gestik, sondern um das bereits beigebrachte Signal, welches vom Gegenüber unmissverständlich erkannt wird, womit man auch genau das erwartet, was man da soeben angeordnet hat.
Bei dem obigen Beispiel mit dem Clemens und seinem Apfel hätte das geheißen, dass ein wortloses Hinschauen genügt hätte, um zu erkennen, dass es eben ein Apfel ist, womit man ihn damit auch in Ruhe lassen kann. Gegebenenfalls geht man noch ein paar Schritte näher hin und sieht dann wortlos nach, an was Clemens da herum kaut. Wenn Eile geboten wäre, da man Angst hat, dass Clemens sich Schaden zufügt, dann hätte ich dazu geraten,

ihn mit klarem Signal herzurufen. Bringt er seinen Gegenstand mit, dann erkennt man es als Apfel, womit man die Beschäftigung damit auch nicht verbieten muss. Lässt er den Apfel liegen, um sein Kommando auszuführen, dann kann man hin gehen und nachschauen. Ein Unterlassungskommando wäre nicht so günstig, denn es ist ja nur ein Apfel. Wenn das „Nein" aber erst einmal ausgesprochen wäre, dann gäbe es kein Zurück, woraufhin Clemens den Apfel liegen lassen müsste. Das braucht es doch nicht – soll er seinen Apfel doch essen. Deshalb lieber heran rufen, woraus man ihn auch wieder entlässt. Dann könnte er sich seinen Apfel wieder nehmen. Allerdings ist es gleichgültig, ob man wortlos nachschaut oder ob man ein Kommandosignal benutzt: Es hat Klarheit in der Situation zu herrschen. Entweder hat man soeben nichts mit Clemens, indem man wortlos, ohne Kontaktaufnahme nachschaut, oder man hat was mit ihm, indem man ein unmissverständliches Signal sendet, wobei man dann auch auf die gewünschte Reaktion beharrt. Die Menschen machen aber nur zu gerne das bunte Zwischending. Da wird auf erkennbare Weise hin agiert, wobei aber gar nicht damit gerechnet wird, dass der Hund jetzt reagieren könnte, würde oder sollte. Zudem ist meist der Inhalt dieses Hin-Agierens für den Schützling unkenntlich, da mit allerlei Gerede getönt wird, anstatt sich erkennbar in seinem Ansinnen zu zeigen. Damit sorgen die Menschen dafür ausgeblendet zu werden. Der Hund denkt sich etwas, wie: „Keine Ahnung was er da wieder will." Die Menschen machen sich also aktiv zu einem Hintergrundgeräusch. Weiterhin machen sie sich zu so etwas wie einer umgarnenden Dienerschaft, wobei der Schützling auf einen Thron oder einfach in den Mittelpunkt gesetzt wird. Dann wird es mitunter tatsächlich hässlich, wenn mal Eile geboten ist, da etwa die Gefahr eines herannahenden Autos droht. Jetzt soll der Hund erkennen, dass dieses Geschwätz nun tatsächlich mal ernst gemeint ist, woraufhin dann plötzlich aggressiv gebrüllt oder schlimmeres gemacht wird. Aber woher sollte der Schützling in dieser Situation wissen, dass dieses Gerede dieses eine Mal nun tatsächlich nicht ignoriert werden durfte?

Man zeigt also immer erkennbare Interaktionswünsche, seien diese nun rein emotional oder in Form einer Anweisung. Im Falle der Anweisung ist man neutral oder sogar nett, aber man diskutiert nicht. Im Falle der emotionalen Zuwendung, wie dem Spielen oder Schmusen, ist man entsprechend gefühlvoll, also ausgelassen oder liebevoll. Man ist also in jedem Fall ganz entspannt erkennbar, indem man weiß, was man gerade vorhat, bzw. möchte. Der erste Punkt des Grundrespektes, bei dem man sich nicht dirigieren lässt, hat also nichts damit zu tun, dass man nichts mehr mit seinem Zögling macht. Das wäre Unsinn. Natürlich beschäftigt man sich mit seinem Schatz, aber man bestimmt einfach selbst, wann man zu was Zeit und Lust hat oder wann etwas nötig ist, zumindest, solange der Zögling zu Forderungen neigt.

Der zweite Punkt des Grundrespektes bei überdurchschnittlich dominanten Hunden

Die Häufigkeit ist noch etwas Erwähnenswertes, was bei diesem zweiten Punkt des Grundrespektes eine Rolle spielen kann. Das ist meist besonders schwer, da man seinen Hund ja lieb hat. Doch wenn man an die eigenen Ziele denkt, dann kann man da auch mal durch. Das Ziel, dass sich der Schützling in jeder Situation auf den Kommunikationswunsch mit seinem Menschen einlässt, erreicht man mit einem vernünftigen Grundrespekt. Außerdem kann alles wieder häufiger und individueller werden, nachdem man die Persönlichkeitsabgrenzung vollzogen hat, womit man vorrübergehend auch mal die Häufigkeit von rangunabhängigen Interaktionen bremsen kann. Man muss seinem Sozialpartner nur die Kompetenzverteilung klar machen. Also, der rotzfreche, über alle Stränge schlagende Hund wird nur zwei- oder dreimal am Tage positiv beachtet. Ansonsten gibt es bei Bedarf nur eine neutrale aber ernst gemeinte Anweisung oder schlicht die Ignoranz. Man hat zu tun oder anders gesagt, macht man deutlich, dass nicht der Hund der Mittelpunkt der Welt ist. Eher ist man es selbst, anstatt der Schützling. Das muss ihm klar werden. Also, jede Streicheleinheit, jedes nette Wort, jeder liebevolle Leckerbissen ist eine rangunabhängige Interaktion. Meist geht es sogar soweit, dass es eine rangabhängige Interaktion ist, welche aber der Hund initiiert. Und das muss sich ändern. Zwei- bis dreimal am Tag schmusen oder spielen, wobei eher ersteres zu bevorzugen ist. Meist hat sich innerhalb etwa vier Tagen bereits eine Verhaltensänderung eingestellt. Die großen Probleme sind dann selten schon vorbei, doch man beginnt Stellung zu beziehen, was man meist daran bemerkt, dass der Hund im Haus und außerhalb ohne Ablenkungssituationen ruhiger und aufmerksamer wird. Er bedrängt nicht mehr so sehr und akzeptiert schneller, wenn man wortlos keine Zeit hat und wenn man etwas möchte. Dann kann man auch beginnen das Schmusen wieder öfter zu zelebrieren. Vier- bis fünfmal zum Beispiel. Wenn er verstanden hat seinen Menschen nicht befehligen oder manipulieren zu können, dann darf man auch wieder das Schmusen häufen und auch wieder spielen. Innerhalb etwa vierzehn Tagen sollte es so werden, dass man auf die Häufigkeit nicht mehr achten muss. Doch die Klarheit, wer hier wann Zeit hat, sollte noch erhalten bleiben. Wenn der Schützling in wenigen Wochen gestartete Interaktionen nicht mehr ignoriert, dann kann man auch oft auf eine Bitte eingehen. Man misst einfach im Indikator für die Beziehung: In wieweit nimmt er es sich heraus, eine gestartete Interaktion zu ignorieren. Je weniger das ist, umso eher greift der Grundrespekt, und alles Innerfamiliäre wird in diesem Rahmen weicher, womit man letztendlich, wenn keine gestartete Interaktion mehr ignoriert wird, so oft schmust und spielt wie man möchte, sowie man auch auf so viele Fragen oder Bitten eingeht, wie man möchte. Doch der Indikator für die Beziehung hinsichtlich der Entscheidungskompetenzen innerhalb der Familie ist und bleibt derselbe: Wie oft und wie stark versucht der Schützling den erkennbaren Interaktionswunsch seines Partners zu ignorieren. Je öfter, umso weniger ist man respektabel, wofür der Hund nichts kann (siehe: Grundrespekt).

In der schweren Zeit, in welcher man bei einem zwar bedürfnisbefriedigten, aber überdurchschnittlich dominanten Zögling nur zweimal am Tage rangunabhängig beachtet, sollte es kaum vorkommen, dass der Hund dabei versucht einen zu ignorieren. Man ist entspannt und liebevoll und nicht aufgesetzt und wirsch. Wenn man dann nur zweimal am Tage Zeit für das Schmusen hat, wird es dem Schützling auch bedeutungsvoll sein. Er versucht dann höchstens die ersten beiden Tage die Oberhand durch Missachtung in dieser Situation zu haben, welche man ja unterbindet. Doch wenn er darüber hinaus Abstand nimmt, wenn man Schmusen möchte, sollte man die Beziehung überdenken. Dann steht meist Furcht im Raum und es muss erst an der Bindung gearbeitet werden, wobei es dann natürlich nichts zu korrigieren gibt, da ja keine entspannte Bindung gegeben ist.
Wenn jedoch alles normal läuft, gibt es anfänglich noch bei der Wiedersehensfreude eine Hilfe, indem man diese Situation auch rangabhängig gestalten kann. Wenn man morgens aufsteht oder der Hund einmal alleine Zuhause warten musste und man kommt wieder, dann kann man sich gerne auch mal begrüßen lassen. Ihn einfach zu ignorieren, wenn er sich freut, dass man wieder kommt oder man morgens aufsteht, ist nicht nötig und wäre eher erniedrigend, wie bei Punkt eins des Grundrespektes bereits angesprochen. Ist der Zögling aber noch sehr frech und man beginnt erst mit dem Grundrespekt, dann kann man die Begrüßungszeremonie auch rangabhängig gestalten. Zwei Dinge bleiben sich zunächst mal gleich: Einerseits geht man nicht den Hund begrüßen. Man macht ihm nicht die Aufwartung und umgarnt ihn. Man ruft ihn eher, um sich beachten zu lassen, falls es ihm einerlei ist, dass man erscheint. Andererseits bleibt sich auch immer gleich, dass die erste Handlung nicht dem Hund gelten muss. Dabei sollte

man nicht übertreiben. Einfach erst den Schlüssel aufhängen oder die Jacke über den Stuhl streifen und dann entscheiden, ob man nun rangabhängig oder rangunabhängig agiert. Diese erste Handlung nimmt nur zwei, drei Sekunden in Anspruch, und dann geht man in die Hocke, während der Hund im Idealfall um einen herum scharwenzelt. Freut man sich nun auch, dann schmust man. Hält man aber einfach hin, dann lässt man sich begrüßen. Bei einem überdurchschnittlich frechen Hund geht man also einfach wortlos in die Hocke und räumt ihm dadurch die Möglichkeit ein, einen an der Wange, den Ohren und den Mundwinkeln zu lecken, während man dabei einfach kommentarlos abwartet. Somit ist klar, wer hier wen begrüßt, und es ist dann auch ein Begrüßen, beziehungsweise wird das Familienoberhaupt umgarnt. Schaut man in die Natur, dann springt der Ranghohe auch nicht ungestüm an den anderen herum, wenn er ins Kernterritorium kommt. Nein, die anderen machen ihm die Aufwartung. Also: Gänzlich zu ignorieren, wenn er sich freut, wäre auch beim überdurchschnittlich frechen Zögling zu kalt. In der Anfangszeit, in welcher man wenig rangunabhängige Interaktionen fällt, kann man sich aber auch einfach mal begrüßen lassen.

Zusammenfassend

Hier angelangt, kann man sich an einen Grundsatz der beiden Entscheidungen erinnern: Hat man gerade was mit dem Hund oder nicht? Und: Wenn ja, dann rangabhängig oder rangunabhängig? Im Grundrespekt wird das deutlich, wobei man hier auch zwei Dinge erkennen kann: Zum einen, dieser Indikator für die rangabhängige Beziehung, in wieweit es sich der Hund herausnimmt seinen Menschen bewusst zu ignorieren. Macht er das nicht mehr, wenn man etwas wünscht, kann man auch als echte Sozialpartner miteinander interagieren. Dann erst ist Kommunikation da und nicht ein Manipulieren seitens des Hundes, während man vergebens versucht, seine Aufmerksamkeit zu bekommen, wo er keine Lust dazu hat. Zum anderen sieht man hier dann auch eine Möglichkeit zum Wachsen der Beziehung, wobei die unumstrittenen Entscheidungskompetenzen in Bezug auf familienbetreffende Geschehnisse erhalten bleiben. Man selbst kann die Nummer eins bleiben, wenn man durch einen vernünftigen Grundrespekt für eine unumstrittene Abgrenzung der Entscheidungskompetenzen gesorgt hat, wobei man dennoch liebevoll und spaßig mit seinem Zögling interagieren kann. Es hat also so zu werden, dass man jederzeit liebevoll und spaßig miteinander interagieren kann, man aber dennoch eine Persönlichkeit darstellt.

Ist dem nicht so, lebt der Schützling entweder gedrückt, oder die Leine ist ein Muss. Dann stimmt also etwas nicht, womit der Schützling auch kein glückliches Leben hätte.
Ein entspannter Grundrespekt ist also eine Voraussetzung für ein strukturiertes, erkennbares und Entspannung bietendes Familienleben und somit für alles Weitere.
Die ersten beiden Punkte des Grundrespektes sind dahingehend wichtig, dass das Familienoberhaupt die Zusammenhänge erkennt und seine Stellung entspannt zeigt. Der folgende dritte Punkt des Grundrespektes ist eine logische Folge.

Dritter Punkt des Grundrespektes: Konfrontationssituationen

Die ersten beiden Punkte des Grundrespektes beziehen sich also auf Interaktionssituationen. Wer die Interaktion beginnt, ist einerlei, solange die kleine Position fragt und nicht fordert. Wer sie beendet ist klar, da man sich nicht den Rücken kehren lässt. Dabei ist eine kurze Liebesbezeugung des Zöglings auch keine Interaktion. Wenn er einfach mal vorbei kommt und einem einen Schmatz auf die Wange gibt, ist das kein Grund ihn aufzuhalten, da man sich nicht ignorieren lässt. Unsinn. Man hatte ja soeben keine Interaktion. Man war nur der Empfänger einer Liebesbezeugung. Wenn man aber interagiert, dann macht man genau das: Man interagiert! Da gibt es seitens des Zöglings nichts zu ignorieren.
Allerdings gibt es im Tagesablauf auch Situationen, in denen nicht explizit interagiert wird, es aber dennoch zu einer Frechheit kommen kann. Diese Situationen sind die Konfrontationen, welche die Menschen, zumindest hinsichtlich ihres Hundes, zu erkennen lernen sollten. Es geht hierbei um innerfamiliäre Begegnungen, die sich einfach auf denselben Quadratmeter beziehen oder auch um außerfamiliäre Begegnungen mit Fremden. Wenn man in etwa eine Engstelle durchschreitet, wie eine Türe oder einen schmalen Pfad, dann kann es nicht angehen, dass man angerempelt wird, da der Zögling es gerade eilig hat. Oder wenn ein Spaziergänger, ob mit oder ohne Hund, entgegen kommt, dann ist es nicht der Zögling, der den Kontakt aufnimmt, sowie es auch nicht der andere Hund zu sein hat, der an einem vorbei rennt, um sich mit dem Zögling abzuklären. Hallo! Man ist hier der Familienvorstand! Da wird man weder innerfamiliär ausgeblendet, noch lässt man es zu, dass Fremde einen wie ein Nichts behandeln, indem sie mit Abgrenzungsabsicht und latenter oder offener Aggression zu den Familienangehörigen stürmen, über die man Verantwortung hat.
Also lässt man es auch in der kommunikationslosen Begegnung nicht zu, wie ein Gegenstand behandelt zu werden. Der Schützling muss einem in keinem Fall die Aufwartung machen oder so einen Unsinn. Er hat, im Rahmen eines sinnvollen Respektes, nichts weiter zu tun, nur weil er einem begegnet. Aber der sinnvolle Respekt sieht dabei so aus, dass er einen auch nicht einfach anzurempeln, hinterher zu zerren, zu überlaufen oder zu benutzen hat. Auch in der Begegnung, in der man keine Interaktion anstrebt, ist man kein Gegenstand. Diese Begegnung ist also ganz banal räumlich. Man trifft im täg-

lichen Einerlei, während also jeder macht, was er halt so macht, einfach auf derselben Stelle aufeinander, ohne dabei von dem anderen was zu wollen.
Bei genauerer Betrachtung sieht man also, dass eine räumliche Begegnung das Negativ zu einem Interaktionsbeginn des Familienoberhauptes ist: Gleichgültig wo man sich mit seinem Hund befindet, wenn man eine Interaktion beginnt, ist man in diesem Moment derjenige, der agiert, woraufhin der Zögling entsprechend des Interaktionswunsches seines Familienoberhauptes reagiert.
In der Begegnung verhält es sich genau anders herum. Das heißt, wenn man sich im Alltag konkret begegnet – sei es an der Türe, an der Leine oder man hat etwas in der Hand, das den Hund interessiert – dann hat der Schützling dahingehend nicht einfach derart zu agieren, als sei man niemand. Man hat soeben keine Interaktion mit seinem Nachwuchs, was heißt, dass es eine Form von Ignoranz ist, wenn er agiert, als sei man ein Gegenstand. Da Ignoranz in solch einem Moment bereits gegeben ist, wird vom Familienvorstand reagiert und nicht diskutiert. Man ist doch kein leerer Karton, den man auf die Seite schubsen kann oder ein Diener, der das Tablett für den Krösus hält. Dann, wenn der Hund einen anrempelt oder das beansprucht, was man für sich selbst genommen hat, ist die Gegenreaktion Erklärung genug. Es sieht also so aus, dass eine konkrete Konfrontation stattfindet, bei der man ein Mitdenken seines Zöglings erwarten kann, welches wiederum auf den Indikator hinaus läuft, sich nicht ignorieren zu lassen. Man kann also erwarten, dass der Zögling nicht ungeachtet seines selbstsicheren Sozialpartners den Weg bestimmt oder dass er sein Familienoberhaupt wegschubst.
Der Umgang, Ausgang und Respekt in Begegnungen bzw. Konfrontationssituationen ist eine soziale Selbstverständlichkeit.
Wenn man sich nur mal vorstellt, man würde sich ein Brötchen belegen, währenddessen der Lebenspartner oder das Kind des Weges kommt. Lässt man es dann zu, dass derjenige die Gelegenheit nutzt, das Brötchen wortlos an sich zu nehmen? Man hat das Brötchen gerade für sich selbst gemacht. Der Partner kann sich selbst eines machen und der Zögling kann ja fragen, ob er auch eines bekommt. Man kann ihm dann gerne eines machen, was genau genommen von der eigenen Willkür abhängt, aber im Rahmen der Zuneigung auch gemacht wird. Aber dass es eingefordert wird, man also vom Zögling die Anordnung bekommt, ihm ein Brötchen zu machen, ist ebenso inakzeptabel, als wenn man wie ein Niemand dasteht und man es sich einfach wegnehmen lässt. In solchen Fällen wird man nicht als respektierter Sozialpartner, geschweige denn als Familienoberhaupt angesehen.
Derart verhält es sich in Begegnungen. Es spielt dabei keine Rolle, ob sich

dieses Bewusstsein in einem Kinder- oder Hundekörper aufhält. In keinem Fall ist man also der Handlanger, weshalb hier weder aggressiv agiert, noch gestritten oder diskutiert wird. Gleichgültig, wie viel Zuneigung im Raume steht, man ist ein Familienmitglied, ein Sozialpartner, und dann auch noch einer, der hier Entscheidungskompetenzen hat. Da kann man sich nicht einfach ungefragt was aus der Hand nehmen, sich anrempeln oder wegschubsen lassen. Nein, in Konfrontationssituationen wird bestenfalls gar nicht hingesehen, sondern einfach wort- und vor allem aggressionslos unterbunden (etwa beiseite schieben).
Dementsprechend erkläre ich immer die nachfolgenden Situationen, um hinsichtlich Konfrontationen ein Gefühl zu vermitteln.

Es ist frech, wenn der Zögling inspiziert, ob er das brauchen kann, was sein Mensch in die Hand genommen hat.
Der Hund kann sich nicht umfassend beschäftigen oder seinen Alltag selbstbestimmt gestalten, wenn er in der Menschenwelt leben muss. Wenn er also dabei ist, während man etwas macht, dann ist das nur gut. Im Rahmen der Zuneigung ist das auch wünschenswert und schön. Außerdem „schaut" der Hund mit der Nase. Steht er also dabei, während man etwas macht, wofür man auch Dinge in die Hand nimmt, dann gibt es nichts zu klagen. Wenn er auch mal die Nase ausstreckt, um zu erkennen, mit was man da hantiert, dann ist auch noch alles in Ordnung. Wenn der Zögling aber inspiziert, ob er das brauchen kann, was man da in Händen hält, oder wenn er es gar nehmen möchte, dann gibt es nichts zu diskutieren. Man schiebt ihn beiseite, ohne das zu unterbrechen, was man macht. Wenn es dabei um Essen geht, dann reagiert man besser einmal früher. Man interagiert gerade nicht mit dem Zögling, sondern mit was anderem.

Der Hund sollte nicht einfach aus dem Auto springen, sobald dieses geöffnet wird.
Wo auch immer man hingefahren ist, der Hund soll nicht die eigenmächtige Entscheidung fällen, wann er aus dem Auto hüpft. Ob sein Mensch sich einen Regenschirm oder sonstiges aus dem Auto holen möchte, ob er das Einkaufen einladen möchte, lüften, die Fenster putzen oder den Sozialpartner Hund aussteigen lassen will, der Zögling soll es abwarten. Möchte der Hund ungefragt heraus springen, dann ist ihm das, was sein Mensch möchte, mal wieder einerlei. Diese Ignoranz lässt man sich nicht bieten. In typischen Hundeschulen wird angeraten, den Hund nicht einfach heraus springen zu lassen, damit er z. B. nicht unter das nächste Auto gerät. Wenn dieses Ab-

straktum der Grund ist, dann wurde die Situation nicht begriffen. Es geht doch um Position, um Entscheidungsgewalt, die auch auf die Umwelt wirkt und nicht nur innerfamiliär. Wenn man in ein fremdes Terrain eindringt oder man ein ungeklärtes Terrain betritt, dann ist es nicht der Zögling, der es in Besitz nimmt. Würde man seinen Hund voller Tatendrang aus dem Auto stürmen lassen, dann wäre man nur der Türenöffner, während der Zögling das Gebiet unter Kontrolle bringt. Er rennt bellend im Kreis, um zu zeigen, dass der Herrscher nun eingetroffen ist, oder er würde alle markante Stellen inspizieren und, zumindest wenn es ein Rüde ist, markieren, während er keinen Pfifferling an seinen Menschen denkt.

Der Zögling sitzt also im Auto und schaut mit freudiger Erwartung aus dem Fenster. Es wurde angehalten und voller Interesse möchte der/die Kleine jetzt das Terrain erkunden, sich bewegen und etwas erleben. Das ist schön und richtig, ansonsten stimmt etwas nicht. Wenn jetzt die Autotür von einem Spielekumpel geöffnet wird, dann stürmt der Hund ungestüm heraus und nimmt alles in Besitz, ohne noch an seinen Kumpel zu denken. Wird die Türe von einem Gleichgestellten geöffnet, dann muss derjenige daran erinnern, dass er da ist, indem etwa ein „Sitz“ oder so etwas wie ein „Warte“ gesagt werden muss. Stellt man aber ein respektiertes Familienoberhaupt dar, dann wird der Gedanke des Zöglings auf dieses Familienmitglied überspringen, ohne dass extra etwas gesagt werden muss. Wenn der Zögling beim Öffnen der Türe also den lieben aber respektierten Familienvorstand sieht, dann entsteht ein Gedanke, etwa in Form von: „Da ist der Papa/die Mama.“ Der Zögling denkt dann also nicht mehr, dass er so schnell als möglich die Umgebung abzuklären hat, sondern, dass er in diesem Aufeinandertreffen jetzt mal wartet und erwartet, was sein Familienvorstand jetzt macht oder möchte. Somit ist, trotz des verlockenden Areals vor dem Auto, sein Mensch der Gedanke des Hundes. Er wird sodann gemäßigt aussteigen, wenn sein Familienvorstand ihm dies signalisiert. Das heißt, dass wenn er dann aussteigen darf, dann ist er gedanklich bereits mit seinem Menschen verbunden und interesseiert sich sinnvoll, lebendig, aber nicht als Möchtegern-Herrscher für die Umgebung, denn sein Familienvorstand ist ja da.

Es wird also wortlos das Auto geöffnet, wenn der Hund dann dahingehend agiert, hinaus zu drängeln, dann wird reagiert. Er wird einfach aggressionslos an der Brust zurückgeschoben, bis das Abwarten akzeptiert wird. Tritt dann Ruhe ein, kann man das Wort zum Aussteigen sagen. Da viele Menschen gerne „Hop“ zum Einsteigen sagen, empfehle ich, dasselbe „Hop“ auch zum Aussteigen zu sagen. Dann lernt der Schützling, dass dieses Geräusch das Auto betrifft.

Es ist wichtig, immer dasselbe Signal zu verwenden, ansonsten könnte es undurchschaubar für den Zögling werden, womit man schnell in einen negativen Respekt rutschen würde. Allerdings ist auch noch anzumerken, dass man das Signal zum Aussteigen durchaus lieb und nett sagen darf. Allenthalben neutral. Man ist kein Tyrann und der Zögling hat (letztendlich) ja abgewartet und akzeptiert, also ist man auch lieb und nett.

Falls mal die Leine benutzt wird, darf er nicht daran ziehen.
Ob mit oder ohne Leine: Das Familienoberhaupt bestimmt Richtung und Geschwindigkeit. Ohne Leine hat der Schützling einen sinnvollen Spielraum – je nachdem, inwieweit die Familiensituation geklärt ist, reicht das etwa von fünf bis zwanzig Meter, wenn soeben nicht gespielt wird. In diesem individuellen Spielraum bewegt sich der Hund also mit seinem Menschen mit. Wird aber die Meterleine an das Halsband eingehängt, dann ist der Spielraum weg. Jetzt gibt es nur noch einen Meter Raum um den Menschen. Also ist das Prinzip dessen, dass der Erziehungsberechtigte den Weg vorgibt, besonders prägnant. Wenn jetzt vom Hund an der Leine gezogen wird, dann versucht er Richtung oder Geschwindigkeit zu bestimmen, womit er seinen Menschen schon wieder ignoriert. Also ist die Konfrontation gegeben und man kann sogleich handeln. In diesem Fall bleibt man, wenn der Hund nach vorne zieht, wortlos und souverän stehen. Wird nicht augenblicklich vom Hund nachgelassen, so zieht man ihn etwas zurück. Nicht ruckartig oder brutal und auch nicht bis an die Seite. Einfach zielgerichtet und bestimmt zehn bis zwanzig Zentimeter zurückziehen und die Leine sogleich locker lassen. Man zieht ihn also in die Leinenlänge hinein, woraufhin der Zug sogleich verschwindet. Das bedeutet auch wieder, dass die Leine immer hinten an der Schlaufe gehalten wird, damit der Hund auch lernt, wie lang die Leine ist. Das, In-die-Leinenlänge-Hineinziehen macht man ohne Hektik, also nicht rasch, stehender Weise so oft, bis das Durchhängen der Leine, also das Stehenbleiben des Familienoberhauptes, akzeptiert wird. Daraufhin geht man in aller Ruhe weiter. Zieht er wieder ignorant, wird sogleich wieder gestoppt, bis die Leinenlänge akzeptiert wird, woraufhin es wieder in aller Ruhe weiter geht. Er lernt also zweierlei: Einerseits, dass an der Leine kein Spielraum herrscht und andererseits, dass der Mensch eine dahingehende Ignoranz nicht mitmacht. Typische Fehler sind hierbei, wenn auf den Hund eingeredet wird. Er ignoriert doch ohnehin bereits. Was macht er, wenn so Sätze wie: „Jetzt hör mal auf mit Ziehen!" geäußert werden? Nichts. Er ignoriert das Gesagte ebenso wie die Verbundenheit zu seinem Menschen mittels Leine, da er diesen doch ohnehin schon ausgeblendet hat.

Das Zurückziehen des Zöglings während des Gehens ist ebenso sinnlos, wie auf ihn einzureden. Wenn man mit dem Auto wohin fährt und man steigt aus, dann kann man niemandem auf die Frage antworten, wie oft man geschaltet oder in den Außenspiegel geschaut hat. Solche Handlungen laufen automatisiert, also nicht bewusst ab. Zieht man den Hund während des Gehens zurück, dann passiert in seinem Denken das gleiche, indem er diesen immer wieder auftauchenden Zug an der Leine als gegeben, bzw. zum Leine-Laufen zugehörig hinnimmt. Man bleibt also unmittelbar stehen, wenn der Hund seinem Menschen gegenüber ignorant den Weg bestimmen möchte. Bestes Indiz hierhingehend ist das Ziehen an der Leine. Dann lernt er, das sein menschlicher Sozialpartner es nicht mitmacht, wenn man ihn wie einen nassen Sack hinter sich her ziehen möchte. Es wird also wieder auf die soziale Komponente geachtet.
Also: Leine immer gleich lang, damit der Schützling den Radius kennt. Wenn er daran zerrt, macht man dieses Bestimmen des Weges nicht mit, indem man den Weg als beendet erklärt, bis das Durchhängen der Leine akzeptiert wird.
Bei all dem muss der Hund nicht auf einer bestimmten Seite gehen und er muss einen auch keinesfalls anhimmeln. Er soll einen einfach nicht wie Ballast hinter sich her zerren. Man lässt Ignoranz nicht zu.
Bei einem Welpen ist man dabei besonders zärtlich. Er weiß noch nichts über die Leine. Viele Tiere, wie auch Hunde, verwenden keine Werkzeuge, womit sie diese auch nicht berechnen können. Somit muss auch das Leine-Laufen gelernt werden, weshalb man einem Hund, der das die ersten Male erlebt, wortlos und zärtlich anfasst und liebevoll wieder in die Leine-Länge hinein hebt, um sich sodann wieder ruhig aufzurichten. Wenn dann Ruhe ist, geht man ruhig weiter – meistens nur zwei, drei Schritte, um sodann dasselbe zu machen. Bald mehren sich aber die Wegstrecken. Wichtig ist aber, dass man einem Welpen das Leine-Gehen nur beibringt. Das heißt, man ist in solchen Momenten allein und das Ganze dauert nur wenige Minuten. Ansonsten ist der Welpe immer ohne Leine und auf dem Arm, wenn was brenzlig werden könnte.

Eine weitere Konfrontation kann es sein, wenn der Hund die menschlichen Komfortplätze ungefragt einnimmt.
Der Welpe gehört mit einem angenehmen Hundebett mindestens an das Bett seines Menschen, von wo aus man eine Hand zu ihm legen kann, wenn man ihn nicht sogar mit ins Bett nimmt. Aus seiner Familie entrissen, wo er ein schlafendes Knäuel mit seinen Geschwistern bilden würde, ist das nur

gerecht. Und auch nach der Kindheit ist es richtig, seinen Zögling mit im Schlafzimmer schlafen zu lassen und ihm ein weiteres Hundebett im Wohnzimmer bereit zu stellen, damit er die Nähe zu seinen Menschen genießen kann, während diese ihren Alltag leben.
Aber die typisch menschlichen Komfortplätze zu benutzen ist ein extra Thema. Sofa, Sessel und Bett sollten vom Hund nur dann selbständig aufgesucht werden, wenn das Familienoberhaupt auch respektiert wird (siehe auch: Die wachsende Beziehung). Denn dann genügt eine entspannte, emotionale Ansprache, etwa in Form von: „Lass mich mal dahin, Schatz.", damit einem gewichen wird. Bis dahin, nicht diskutieren und die Verfügungsgewalt darstellen. Das heißt, dass man gewisse Prinzipien aufrecht erhalten sollte, bis die Ignoranz in klaren Interaktionswünschen und Konfrontationssituationen verschwunden ist.

Diese Prinzipien sind:
- **Der Hund darf erst auf einen menschlichen Komfortplatz, wenn sein Familienoberhaupt ihn dazu einlädt.**
- **In Folge einer solchen Einladung liegt er mit Körperkontakt bei seinem Menschen, da dies der Grund für die Einladung war.**
- **Wenn der Mensch seinen Komfortplatz und somit auch das Schmusen verlässt, dann hat auch der Hund den menschlichen Komfortplatz zu verlassen.**

Unter diesen Voraussetzungen kann man gerne auch Sofa, Sessel oder Bett miteinander teilen, da dann, bei allem liebevollem Schmusen, immer klar bleibt, wer die Verfügungsgewalt hat.
Wer das partout nicht möchte, der sollte jeden Tag auf dem Wohnzimmerteppich oder sonstwo mit seinem Zögling kontaktliegen, während man etwa fern sieht, liest oder sich mit dem Rest der Familie unterhält. Das Kontaktliegen bietet viel an entspannender Ausgeglichenheit und Zusammengehörigkeitsgefühl, weshalb es auch so wichtig ist. Man sollte immer daran denken, dass das tierische Familienmitglied nicht in der Lage ist, einen Freundeskreis aufzusuchen oder sich mit irgendetwas zu beschäftigen, was Menschen so treiben. Er hat also niemand anderen als seine Menschen. So manchen Hunden wird das Kontaktliegen allerdings schnell zu warm, weshalb man auch nicht beleidigt sein muss, wenn mancher gut mit Unterwolle ausgestatteter Hund so etwas nur kurz genießen kann. Kurzhaarige mögen es mitunter sogar, wenn man sie zudeckt.

Wenn der Hund bisher Sofa, Sessel oder Bett selbständig aufsuchen durfte und hinsichtlich eines Grundrespektes Handlungsbedarf besteht, dann empfehle ich ein Drei-Tages-Programm:

- Am ersten Tag geleitet man seinen Zögling immer auf eine nette, emotionale Weise vom Sofa/Bett, etwa in Form von: „Komm mal runter, Schatz, das möchte ich jetzt nicht mehr." Selbstredend ist, dass der Hund kein Wort versteht. Es kommt also auf die emotionale Haltung an, weshalb man durchaus verbal sinnvolle Sätze äußert, damit man auch die richtige Emotion empfindet. Die Emotion ist eine nette Erklärung, hinsichtlich einer Änderung im Familienleben. Also nicht fröhlich, sondern eine nett erklärende Betonung. Herunter geleiten bedeutet dabei, dass man an Schulter und/oder Taille berührt und sanft schiebt. Also nicht hin stehen und reden, sondern handeln. Die verbale Betonung dient lediglich der emotionalen Erklärung, dass es sich bei dieser Situation soeben nicht um eine Streiterei handelt.
- Am zweiten Tag nimmt man beim herunter Geleiten eine unmutige Haltung an, wenn der Zögling wieder auf das Sofa/Bett geht. Nicht laut oder aggressiv, sondern einfach etwas stinkig, etwa in Form von: „Menschenskinder." Das genügt. Nicht langatmig schimpfen oder diskutieren, sondern einfach mit tieferer Stimme einen ruhigen Unmut äußern, während man hinunter geleitet.
- Wenn er am dritten Tag noch mal auf Sofa, Sessel oder Bett seines Menschen liegt, dann geht man wortlos hin und schiebt ihn ebenso wortlos herunter, wie einen Gegenstand. Ohne Aggression und ohne weitere Zärtlichkeit. Einfach kurz und knapp herunter schieben – Erklärungen sind vorbei, es wird jetzt vorausgesetzt, dass dieses Dreitageprogramm Erklärung genug war. Außerdem steht ein gemütlicher Hundekorb immer in der Nähe, sodass der Zögling nicht erniedrigt wird, sondern nur Grenzen abgesteckt werden.

Eine klare Ignoranz ist es, wenn man angerempelt wird.

Oft wird in Hundeschulen oder Büchern erklärt, man solle zuerst durch die Türe gehen. Das ist aber unzureichend erklärt, denn es sollte eine Selbstverständlichkeit sein, sich selbst die Tür zu öffnen und nicht dem Hund. Man selbst möchte hinaus und der Hund darf oder muss mit. Wenn er sich mit der Nasenspritze an den Türspalt stellt, sobald man hinaus möchte, dann geht man selbst an diese Stelle, von welcher man dann die Tür öffnet. Man tritt also dorthin, wo er steht, wobei es einem selbst gleichgültig ist, dass man ihn hierbei berührt. Man schiebt ihn also, während der natürli-

chen Bewegung beiseite. Mit dieser Gedankenhaltung und entsprechenden Handlung – der Entscheidungsträger und nicht der Portier zu sein – geht man an die Türe und öffnet diese.
Wenn man dann die Türe geöffnet hat, geht es um das Hindurchgehen einer Engstelle. Beim ersten Schritt, den man macht, stürmen so manche Hunde los. Und genau darum geht es. Man lässt sich nicht beiseite schubsen, als sei man ein leerer Karton.
Das ist eines der ersten Dinge, welche man im Sozialverband lernen sollte: Andere sind nicht leblose Gegenstände. Wer sich so etwas gefallen lässt, der wird eben zu einem Niemand. Aber genau das können sich Erziehungsberechtigte nicht erlauben. Wünscht man sich respektiert zu werden, darf man kein Niemand sein. Wenn man sich vorstellt, man würde im Supermarkt zwischen den Regalen stehen, dann würde man sich gar nicht gut fühlen, wenn man von jemandem angerempelt wird, der sich gerade durch den Gang presst. Dabei denkt man nicht darüber nach, ob dies richtig oder falsch war, wie derjenige einen gerade behandelt hat. Nein, man wird einfach sauer. Allein schon an dieser Reaktion sieht man bereits die Natürlichkeit dieses Umstandes, ansonsten würde der Unmut in einem nicht reaktiv entstehen. Sobald man im sozialen Geschehen jemanden darstellen möchte, bemüht man sich auch als ein Jemand behandelt zu werden. Wenn man sich wie Gebüsch auf die Seite drängen lässt, wenn man sich wie ein leerer Karton auf die Seite schubsen lässt, wird man zu einem Niemand, zu einem Etwas. Dann beginnt es, dass einem alles genommen wird. Zuerst die Beachtung, dann, bei Bedarf oder einfach Lust dazu, wird einem der Schlafplatz, das Spielzeug, das Essen, der Sexualpartner, die Kinder genommen. Respekt beginnt da, wo man sich nicht über den Haufen rennen lässt. So jemandem gegenüber überlegt man, ob man versucht ihn zu ignorieren oder gar ihm etwas zu nehmen. Doch wenn man sich zur Seite schubsen lässt, überlegt man demgegenüber nicht mehr viel, was der will oder nicht.
Somit wird in der Situation, in welcher der Hund einen anrempelt, als sei man ein Etwas, sofort und wortlos Einhalt geboten. Dann stellt man ihm etwa ein Bein vor die Brust oder man drängt ihn gar gänzlich ab. Ist dann Ruhe eingekehrt, geht man weiter. Sobald aber wieder gedrängelt wird, stoppt man erneut und geht erst wieder weiter, wenn wieder Ruhe eingekehrt ist.
Wenn genug Raum da ist und der Hund nicht hirnlos stürmt, als sei man nicht da, dann kann man auch zusammen hinaus gehen. Wenn der Hund sich benimmt, kann er auch zuerst hinaus oder hinein gehen. Ich selbst schicke meine Jungs mitunter auf eine fast schon belustigte Weise vor, wenn ich

Lust dazu habe. Sie schmunzeln dann und freuen sich, was dann auch mir Spaß macht. Das geht aber nur, wenn Benimm zugegen ist. Es ist aber wichtig zu erkennen, ob man ignoriert wird, womit es in der Situation der Engstelle also primär nicht darum geht, wer zuerst die Engstelle durchschreitet, sondern, dass man dabei nicht wie ein Gegenstand behandelt, sondern respektiert wird. Dabei ist natürlich einerlei, ob es die Haustüre oder ein mit Brombeeren umsäumter Pfad ist: Wenn es eng wird, zeigt sich, ob man respektiert wird.

Der Zögling steht im Weg herum.
Viele Hunde legen sich zum Beispiel gerne in den Flur, wo sie alle Türen im Blick haben. Das ist also eine wichtige und bevorzugte Stelle, welche gezielt aufgesucht wird, um den Überblick zu haben. Und die Menschen gehen dann um ihren Aufpasser herum oder steigen über ihn hinweg. Das ist dann aber etwas konträr zu den Bemühungen, Entscheidungsträger zu sein. Denn der Hund hat eine zentrale Position eingenommen, der dann auch noch gewichen wird.
Befindet der Zögling sich nicht eindeutig im Weg, dann ist alles soweit in Ordnung. Der einzige Grund, ihn dennoch wegzuschicken, wäre es, wenn er eben eine Entscheidungsposition einnimmt. Doch hinsichtlich der Konfrontationssituationen geht es nur darum, dass er sich eindeutig im Weg befindet, den man gerade beschreitet. Schläft er, dann kann man sich auch vorbei bewegen, es sei denn, er ist im Alltag rotzefrech. Dann weckt man ihn zärtlich und schickt ihn weg. Liegt er ohne zu schlafen, dann soll er auch aus dem Wege gehen, es sei denn, man ist deutlich in hohen Sphären des Wachsens der Beziehung angelangt, wo man nicht mehr ignoriert wird. Doch spätestens wenn er im Wege herum steht, ist es frech und ignorant, wenn er einfach dabei zusieht, wie sich das Familienoberhaupt an ihm vorbei bemüht, um seinen Weg fortzusetzen. In so einem Fall geht man einfach durch ihn hindurch. Am besten, als sei er nicht da. Dann lernt und sieht er, dass sich das Familienoberhaupt nicht beirren lässt. Man hat sich dabei natürlich zu bewegen. Nicht schnell, erbost oder hektisch werden. Man sieht ihn auch nicht an, ansonsten würde man mit dem Blickkontakt eine Interaktion beginnen, woraufhin man ihn anrempeln würde. Das wäre widersprüchlich. Man hat soeben keine Interaktion. Wer geht also wem aus dem Weg? Eine rhetorische Frage.

Akzeptanz!

Man möchte in Begegnungssituationen, sei es in der Konfrontation oder in der gewünschten Kommunikation/Interaktion, nicht ignoriert werden. Denn die Ignoranz in diesen relevanten Situationen ist die Frechheit. Dieser Grad an Ignoranz gegenüber dem Sozialpartner zeigt, in wieweit es sich in solchen Situationen um einen respektierten Sozialpartner handelt.
Wenn eine Ignoranz zu Tage tritt, sobald man sich in einer Konfrontation oder angestrebten Kommunikation/Interaktion befindet, dann sollte einem auch bewusst werden, wann diese Ignoranz vorbei ist. Viele Menschen meinen, dass sie gewonnen haben, wenn der Zögling das angestrebte Ziel, bei welchem er seinen Familienvorstand ignorierte, nicht mehr erreicht. Doch ist das weit gefehlt. Die Ignoranz ist erst dann vorbei, wenn akzeptiert wird, dass der Familienvorstand sich jetzt nicht ignorieren lässt.
Der Erfolg dessen, dass man nicht ignoriert wird, zeigt sich also in der Akzeptanz. Der Zögling hat den Wunsch des Erziehungsberechtigten also zu akzeptieren.
Man muss sich vor Augen führen, was das bedeutet: Ich habe schon so manche Menschen getroffen, die bei einem Folgeunterricht, gebeugt gehend, mit ausgebreiteten Händen neben den Knien verhinderten, dass der Hund sich vorbeipresst, während sie nett „Hallo Herr Fauser!" rufend die Treppe zum Gartentor herunter schritten. Einerseits muss ich da lächeln, andererseits nochmal erklären, denn das Wesentliche ist offenbar nicht verstanden worden. Wenn das mechanische Mittel der Hand, der Leine, der Türe oder Sonstiges der Grund für das „Gelingen" der angestrebten Situation ist, dann hat man zwar das materielle Ergebnis, aber doch kein erzieherisches hinsichtlich der Familienverhältnisse. Wie in einem vorherigen Kapitel bereits geklärt, muss die erziehende Person die Grenze sein, nicht ein Gegenstand. Entsprechend wird zwar mechanisch eingegriffen, um die Ignoranz zu stoppen, doch sollte dabei erkennbar werden, dass hier ein Jemand ist, der sich diese Ignoranz nicht bieten lässt. Man lässt sich also nach jedem Eingreifen zeigen, dass die Grenze, die man soeben aufgezeigt hat, akzeptiert wird. Also wird der Zögling nicht im Auto festgehalten, bis man sein „Hop" sagt, er wird nicht an der Leine gestoppt, wenn er zieht, um sodann unmittelbar weiter zu gehen. Er wird nicht mit den Händen oder der Leine hinter sich gehalten, bis man die Türe durchschritten hat und es wird nicht von dem Brötchen in der Hand weggeschoben, um sodann das Brötchen in die Höhe zu recken. Auch im Kommando wird der Hund nicht im Daseinskommando festgehalten, bis man zeitgleich mit der Entlassung loslässt. Das wäre alles

umsonst. Wahrlich: Das alles wäre völlig sinnlos und hätte keinerlei Erziehungseffekt.
Es wird der Versuch gestoppt, ohne Erlaubnis aus dem Auto zu springen. An der Leine wird der Versuch, den Weg zu bestimmen gestoppt. An der Türe wird das Anrempeln gestoppt. Anschließend geht man immer in die entspannte Körperhaltung über. Wenn noch einmal frech geworden wird, stoppt man ganz banal erneut. Immer und immer wieder, bis der Zögling akzeptiert, dass hier jemand ist, der das nicht mitmacht. Ziel ist es, die Frechheit zu beenden, womit das ignorante Verhalten ja auch aufhören muss, was nicht der Fall wäre, wenn man festhalten muss. In Konfrontationen kann erst der nächste Schritt erfolgen, wenn nicht mehr gedrängelt, gezerrt oder das Brötchen in der Hand beansprucht wird. In Kommunikationssituationen kann der Alltag erst weiter gehen, wenn endlich das verstandene Signal vernünftig beantwortet wurde. Akzeptanz! Hierzu gehört eine ordentliche Portion Ruhe, Besinnung und Zielorienteirung des Erziehers, um denselben emotionalen und gedanklichen Effekt bei seinem Zögling zu erreichen, doch ist dies unumgänglich.
Ohne das Ergebnis braucht man den Rechenweg nicht anzustreben. Das Ergebnis ist der Grund für den Rechenweg. Wenn man also die Akzeptanz nicht anstrebt oder nicht erreicht, dann braucht man auch nicht versuchen, die Ignoranz zu stoppen. Ansonsten ergibt sich nur Aufregung, Verstörung oder gar Aggression. Man hätte also eine gleichbleibende Situation oder sogar noch etwas Schlechteres zum Ergebnis als das, was man bisher hatte, wenn man die Akzeptanz nicht anstrebt. Erst durch das Hinnehmen der erkennbaren Grenze, wird der Schützling folgsam, erzogen, selbstsicher, strukturiert, und letztendlich kann nur dadurch ein Wachsen der Beziehung erfolgen.
Man darf hierbei nicht übertreiben, ansonsten würde man nur erniedrigen. Es ist nur in Konfrontationen oder angestrebten Interaktionen möglich, dass man ignoriert wird. Nur hier hat man Grund zu erziehen und die Grenze der eigenen Persönlichkeit darzustellen. Und genau hier muss auch unbedingt immer die Akzeptanz als Ergebnis erreicht werden. Solange die Situation nicht kippt, also keine Ängste und keine unnötigen Aggressionen auftauchen, wird immer die Akzeptanz angestrebt und erreicht. Bei aufkommender Angst oder Aggression, hat man selbst etwas falsch gemacht, was im Folgenden Kapitel beschrieben wird. Dann hört man auf und beginnt dieselbe Situation noch einmal neu, um dieses Mal in Ruhe die Akzeptanz zu erreichen. Doch diese wurde erreicht, bevor der Alltag weiter geht. Das darf nicht scheitern, sonst scheitert die angestrebte Erziehung.

Anfangs kann das bedeuten, dass man alle drei Meter stehen bleiben und Ruhe einkehren lassen muss, wenn der Hund dazu neigt, an der Leine zu zerren. Es kann sein, dass man drei Minuten braucht, bis man den Hund, nach endlich erfolgter Akzeptanz, aus dem Auto springen lassen kann und so weiter... Es ist Arbeit. Doch wenn man diese Arbeit konsequent erledigt, also immer, wenn es nötig ist, dann wird man bemerken, dass die Akzeptanz immer früher und einfacher erreicht wird. Je stetiger, stoischer und entspannter, souveräner unbeirrbar man die Akzeptanz jedesmal erarbeitet, wenn es erforderlich ist, umso früher hat man sein Ziel erreicht. Anders gesagt, kann man nur so sein Ziel erreichen. Denn wenn man mal die freche Ignoranz in Konfrontationen oder angestrebten Interaktionen beendet und mal nicht, dann wird man sein Ziel der Zuverlässigkeit und der geklärten Familiensituation nie erreichen. Dann würde der Zögling immer denken, dass er ja drum herum kommen kann. Bei Konsequenz erfährt er jedoch, dass der Alltag nicht weitergeht, wenn er die Grenze des Familienoberhauptes nicht akzeptiert. Dieses Familienoberhaupt stellt man dann auch dar, anstatt es sich nur zu wünschen. Hat der Schützling ein Leben, ist er also durch genügend Zuwendung, Erlebnisse, Bewegung und liebevoll vernünftigen, vor allem innerfamiliären Sozialkontakt, sowie gute Ernährung bedürfnisbefriedigt, dann braucht man kein schlechtes Gewissen zu haben. Dann ist eine Frechheit nichts anderes als eine Frechheit, und man beendet diese immer. Das bedeutet dann auch eine überproportionale Abnahme der Intensität und Dauer von der Frechheit, denn der Zögling lernt, dass es keinen Sinn hat, gegen diesen Sozialpartner anstinken zu wollen. Dann braucht man beim ersten Mal des sinnvollen Aussteigens aus dem Auto eben drei Minuten. Bei erfolgter Akzeptanz dauert es beim zweiten Mal nur eine Minute und beim dritten Mal zehn Sekunden. Dann muss man anfangs eben alle drei Meter ‚Ruhe reinbringen, wenn der Zögling an der Leine zerrt. Nach zwei Tagen nur noch alle fünfzehn Meter. Das Durchschreiten von Engstellen dauert bei den ersten zwei, drei Malen eben zwanzig Sekunden, da man immer wieder Akzeptanz erarbeiten muss, sich nicht abdrängen zu lassen. Doch beim dritten, vierten Mal sieht man schon, dass man nur noch einmal kurz bremsen muss, wenn der Zögling sich vergisst. Nach einer Woche hat man zwischen fünfzig und hundert Prozent Verhaltensverbesserung in allen Situationen, wenn man sinnvoll, also möglichst aggressionslos, zielorientiert und diskussionslos Akzeptanz erarbeitet.

Zusammenfassende Erkenntnis:

Die Punkte des Grundrespektes selbst beziehen sich auf eine klare Einbahnstraße: Ignoranz und Manipulation fließen nur in eine Richtung. Und wer kann hier wen ignorieren und wer kann hier wen manipulieren? Der Familienvorstand kann beides mit seinem Zögling machen, anders herum geht keines von beidem. Diese natürliche Begebenheit innerhalb eines Sozialverbandes mit erkennbaren Persönlichkeiten und ihren Graden an Selbstsicherheit nenne ich situativ die rangabhängige Interaktion oder, bei der allgemeinen Betrachtung der jeweiligen Familie, die rangabhängigen Kommunikationswege. Naturbezogen sollte sich diese Einbahnstraße ohne bewusstes Zutun ergeben, da sie eine selbstverständliche Folge von unterschiedlichen Selbstsicherheitsgraden darstellt.
Die jeweilige Selbstsicherheit ergibt sich daraus, in wieweit man das Tagesgeschehen im Griff hat. Hinsichtlich unserer Gesellschaft, in der erwachsene Menschen die Sprache und somit das Gesellschafts- und Staatsgeschehen durchschauen und beherrschen, kann es weder Fohlen, Papagei, Hund noch Kind sein, was die selbstsichere Persönlichkeit verkörpert, da ein solches Individuum diese Gesellschaft noch nicht oder niemals versteht, verstehen wird, durchschaut oder je zu durchschauen lernen wird. Anhand der Gegebenheiten wird es bei einer problemvollen Beziehung zwischen demjenigen, der den Familienvorstand verkörpern sollte und dessen Ausgeliefertem höchste Zeit, dass man die eigene Position des entscheidungsgewaltigen Familienvorstandes auch darstellt. Also zeigt man Selbstsicherheit, indem man eine Einbahnstraße zu beschreiten beginnt, bei der, bei aller Ausgeglichenheit, Zuneigung und selbstsicherer Entschlossenheit, zwei Dinge sichtbar werden, die sich gegenseitig bedingen: Manipulation und Ignoranz.
Wenn der Zögling was will, dann muss das nicht jetzt sein. Wenn aber der Familienvorstand etwas möchte, dann hat das hier und jetzt beachtet zu werden.
Diese Einbahnstraße zeigt Souveränität eines Familienmitgliedes und Entscheidungspositionen der Protagonisten in einem Sozialverband. Bei gelassenem, entspanntem und ruhigem Beschreiten dieser Einbahnstraße zeigt man Selbstsicherheit in der Beziehung und dem Tagesgeschehen, das man dann unbeirrt im Griff hat. Wird diese Begebenheit vom Zögling hin genommen, kann man dann auch gerne auf ihn eingehen, wenn er nett danach fragt. Man hat als Familienoberhaupt immer die Entscheidungsgewalt, ob man sich gerade Zeit nimmt oder nicht, was in einem geklärten Miteinander und der resultierenden Zuneigung dann oft auch gemacht wird. Man

lässt aber niemals zu, dass einem in einer gezielten Interaktion der Rücken gekehrt wird. Man beendet also jede Interaktion selbst, auch die liebevollen oder spaßigen. Dieses Beenden einer Interaktion braucht dabei auch nicht kühl zu sein. Warum auch? Mit einem Lächeln einen verspielten Klaps auf den Poppes, wenn der Zögling gerade was anderes machen will, er aber einem nicht den Rücken gekehrt hat oder einen Schmatz auf die Stirn als Abschluss der Interaktion darf gerne sein. Die Hauptsache ist doch, dass man nicht stehen gelassen wurde. Wenn man es mit liebevoller Konsequenz erfolgreich erarbeitet hat, dass man in relevanten Situationen (Konfrontation, Kommunikation, Interaktion) selbstverständlich und entspannt beachtet wird, dann ist man auch kein Tyrann. Wenn man es nicht schafft, diese Beachtung zu erreichen, dann braucht man auch nicht wütend zu werden, da man dann wiederum zu einer Art Tyrann werden würde. Denn der Zögling kann nichts dafür, wenn man selbst noch nicht durchschaut, wie man es machen sollte, damit man positiv respektiert wird. Man hat diesen Weg also möglichst entspannt und ausgeglichen zu gehen. Bei entsprechender Bedürfnisbefriedigung seines Schützlings nimmt man also gelassen eine innere Haltung ein, bei der man souverän die Entscheidung fällt: Habe ich gerade was mit meinem Schatz oder nicht? Wenn nein, dann geht man unbeirrt seinem Tagesgeschehen nach. Wenn ja, dann ist man liebevoll verschmust, ausgelassen verspielt, man bringt auf nette und verständliche Weise etwas bei oder, wenn es die Situation soeben abverlangt, signalisiert man neutral eine bereits erlernte Anordnung. In diesen jeweiligen Situationen weiß man aber immer, ganz entspannt und unbeirrt, was man soeben möchte.

Die drei Tabus

Wie man bisher lesen konnte, stößt man im täglichen Einerlei mit seinem Schützling auf Begebenheiten, bei welchen man handeln muss, um eine Frechheit, also eine Ignoranz in der Konfrontation oder Kommunikation bzw. Interaktion in Akzeptanz zu wandeln. Es ergeben sich also Situationen, bei welchen man sich etwas nicht gefallen lassen darf, wenn man seinen Zögling erziehen möchte. Hierbei ist darauf zu achten, dass man weder in eine Diskussion, noch in einen Streit abgleitet. In den unten beschriebenen Tabus wird erklärt, auf was man achten sollte, damit sich eine Streiterei oder eine Diskussion nicht entwickelt und man möglichst entspannt die Akzeptanz erreicht.
Wie der Handgriff genau auszusehen hat, wenn man seinem Zögling die Grenzen zeigt, wird hier allerdings nicht beschrieben. Da gebe ich allenfalls Tipps, da eine solche Handlung im Rahmen der Intention eine Angelegenheit ist, bei der man nicht viel denken sollte. Ansonsten wird es meist kantig, abgehackt, halbherzig oder derb. Denn wenn versucht wird, einen Handgriff nachzumachen, dann entsteht eine emotionale Haltung, die einen Zwang beinhaltet, in Form von: „Jetzt muss ich das so machen." Das hat keinen Sinn, da die verfälschte Absicht und die dadurch entstandene Anspannung fern der Person ist, die diese Handlung ausführt. Das heißt, die Person versucht jemand anderes zu sein, wenn sie versucht eine Handlung jemand anderem nachzumachen. Man muss, mit seinem Wissen, das man sich zum Beispiel hier erliest, sich selbst bleiben. Man hat also das Ziel, sprich, die Akzeptanz seitens des Zöglings hinsichtlich der herrschenden Situation, im Auge zu behalten und zu erreichen. Das Ziel ist also diese Akzeptanz, nicht eine mechanische Handlung. Die Handlung als solche ist also nur ein Mittel, nicht das Ziel. Entsprechend ist das Wichtigste die eigene, innere Haltung.
Bleiben Sie sich also treu und handeln sie aus dem Bauch heraus. Allerdings muss man dabei sein Ziel im Auge haben, sonst erreicht man alles andere, aber nicht die angestrebte Akzeptanz der Situation. Das Ziel ist, sich im Falle der frechen Ignoranz seitens der Zöglings als Persönlichkeit zu zeigen, die sich nicht ausblenden oder wie einen Gegenstand behandeln lässt. Man hat also in etwa eine Gefühlshaltung in Form von: „Jetzt schau mal, Schatz, das geht bei mir so nicht." anzunehmen und niemals eine innere Haltung in der Form von: „So, du Rotzgrüppel, jetzt setzt es was!" Das, was man fühlt, ist das, was man überträgt. Wenn man aggressiv empfindet, dann werden auch die Handlungen entsprechend grob sein. Der Effekt der neuromusku-

lären Steuerung sorgt dafür, dass die emotionale Intention die körperliche Handlung formt. Also hat man insbesondere bei Handlungen, die sich mit Schutzbefohlenen befassen, darauf zu achten, den richtigen Grundgedanken, also die richtige Absicht zu haben.
Also: Bleiben Sie Sie selbst, aber denken Sie an das Ziel. Das Ziel hat nichts mit Streit oder Diskussion zu tun, sondern mit dem, dass man sich als ein Fels in der Brandung zeigt. Somit wird Kommunikation und gegenseitiger Respekt zwischen dem ausgelieferten Zögling und einer liebevollen aber unbeirrbaren Persönlichkeit angestrebt, was drei Tabus zur Folge hat, die man sich derart vergegenwärtigen sollte, dass sie auch in der spontanen Handlung nicht passieren.

Kein Schmerz

Das erste Tabu ist, dass man nicht schmerzhaft werden darf, wenn man eine Frechheit unterbinden möchte.
Wenn man meint, mehr als einmal klar und deutlich ansprechen (Kommando) zu müssen, dann sollte einem auffallen, dass man bereits ignoriert wird. Oft ist es aber so, dass die Menschen ihre Schützlinge mehr als einmal auffordern zu tun, was sie sagen. Hiernach werden die Menschen oft laut. Wenn das auch nicht funktioniert, werden sie aggressiv und schlussendlich, wenn auch das wütende Anbrüllen keine Beachtung nach sich zieht, wird ein Stachelhalsband angebracht oder mit Elektroschock gearbeitet, wenn nicht gar mittels Leine oder Stock geschlagen wird.
Solche Misshandlungen gibt es tatsächlich immer noch. Dabei ist der Grund, warum vom Hund nicht beim ersten Ansprechen zugehört wird, dass die Menschen alltäglich auf ihren Hund einreden, ohne dass für ihn noch erkennbar sein könnte, wann es ernst gemeint ist. Zudem lassen sich die Menschen anrempeln oder sie lassen sich anderweitig ignorieren, wenn sie etwa den Hund streicheln und jener ungeachtet weggehen darf. Bei einem solchen bunten Einerlei, in welchem sich die Menschen im täglichen Miteinander aktiv ignorieren lassen und unnötig auf den Hund einreden, ohne dabei eine Reaktion auch nur zu erwarten, ist es eine logische Konsequenz, dass der gewünschte Gesprächspartner einen stehen lässt. Man sollte also erkennen, dass man durch das eigene Verhalten nicht ernst zu nehmen ist, wenn man ignoriert wird. Man hat also selbst dafür gesorgt, dass man die Position des Schwätzers eingenommen hat. Als „Strafe" misshandeln die Menschen dann ihre Schutzbefohlenen, wenn ihnen, aus der Sicht des Aus-

gelieferten, aus heiterem Himmel der Kragen platzt.
Weiter noch: Je mehr man an Nachdruck braucht, um eine Frechheit zu unterbinden, umso weniger stellt man dar. Wer also meint, Schmerz für die „Erziehung“ seines Sozialpartners zu benötigen, der hat versagt. Wenn es bereits soweit gekommen wäre, dass man den Gedanken hegt, schmerzhaft zu werden, damit die Ignoranz aufhört, dann muss man sich selbst erst einmal an die Nase fassen und den Alltag hinsichtlich des eigenen Verhaltens reflektieren und verändern. Dann muss man sich erst einmal auf ein ernst zu nehmendes Verhalten besinnen, wie es vorangegangen in diesem Buch beschrieben wurde: Grundrespekt durch gezielte, ruhige und sinnvolle Interaktion und die resultierende Einbahnstraße der rangabhängigen Interaktion/Kommunikation. Dabei klärt man noch einige Konfrontationssituationen, bei denen weiterhin klar wird, dass man kein Gegenstand ist. Ist die Grundbasis dahingehend vernünftig angelegt, dann wird man feststellen, dass eine einfache, schmerzlose Handlung genügt, damit der Kommunikationspartner auf die gewünschte Interaktion eingeht. Statt einem bunten, lauten und schmerzhaften Kampfgetümmel hat man dann eine einfache, ruhige und zielorientierte Handlung, wie ein Beiseite-Schieben oder ein zwei Sekunden andauerndes Aufhalten, und das Ende der Ignoranz ist erfolgt. Man muss erkennbar sein. Erkennbar als Kommunikationspartner, Person und Persönlichkeit, womit, bei aller Liebe, ein gewisser Respekt Einzug hält und somit eine Erziehung erst möglich wird.
Wer also meint, Schmerz sei nötig, der sollte schleunigst die Finger von seiner „Erziehung“ lassen. Derjenige hat sich selbst in eine Position gerückt, in der er nicht ernst zu nehmend ist, oder der Zögling fristet ein Dasein, was nicht als Leben bezeichnet werden kann und in dem Bedürfnisse nicht befriedigt sind. In keinem dieser Fälle kann der Ausgelieferte etwas für das entstandene Resultat, weshalb man ihn auch nicht quälen darf. Man hat es immer selbst in der Hand. Und wenn man in der Vergangenheit etwas falsch gemacht hat, dann auch nur aus Unwissen. Niemand muss dafür leiden, auch man selbst nicht. Einfach vergessen und jetzt richtig anfangen und weiter machen. Es wird nicht alles sofort erledigt sein. Es ist schon ein Weg, den man gehen muss. Doch je entspannter und ausgeglichener man diesen Weg geht, umso eher ist man am Ziel. Versucht man den Weg derb zu gehen, gerät man an kein Ziel, sondern in einen Strudel aus Aggression, Furcht und Misshandlung.

Keine Aggression

Das zweite Tabu ist, dass eine notwendige Handlung, um eine Missachtung zu stoppen, möglichst nicht aggressiv sein sollte.
Eine Durchsetzungs-Handlung hat möglichst emotionslos zu sein. Man ist dabei also einfach mechanisch. Dies ist wichtig, denn Aggression, Wut oder Zorn, egal wie man es nennt, beinhaltet mindestens zwei negative Begleiterscheinungen, die im Folgenden beschrieben werden.
Jegliches Lebewesen hat eine natürliche Aggression an sich. Im Sozialverband muss man schon mal sagen: „Lass meine Kinder in Ruhe.“, „Fass mein Essen nicht an.“, „Behellige meinen Sexualpartner nicht.“ oder schlicht „Lass mich jetzt zufrieden.“, was mitunter auch mit einem gewissen Unmut geäußert wird. Doch wer sich gleich auf den anderen stürzt und ihn verprügelt, ohne erst zu verwarnen, der wurde immer dazu erzogen.
Um zur übersteigerten Aggression zu erziehen gibt es zwei Wege:
Der eine ist der passive Weg. Entweder weiß es das Kind noch nicht besser, oder der betreffende befindet sich in der Pubertät und haut entsprechend auf den Putz, um auf sich und sein gemeintes Erwachsen-Sein aufmerksam zu machen. Immerhin ist der Pubertierende kein Kind mehr, und das möchte er nun unter Beweis stellen. Nimmt er dann eine Situation wahr, in welcher er meint, sich hervortun zu können, dann macht er ein heftiges Spektakel und übertreibt in seinen Handlungen. Jetzt sollte ein Erwachsener hinzu treten und das Ganze unterbinden und dadurch erklären, dass man das nicht macht, was zur Folge hat, dass der Möchtegern-Erwachsene eine Peinlichkeit empfindet, womit er lernt, sich besser zu benehmen. Was lernt denn aber der Zögling, wenn das unnötige Aggressionsverhalten akzeptiert wird? Na, dass er Recht hatte.
Es scheint erwiesen, dass Pubertierende nicht klar entscheiden oder besser gesagt, erkennen können, da sich die Kindheitssynapsen im Gehirn lösen und sich neue Neuralverbindungen ausprägen. Doch wie prägen sie sich jetzt aus? Wenn man dran bleibt, erklärt und man falsche Handlungen als solche deklariert, wird daraus ein sinnvolles Gesellschaftsmitglied. Doch wenn man nichts macht, prägt sich entsprechend auch das Individuum aus. Lässt man das Individuum erklärungslos um sich schlagen, wird es entsprechend weiter agieren, da gelernt wurde, so der Gewinner zu sein. Dann hat man passiv zur übersteigerten Aggression erzogen, indem man eben nichts unternommen hat um zu erziehen. Diese sogenannte antiautoritäre Erziehung ist also reiner Humbug. Das kann nicht funktionieren, was auch logisch ist, wenn man erkannt hat, dass Erziehung das Aufzeigen von Grenzen

hinsichtlich anderer Personen ist. Man kann nicht daneben stehen und akzeptieren, was das Kind da alles an Frechheit betreibt, um das Ganze dann Erziehung zu nennen. Man hat das Kind und den Heranwachsenden schon auch mal zu stoppen. Die Art und Weise des Stoppens ist es, was man eher besprechen kann. Und je mehr man darstellt, umso eher wird sich an einem orientiert, weshalb das Aufzeigen von Grenzen in einem erstaulich lieben und kleinen Rahmen ablaufen kann (siehe Grundrespekt). Autorität muss also nicht Aggression bedeuten. Eine Aussage in Form von einer antiaggressiven Erziehung wäre richtig. Aber eine Respektsperson muss man schon sein, wenn man erziehen möchte, wobei man eine positive Persönlichkeit zu sein hat.

Der andere Weg, um zur übersteigerten Aggression zu erziehen, ist der aktive. Geht man, vor allem wieder in Kindheit und Jugend, aggressiv mit dem Individuum um, erklärt man einerseits, wie man gewinnen kann und andererseits, dass Aggression zum normalen Familienbild gehört. Entsprechend lernt das Individuum, dass man mittels Aggression die Oberhand hat. Folglich wird nicht zur Kommunikation, sondern zur Prügelei in Folge eines angelernt gehobenen Aggressionspotentials erzogen. Ein Hund, mit dem man aggressiv umgeht, wird sich nur allzuschnell aggressiv verhalten, da man ihn dazu erzieht, indem man es ihm vorlebt.
Nebst dem regelrechten Anerziehen erlebt das zu erziehende Individuum, ob Kind oder Hund, auch, dass solche Verhaltensweisen der Aggression normal sind. Das Individuum lernt also nicht nur, dass man durch Aggression gegen andere gewinnt, sondern auch, dass es dazu gehört, solche Verhaltensweisen im sozialen Geschehen zu zeigen und auszuleben. Damit wird auch ersichtlich, dass man Kinder und Jugendliche recht schnell zu übersteigert aggressiven Verhaltensweisen erziehen kann, wobei man auch Erwachsene dazu anleiten, bzw. dahingehend regelrecht anstecken kann. Kinder und Jugendliche lernen das Meiste generell, womit sie das Angelernte dann auf jede derart erkennbare Situation übertragen, im Beispiel der Aggression etwa in Form von: „Aha, Aggression gegen Gesellschaftsmitglieder ist normal."
Erwachsene lernen in einer Situation, in der übertrieben aggressiv agiert wird, dass das in dieser Situation, also mit diesem Individuum, in Zukunft zu erwarten ist. Wenn ein Erwachsener angegriffen wird, dann lernt er also, zukünftig damit zu rechnen, von diesem einen Mistkerl angegriffen zu werden, wenn man ihm wieder begegnet. Ein junges Individuum hat aber wenig Erfahrungsschatz, weshalb es darüber hinaus lernt, generell damit rechnen zu müssen, von anderen angegriffen zu werden. In diesen angelernten Situa-

tionen braucht man sich dann auch nicht zu wundern, wenn derjenige, der solche Situationen erlebt und somit erlernt hat, in Aggression verfällt, sobald er durch seine Erfahrungen meint, dass es jetzt wieder soweit ist, dass er angegriffen werden könnte. Doch im Endeffekt, alters- und geschlechtsunabhängig, wurde übersteigerte Aggression immer angelernt, ob passiv oder aktiv – ob generell oder situativ.

Die nächste negative Begleiterscheinung bei Aggression ist, dass man dadurch nicht wirklich gewinnen kann. Durch aggressives Verhalten kann man kaum die Akzeptanz herbei führen, welche man haben möchte, wenn man nicht bereits respektiert wird. Und wenn man respektiert wird, erscheint Aggression selten nötig - und wenn, dann nur oberflächlich. Entweder gewinnt man nichts, weil man dabei derart zu fürchten ist, dass der Zögling das Ziel aus den Augen verliert und nur noch versucht, sein Leben zu schützen, womit nicht das Miteinander, sondern eher ein Gegeneinander gelernt wird, wodurch sich keine Familie ergeben kann. Oder man kann die Akzeptanz nicht erreichen, wenn man zwar aggressiv wird, dabei aber nicht einschüchternd ist, wie es bei vielen Menschen der Fall ist. Um dies zu verstehen, schaut man wieder in einen natürlichen Sozialverband. Wer kann hier mit wem in Streit geraten? Oft wird auf diese Frage hin geantwortet, es seien die im Ranggeschehen weiter unten Stehenden oder es sei der Chef, der sich mit jemand anderem auseinander setzten muss, der seiner statt Anführer werden möchte. Doch es verhält sich banaler, was meist auch unmittelbar einleuchtet: Es sind immer Ranggleiche. Gleichgültig, wo die beiden Streithähne sich in den Familienpositionen befinden, sie sind ebenbürtig, wenn es zu einem Streit kommt.
Hierzu ein Beispiel: Wenn zwei Sozialpartner auf etwas zu Essen stoßen und die beiden eine unterschiedliche Respektposition im Familiengeschehen genießen, wer wird dann den Anspruch darauf haben? Natürlich derjenige, der mehr respektiert wird. Was geschieht, wenn der weniger Respektierte es beanspruchen würde? Es gäbe einen Rüffel, also eine Grenze, aufgezeigt von dem Respektablen. Es gäbe aber unmöglich einen Streit. Wenn aber zwei Individuen des Weges kommen, die dieselbe Respektsposition genießen, wer sollte dann nachgeben? Sind die Zwei nicht zueinander geklärt, bzw. sind sie nicht unterschiedlich in den Entscheidungskompetenzen hinsichtlich der Gruppe oder zueinander, genießt also nicht einer mehr Respekt als der andere, dann ist diese Situation Gewinn oder Niederlage. Hier kann ja gar keiner nachgeben, da er ansonsten ja auch zur unterlegenen Position rücken würde. Im Resultat gibt jetzt keiner nach, womit es oft dann nicht mehr um

das Essen geht, sondern um den Anspruch und somit um den sogenannten Rang. Beide machen deutlich, das haben zu wollen und sehen es nicht ein, den anderen gewähren zu lassen. Das bedeutet auch, dass nun Aggressionen ausgelebt werden müssen, da ja keiner eine überlegene Respektsposition inne hat. Jeder der beiden brüllt nun: „Finger weg, das gehört mir!"
Das Ganze ist hier etwas vereinfacht dargestellt. Es kann natürlich auch sein, dass beide Sorge davor haben, mit dem anderen aneinander zu geraten, oder dass sie einfach Freunde sind. Aber hinsichtlich der Erziehung sollte man erkennen, in welche Position man rückt, wenn man mit Gebrüll und abgehackt wütenden Handlungen meint, durchsetzen zu müssen. Dann erzieht man einerseits zur Aggression und andererseits fällt man in die Position des Ranggleichen. Also ist es Unsinn, durch immer wiederkehrendes, aggressives Handeln etwas durchsetzen zu wollen, da man im selben Moment signalisiert, kein in der Entscheidungsgewalt überlegenes Familienmitglied zu sein. Der Zögling hört dann nicht mehr zu, er erlebt ja die Hilflosigkeit und Machtlosigkeit seines Menschen. Er erlebt, dass sein Mensch ihm nicht überlegen ist, ansonsten würde dieser ganz souverän Punkte setzen und nicht hilflos zu streiten beginnen.
Bleibt man also emotionslos, so kommt der Zögling auch zur Besinnung, da er jemand Überlegenes vor sich hat. Er erlebt, dass es so einfach nicht weiter geht, wenn diese Person es nicht möchte. Es klappt einfach nicht in Gegenwart dieses Menschen, womit im Zögling eine Gefühlswelt auftaucht, die man etwa folgendermaßen übersetzen kann: „Der weiß, wer er ist und was er will. Also geht´s hier nicht so weiter." Bei unnötiger Aggression sieht die Gefühlswelt des zu Erziehenden eher so aus: „Ja, ja, schrei doch du rum, du Kasper." Dies geht mitunter soweit, dass gar nichts mehr gedacht und einfach nur gekämpft wird. Dabei wird selten aggressiv gegen den Menschen gekämpft, sondern gegen die Situation. Der Hund strebt immer ungehaltener sein Ziel an, wenn der Mensch es mit Aggression zu stoppen versucht. Denn einerseits möchte da jemand stoppen, der nicht überlegen ist, sonst müsste derjenige nicht so herumschreien, und andererseits wird Sprit ins Feuer gegossen. Der Hund ist doch sowieso schon aufgeregt. Dann auch noch aggressiv werden, heißt, seine Aufregung weiter anzustacheln. Da kann dann gar kein klarer Gedanke mehr aufkommen. Der Zögling kann dann also gar nicht mehr erkennen, um was es eigentlich geht. Er befindet sich dann nur noch in einem Kampfgetümmel.

Um dieses Prinzip der Aggression im Sozialverband noch deutlicher zu machen, wirft man wieder einen Blick in eine natürliche Sozialgruppe. In diesem, folgenden Beispiel, stellt man sich eine Gruppe Hunde vor, damit man deren typische, situativen Handlungsweisen aufzeigen kann: Zwei im Rang gleich gestellte können also in einen Streit geraten. Nimmt man zwei Protagonisten, bei welchen ein kleiner Rangunterschied besteht, so kann es geschehen, dass der eine mal in den Dreck geworfen, also per Unterwerfungsgeste dominiert wird, damit er wieder weiß, wer er ist. Dies ist die härteste Verhaltensweise, solange es noch um Respektspositionen und nicht um ein Beseitigen geht. Ist der Rangunterschied etwas deutlicher, so genügt ein Abschnappen. Das hat man schon oft erlebt, wenn ein Hund einmal rasch und lautstark zu einem anderen herumfährt, ohne ihn absichtlich zu berühren. Dann weiß der andere auch wieder, wo hier Grenzen sind. Ist der Rangunterschied noch größer, so genügt ein zähnefletschendes Brummen, um Grenzen abzustecken. Bei größerem Rangunterschied genügt ein Brummen, ohne dass die Zähne gezeigt werden müssen – das Fletschen bleibt also aus. Ist der Rang desjenigen, der die Grenze zeigt, noch weiter oben angesiedelt, so genügt ein Blick desjenigen und der entsprechend Rangniedere denkt: „Oh je, jetzt gebe ich Ruhe, sonst wird der sauer." Hierzu sage ich immer Schulprinzip. Wenn man früher in der Schule miteinander getuschelt hat, genügte mitunter ein Blick des Lehrers, und man war still. Und selbst diese Respektsposition kann man noch übertreffen: Wenn man ganz oben angekommen ist, muss man gar nichts mehr machen, da eine Frechheit erst gar nicht begangen wird. Denn die zugehörigen Sozialgemeinschaftsmitglieder, diejenigen, welche wirklich respektieren, möchten nicht herausfinden, was denn geschieht, wenn dieser Souverän mal sauer wird.

Ich mag den Begriff des Ranges in einer Sozialgemeinschaft nicht. Es ist zu rechnerisch und entspricht nicht der Realität. Um aber demjenigen, der noch nicht entsprechend tief in die Erkenntnis über das Leben in der wenig verbalen Welt der Tiere eingetaucht ist, ein Bild zu eröffnen, verwende ich mitunter diesen Begriff. Es geht aber um Persönlichkeiten, um Charakteren und aus ihnen resultierenden, persönlichen Respekts- und somit Entscheidungspositionen. Jeder stellt jemanden dar. Wen man darstellt, hängt vom eigenen Verhalten ab, das maßgeblich von der Selbstsicherheit bestimmt wird. Den wirklich „Ranghohen" erkennt man daran, dass er es selten nötig hat, verärgert zu sein. Das heißt also: Je mehr Selbstsicherheit man besitzt, umso höher steht man, womit man es umso weniger nötig hat aggressiv zu werden.

Folglich kann man hieraus auch weitere Schlüsse ziehen:
- Nicht die Intensität von Aggressionen sorgt für die Position, sondern der Grad an Selbstsicherheit, also Unbeirrbarkeit.
- Da Selbstsicherheit der Grund für positiven Respekt ist, ergibt sich daraus auch ein Geborgenheitscharakter. Unnötige Aggression hingegen wäre lediglich ein Grund, so jemanden zu fürchten und nichts mit ihm zu tun haben zu wollen.
- Ein Souverän bildet anhand seiner Selbstsicherheit einen Orientierungspunkt, womit er die anderen nicht dazu zwingt, mit zu leben. Sie möchten mit demjenigen, der das Leben im Griff hat, mit leben.
- Die Rangniederen akzeptieren damit auch freiwillig die soziale Stellung des Souverän, ansonsten ließe er sie nicht mit leben.
- Man sinkt immer weiter im Ansehen seines Schützlings, wenn man meint, seinen Zögling immer wieder durch Gebrüll oder anders geartetes aggressives Handeln maßregeln zu müssen.
- Man versaut seinem Zögling das Leben und bereitet ihm und sich weitere Schwierigkeiten, wenn man häufig unnötig aggressiv mit ihm umgeht, da man zu dieser übersteigerten Aggression erzieht und man sich als notwendiges Übel oder gar als Feind darstellt.

Der zu Erziehende hört also immer weniger zu, je weiter unten angesiedelt man sich zeigt, oder er kann immer weniger begreifen, wenn er nur um sein Leben fürchtet oder einfach immer angestachelt wird.
Viele Dinge im Leben lassen sich umkehren. Hat jemand viel Geld, so kann er jemanden bezahlen, der ihm ein gewünschtes Wissen vermittelt. Hat jemand kein Geld, kann er sich das Wissen beispielsweise aus Büchern aneignen, um mit diesem Wissen dann Geld zu verdienen. Dasselbe Prinzip wendet man auch in der Erziehung an, auch wenn es bisher nicht gut lief. Ab jetzt zeigt man sich einfach als der Souverän, indem man gar nicht mehr aggressiv wird. Anstatt erst zum Souverän zu werden, um dann nicht mehr aggressiv werden zu müssen, tut man gleich so, als ob man es wäre, indem man sich gar nicht mehr ärgert. Dann findet man umso früher Gehör, womit man dann auch zum Familienoberhaupt wird. Wenn man sich bisher, in dem Versuch Familienoberhaupt zu sein, geärgert hat, wobei man in der Respektsposition sank, dann steigt man nun, indem man sich einfach nicht mehr ärgert. Man zeigt einfach die Verhaltensweise, die ein Souverän auch zeigen würde, um einer zu werden. Außerdem werden in den nächsten Tagen ohnehin die Punkte des Grundrespektes nachhelfen, welche man ohne Schmerz und ohne Aggression stoisch herbeiführt.

Also, keine Wut, keinen Zorn und möglichst wenig Aggression, sondern emotionslos die notwendige Handlung unternehmen. Nicht schnappen oder packen, sondern nehmen. Nicht schlagen, sondern schieben. Nicht reißen oder rucken, sondern ziehen. Dabei möglichst wortlos bleiben, damit keine Diskussion entbrennt und damit das Ganze eben auch nicht in die Aggression abgleitet. Denn man setzt einen Punkt, man zeigt Schranken und Grenzen, anstatt zu diskutieren oder gar einen Streit anzufangen.

Der aufmerksame Leser wird bei alledem zwei Dinge erkannt haben. Zum einen, zu was die Aggression führen kann, bzw. was sie aufzeigen kann. Und zum anderen, dass in dieser Abhandlung über die Aggression so manches Mal derart formuliert wurde, dass „möglichst" keine oder „möglichst wenig" Aggression gezeigt werden sollte oder dass keine „unnötige" Aggression aufkommen sollte. Alles in allem bleibt man hier also auf einem Kurs, der unbeirrbare Überlegenheit zeigt. Doch kann es immer mal wieder Protagonisten oder Situationen geben, in denen eine oberflächliche Aggression auch mal notwendig erscheint. Es kann schon mal sein, dass man z. B. bei einem Stoppen eines Drängelns auch mal einen Fluch los lässt. So etwas hängt von den handelnden Personen ab. Wenn man sich soeben in einer schweren Lebensphase befindet und man dann noch einen Zögling mit einem Genom voller Dampf und Druck hat, dann kann eine verbale Aggressionsäußerung bei einem Stoppen der Ignoranz schon mal passieren. Das heißt, dass man auch mal „Herrgott! Schluss jetzt!" oder Ähnliches von der Leber lässt, wenn nichts anderes mehr zur Beachtung führt. Es darf aber nicht weiter gehen, und ein Schimpfen beim Durchsetzen darf auch nicht gewöhnlich werden. Alles in Allem bleibt man mechanisch und unbeirrbar, wenn der zu Erziehende einen in Konfrontationen oder angestrebten Interaktionen ignorieren möchte.
In der Natur sieht man, dass hier und da schon mal emotional eine Grenze aufgezeigt wird. Dabei wird aber niemals Schmerz zugefügt. Schmerz erfährt jemand in einem Sozialverband nur, wenn er daraus ausgeschlossen wird. Hinsichtlich den uns ausgelieferten Schützlingen, die wir selbst zu uns gezwungen haben, ist das also undenkbar. Und eine aggressive Handlung hinsichtlich des Aufzeigens einer Grenze passiert in der Natur meist nur einmal.
Also ist der Weg ein unbeirrbarer, in welchem man Überlegenheit zeigt. Falls dabei einmal geflucht wird, ist das zwar eine Form von Aggression, aber auch kein Beinbruch. Die Hauptsache ist, dass grundsätzlich souverän gehandelt wird. Bei einem gelegentlichen, also nicht täglichen, rein verbalen

Unmut ist noch nichts Negatives passiert. Die Hauptsache ist, dass man die Erklärungen über die Aggression und deren Vermeidung in der Erziehung verstanden und zu leben gelernt hat.

Keine Hektik

Das dritte Tabu ist schlicht die Hektik.
Natürlich muss hinsichtlich des Aufzeigens von Grenzen auch mal was schnell gehen. Doch macht man lediglich die Handlung, welche eben nötig erscheint, aber nicht darüber hinaus. Man fängt nicht an, mit starrem Blick herum zu zappeln oder den Hund mit fünf Händen in das Wageninnere zu drängen, wenn er heraus stürmen wollte. Um bei dem Auto-Beispiel zu bleiben: Einfach nur aufhalten, zurück schieben und wieder loslassen, wenn er heraus drängen wollte. Bei einem kleineren Hund mit einer Hand vor die Brust gefasst. Bei einem mittleren Hund mit dem Unterarm vor der Brust und bei einem großen eben mit beiden Händen – einfach nur das, was nötig ist, nicht darüber hinaus. Zurückschieben und dann gut sein lassen. Was? Er kommt noch mal? Na, dann wird eben noch mal zurückgeschoben. Deutlich, doch ohne unnötig aggressives In-die-Knie-Gehen und abwehrendes Hände-empor-Schleudern. Nicht in Kampf-Pose gehen, sondern mit einem möglichst zielorientierten, diskussions- und aggressionslosen Handgriff die Frechheit unterbinden, woraufhin man wieder in die entspannte Körperhaltung übergeht. Wenn es nötig ist, eben nochmal. Mit dieser einfachen, möglichst emotionslosen Unbeirrbarkeit dran bleiben, bis Ruhe eingekehrt ist. Das Ganze macht man zielgerichtet und bestimmt, nach Möglichkeit auch wortlos, damit man, wie bereits beschrieben, nicht in unnötige Aggression und auch nicht in Diskussion abgleitet. Ausschlaggebend ist also, wieder in eine entspannte Körperhaltung überzugehen, sobald man seinen Handgriff gemacht hat.
Die gewünschte Akzeptanz des Zöglings wäre doch nicht erreicht, wenn man festhalten oder in Kampfpose vor dem Zögling stehen würde. Also darf man nicht die Hand am Hund lassen oder diese erhoben vor den Hund halten, denn sonst akzeptiert er es doch nicht, wenn man eine solche Gebärde braucht, damit es klappt. Man versucht ihn auch nicht mit strengem Blick zu beobachten, und man schubst ihn auch nicht ständig. Wenn er nur in die Gegend schaut, drängelt er ja nicht heraus. Also, nur wenn er heraus möchte, ohne das „Hop“, oder wie auch immer das deutliche Signal bei Ihnen heißen soll, abzuwarten, wird dies diskussionslos unterbunden, ohne

dabei zu streiten anzufangen. Man kann sich also ganz entspannt verhalten, ohne anstarren oder ähnliches zu müssen, ansonsten wird es hektisch, womit alle Souveränität dahin wäre. Diese Art der Handhabung zieht sich durch jedes Stoppen einer frechen Ignoranz – also immer, wenn eine Konfrontation stattfindet, in welcher man wie ein Gegenstand oder ein Nichts behandelt wird oder immer, wenn man eine Interaktion anstrebt oder hat und der Hund einen stehen lassen möchte. Dann macht man seinen Handgriff und geht entspannt in die gelassene Körperhaltung über. Wenn es sein muss, macht man es eben nochmal.

Jegliche Hektik ist der Tod jedes Souverän. Als Überlegener hat man so etwas nicht nötig. Hektisch ist nur der Überforderte, nicht aber derjenige, der es im Griff hat. Letzterer weiß, wer er ist, was er möchte, wie es läuft und wie er es erreicht. Der Hektische weiß nicht einmal wer er ist, höchstens, wer er sein möchte. Dem Entscheidungsträger wird sich angeschlossen, nicht anders herum. Warum sollte der, dem sich angeschlossen wird, hektisch sein? Er ist doch der Mittelpunkt und kann tun und lassen, was er möchte. Wobei er in dieser Position eine unvergleichliche Ruhe, Gelassenheit und somit auch Fairness verkörpert. Er hat es niemals nötig, zu unterjochen oder zu erniedrigen. Was er möchte ist sinnvoll und gut, ansonsten würde man sich ihm nicht anschließen wollen. Also, keine Hektik, um eben die Überlegenheit zu zeigen, und um auch ein entsprechend zielorientiertes, ruhiges und ausgeglichenes Zukunftsbild zu schaffen. Man geht also immer in die entspannte Körperhaltung über, sobald man eine Frechheit unterbunden hat. Falls es notwendig ist, unterbindet man eben nochmal. Aber man bleibt nicht in der Körperhaltung, die zeigt, dass es nicht vorbei ist, ansonsten ist es auch nicht vorbei, und es wird eine Streiterei oder Diskussion daraus.

Zusammenfassend:

Man sieht also, dass es sich bei den Themen Schmerz und Aggression ähnlich verhält: Je mehr man eine Persönlichkeit darstellt, umso weniger ist so etwas nötig.

Summa summarum wird eine freche Ignoranz also unbeirrt (ohne Schmerz, möglichst ohne Aggression und ohne Hektik) gestoppt. In entsprechenden Begegnungs- und Interaktionssituationen ist man kein Bittsteller und kein Niemand. Das signalisiert man bestenfalls durch eine überlegene Handlungsweise, womit man das Ziel eines beruhigten, sich in Geborgenheit befindlichen Schützlings erreicht, der einen ohne Leine an jeden sinnvollen Ort begleiten kann, also an Orte, die ihn nicht durch Hitze, Kälte oder Lautstärke quälen und an denen er aus gesetzlicher Lage auch (ohne oder mit Leine) sein darf. Meine Hunde sind grundsätzlich mit im Baumarkt, dem Elektrofachgeschäft, in der Vertragswerkstatt oder dem Reifenwechsel, in der Innenstadt, dem Bekleidungsfachhandel , in Restaurant, in dichtem Unterholz, an gut frequentierten Spazierwegen oder sonstwo. Wenn wir mitten in einem Geschäft stehen oder über den Marktplatz gehen, dann mache ich auch mal eine Leine ran, da die Mitmenschen, die sich mit einer solchen Thematik nicht beschäftigen, auf den ersten Blick nicht erkennen können, ob das ein gut erzogener Hund ist oder nicht und da es eben innerhalb der Stadtgrenzen dem Gesetz entspricht. So nehme ich den Großteil der Verunsicherung, indem ich auch mal eine Leine ran mache, wenn wir uns mittig von Menschenansammlungen befinden. Doch oft lege ich diese dann auch über den Rücken oder lasse sie einfach los, wenn ich keine Lust mehr habe diese zu halten oder wenn ich in einem Regal etwas suche. Die Leine darf keinen Unterschied machen. Bei genügend Bedürfnisbefriedigung ist halt auch mal eine Leine dran. Na und? Und wenn keine dran ist? Was sollte der bedürfnisbefriedigte Hund mit Anlehnung und Orientierung an seinem Menschen dann machen? Sinnlos herum rennen oder Entscheidungen hinsichtlich der Außenwelt treffen? Nein, das macht ein ausgeglichenes Wesen mit Orientierung nicht. Und wenn etwas negativ wird, da der Hund sich zu weit in den Weg stellt, dann sagt man einfach, dass er wieder her kommen soll, und er hört zu und macht es. Oder wenn er etwas beschnuppern möchte, bei dem der Unmut irgendwelcher Menschen geweckt wird, dann sagt man ihm einfach, dass er damit aufhören soll und fertig. Dann schnuppert er halt woanders oder wartet einfach, bis sein Mensch seinen leidigen Einkauf erledigt hat und man wieder hinaus geht, wo er mehr machen kann. Der gesamte Aufenthalt in der Gesellschaft kann entspannt sein, wenn erst einmal die Familienverhältnisse geklärt sind. Die klärt man dahingehend, dass man jemand ist, der hier zu sagen hat. Man stellt also eine unbeirrbare Persönlichkeit dar, die weiß, was sie wann möchte. Wenn man hierbei in jeder gewünschten Interaktion und Konfrontation schmerzlos, möglichst aggressionslos und ohne Hektik vorgeht, hat man gute Chancen auf das gewünschte, entspannte Bild.

Zweites Standbein: Die Klarheit

- Zwei Wege in der Kommunikation
- Das Lob
- Das Herbeiführen
- Welche Verbalsignale sind wichtig
- Die Steigerung der Konzentration in der Kommunikation
- Die Orientierung auf dem Spaziergang (der Dreischritt)

Emotionalität oder geklärtes Signal

Es gibt zwei Wege zur verbalen Kommunikation. Man stellt entweder die eigene Gefühlsregung dar, indem man entsprechend betont, oder man verlangt eine klare Verhaltensweise, indem man das bereits deklarierte Signal an den Empfänger sendet. Die Motivation untermalt man meist noch mit Gestik. Dabei spielt der Wortlaut keine Rolle. Alle Worte aus allen Sprachen sind erlaubt, solange die bekannten Worte des Hundes, also die Kommandoworte, außen vor bleiben. Wenn man Kommandoworte mit motivierenden Zusatzworten vermengt, geht schnell die Klarheit verloren. Man darf ein Kommandosignal gerne freundlich aussprechen, doch nur das entsprechende Wort. Ansonsten kann es schnell geschehen, dass sich die anzustrebende Klarheit der Anweisung mit entsprechender Kontaktaufnahme vermengt, womit man entweder die Klarheit der Gefühlsregung oder die Klarheit des Signals erheblich stört. Eigentlich ist dies jedem klar. Es heißt: „Sitz“ oder im Falle, wenn die Interaktion erst hergestellt werden muss: „Nemo, Sitz.“ Man sagt aber nicht so etwas, wie: „Komm Schatz, jetzt mach mal sitz.“ Im letzteren Falle könnte es schnell passieren, dass der Angesprochene auf eine motivierende Kontaktaufnahme eingeht oder er einfach Kontakt aufnehmend nachfragt, was sein Mensch denn möchte. Dann kommt er also her, anstatt sich hinzusetzen, was dann aber nichts mit dem menschlichen Wort „Komm“ zu tun hätte.

Eine auf Motivation basierende Interaktion ist nichts Ungewöhnliches. Auch wenn man durch klare Interaktion versucht einen vernünftigen Grundrespekt aufzubauen, darf man dennoch ganz entspannt emotional sein. Das ist mitunter wichtig zu sagen, da manche Menschen hart oder unsicher werden, wenn sie versuchen eine respektablere Persönlichkeit darzustellen, bzw. klare Interaktionen anzustreben. Hart oder unsicher ist aber keine Persönlichkeit, die weiß, wer sie ist. Es geht nur darum, nicht ignoriert zu werden, also muss man sich nur bewusst machen, wann man sich mit was an seinen Sozialpartner wendet, anstatt einfach drauf los zu reden. Dabei muss man verstehen, dass man in einer emotionalen Zuwendung keine klare Verhaltensweise verlangt, sondern man seinem angestrebten Interaktionspartner nur seine Gefühlsregung zeigt. Hierbei zeigt man zum Beispiel ein Erfreut-Sein, eine spielerische Ausgelassenheit, oder man ist liebevoll verschmust. Man geht, so wie sonst auch, z. B. in die Hocke, breitet die Arme aus und sagt mit klarem Blick ins Gesicht des gewünschten Interaktionspartners so etwas, wie: „Hallo Mäusle. Na, komm mal her.“ Der Hund versteht nun nicht den Inhalt der Worte, doch erkennt er, nicht anders als irgendein Mensch, die Freundlichkeit und Zuwendung. Wenn er einen bei der Erkenntnis der Zuwendung seines Menschen einfach stehen lässt – er wendet sich also ab und macht was anderes – dann ignoriert er die Person, welche man darstellt. Das wird nicht geduldet. Hier kann man dann ruhig anfassen und am Weggehen hindern oder auch mal leichten Unmut äußern, etwa in Form von: „He". Nicht brüllen, das wäre eine übertriebene Aggression, sondern einfach negativ betont, was eine Frage der Definition wäre, ob dies schon eine Form von Aggression darstellen würde, doch wenn ja, dann eine zumutbare. Wenn der Hund furchtlos auch darauf nicht eingeht, dann erhebt man sich und führt ihn, etwa an den Schultern, sanft, gerne auch mit netten Worten, den Meter dort hin, wo man sich eben noch in der Hocke befand und hat dann den Kontakt, den man eben wollte. Die netten Worte sind dann auch wieder reine Motivation. Man signalisiert also wieder eine Gefühlshaltung. Der Hund erkennt dadurch, dass man keinen Streit mit ihm hat, man sich aber dennoch nicht ignorieren lässt. Allerdings muss man sich bei dieser Gesamtsituation vor Augen führen, dass der Hund den Satz: „Hallo Mäusle. Na, komm mal her." nicht versteht. Bei einem klaren Blick und einer klaren Hinwendung zum gewünschten Interaktionspartner erkennt der Hund, dass man sich mit ihm befasst. Die nette Betonung/Motivation lässt ihn dabei erkennen, dass man sich soeben auf freundlich liebevolle Weise einfach mal Zeit für ihn nimmt. Ist dies erkennbar, so duldet man nicht, dass er einen einfach links liegen lässt. Allerdings kann man keine klare Verhaltensweise erwarten. Er versteht „Komm mal her." nicht hinsichtlich des Inhalts der Worte. Er erkennt nur die nette Hinwendung. Wenn der Hund sich seinem Familienvorstand hinwendet, ohne dass er dabei herkommt, dann hat er nichts falsch gemacht. Beispielsweise stellt er sich frontal zu seinem Menschen auf, schaut diesen an und wedelt noch mit der Rute. Dann ist das eine deutliche Beachtung der Person, womit man zufrieden sein kann, wenn er weder „Komm mal her.", noch die Gestik also Körperkontaktaufnahme interpretieren kann, er einen aber auch nicht ignoriert.

Wenn man dies mit jemandem bespricht, dann wird von demjenigen meist sofort begriffen und bestätigt, dass dies ja klar wäre. Wenn man dann aber beobachtet, dann macht derjenige es dennoch, unnütz zu seinem Hund zu sprechen. Deshalb auch die Langatmigkeit bei dem Thema Motivation, bzw. emotionale Hinwendung. Nicht einfach denken, dass dies klar wäre, sondern umsetzen. Sich im Tagesablauf ständig bewusst sein, ob man soeben eine Interaktion mit dem Hund möchte oder nicht. Und wenn ja, dann sollte dieser Interaktionswunsch erkennbar sein. Nicht einfach hinstehen und losreden. Nicht einfach nebenher etwas zum Hund hinüber reden, der dabei was anderes macht. Entweder will man gerade eine Interaktion oder nicht.

Entgegen einer Darstellung seiner Gefühlshaltung ist ein geklärtes Signal, profan gesagt also ein Kommando, eine genaue Anordnung vom Familienvorstand. Hierbei äußert man zu seinem Schützling ein Wort, also ein Geräusch, dessen Bedeutung er durch emotional liebevoll erklärendes Verhalten beigebracht bekommen hat. Er kann bei diesem, von seinem Menschen ausgesprochenen Geräusch also dahingehend interpretieren, dass er weiß, welches genaue Verhalten von ihm nun gewünscht wird.
Man sendet seinem gewünschten Interaktionspartner also ein geklärtes Signal, wobei hierbei die Betonung zweitrangig ist, oder man sendet seine Gefühlshaltung, wobei es hier lediglich auf die Darstellung, also gerade auf die Betonung ankommt. Das sind die zwei Interaktionsmöglichkeiten. Weitere gibt es nicht. Dabei braucht und soll auch eine Anweisung nicht herrisch betont werden.

Der Hund ist nicht dumm. Im Gegenteil, er nimmt eher noch die Gefühlsregung in einem wahr, als es dem durchschnittlichen Menschen möglich ist. Wir sind auf die Verbalsprache geeicht, wohingegen Tiere auf Körpersprache geschult sind. Die meisten Menschen müssen einen Kurs, ein Seminar oder gar einen ganzen Studiengang besuchen, um Körpersprache ermessen, bewerten und verstehen zu lernen. Ja, um sie überhaupt bewusst wahrnehmen zu lernen, da wir von früh an gelernt haben, darauf zu warten und zu achten, was der andere sagt. Bei Tieren ist das anders. Kein Tier wartet darauf, was der andere sagt. Sie sind von klein auf eben auf die Körpersprache geeicht. Sie können wahrnehmen, was das Gegenüber empfindet, ohne dass dieser es sagen muss. Dennoch wird auch in der Tierwelt oft mit Verbalsignalen unterstrichen, doch ist dies eher ein Zusatz und bewegt sich meist in einem gewissen Betonungsrahmen, anstatt ein genaues Wort zu sein. Folglich braucht man auch nicht zu versuchen sich zu verstellen. Einfach ehrlich sein, der Hund weiß ohnehin, was man empfindet. In Bezug auf diese Gefühlserkennung und auch Gefühlübertragung wieder ein Beispiel: Jemand geht mit seinem Hund an der Leine spazieren. Der Hund ist ein rüder Rüde, der entsprechend auf den Putz haut, wenn ein anderer Rüde in die Nähe kommt. Nun sieht der Mensch einen anderen Spaziergänger mit einem beliebigen Hund an der Leine auf demselben Wege entgegenkommen. Der Hundebesitzer mit dem rüden Rüden bemüht sich ganz normal weiter zu

gehen, wobei er sich denkt: „Oh Mist, gleich dreht mein Kerl wieder durch." Bei diesem Gedanken geht dem Rüden bereits das Fell hoch. Der Mensch wird sodann noch aufgeregter, was er noch immer zu verbergen sucht, und der Rüde wird immer lauter. Der Mensch hat mitunter gar nicht bemerkt, wie er die Leine kürzer nahm. Oder es spielt sich in noch feineren Regungen ab, zum Beispiel derart, dass der Mensch geradezu unmerklich die Schultern straffte. Der Rüde bemerkt es aber und reagiert entsprechend der Anspannung.
In einer anderen Situation steht derselbe Mensch an einer Wanderkarte und liest völlig entspannt, ohne die Umgebung zu beachten. Nur einen Meter hinter ihm kann jetzt jemand anderes mit einem Hund vorbei gehen. In dieser Situation, in welcher der Rüdenbesitzer gar nichts mitbekommt, gibt der rüde Rüde keinen Mucks von sich. Dieser Hund nimmt die Gefühlshaltung seines Menschen wahr, ohne ihn direkt anzusehen.

Entweder Motivation, also eine Darstellung der eigenen Gefühlshaltung, um damit seinen Zögling zu einer ähnlichen Gefühlshaltung anzuregen oder eine erklärte Anweisung. Dabei sollte man sich auch klar sein, dass der Hund nicht mit den Worten „Sitz", „Platz" und „Fuß" im Kopf geboren wird. Das Signal für einfachste Handlungen muss man ohne Druck, positiv und klar beibringen, ehe man in das Verlangen übergehen kann. Doch wird es dann verlangt. Es ist wie mit dem Kind. Man kann einfach nur nett sein, auf ausgelassene Weise mal herum rangeln, liebevoll in den Arm nehmen oder ähnliches. Oder aber man sagt etwas, wie: „Räum′ jetzt mal dein Zimmer auf." Man zeigt Gefühle oder man gibt eine Anweisung. Bei der Anweisung ist die Gefühlshaltung nur ein Zusatz, wobei ein negativ betonter Zusatz nur nötig erscheinen würde, wenn man nicht respektiert werden würde. Es wütend sagen zu müssen, würde Probleme in der Familienstruktur aufzeigen, womit hier an der falschen Stelle gearbeitet werden würde (s. o.). Man kann die Anweisung, das Zimmer aufzuräumen, aber gerne auch derart sagen, dass man dabei in den Arm nimmt und einen Schmatz auf die Stirn gibt. Dennoch ist die Anweisung ausgesprochen, auch wenn es auf eine nette Weise gesagt wurde. Wie man etwas sagt ist also etwas anderes als zu vermengen. Man würde also nicht mit dem Kind spielerisch werden, um mitten in der Ausgelassenheit zu sagen, dass es jetzt das Zimmer aufräumen soll. Nett sagen, aber etwas klar Gesagtes verlangen. Oder einfach nett sein, worin dann keine Anweisung verborgen sein dürfte.
Das Verlangte muss also klar sein. Da sich dieses Buch aber auf Erziehung und nicht auf das Beibringen konzentriert, wird nicht explizit auf das Er-

klären von Signalen eingegangen. Wenn man seinem Hund noch gar nichts beigebracht hat oder man nicht weiß, wie man ihm etwas beibringt, sollte man auch erst einmal verstehen, was Erziehung und was Beibringen ist. Und hinsichtlich des Beibringens können profane Bücher oder Hundeschulen helfen.

Der passende Vergleich

Hinsichtlich dieses Themas von emotionaler Zuwendung oder klarer Anweisung kann man sich ein weiteres Beispiel aus der Menschenwelt vor Augen führen:
Angenommen man bekommt Besuch aus einem fernen, fremden Land - zum Beispiel jemand namens Takeshi aus Taiwan. Dort herrscht ein anderer Kulturkreis und selbst die Gestik ist anders als die mitteleuropäische. In Sachen Gestik könnte ein hochgereckter Daumen bereits eine Beleidigung sein. Oder anders herum, wenn der Gast zusammen mit einem einseitigen Kopfschüttler ein verbales Geräusch von sich gibt, dass sich „Ne." anhört, dann könnte das eine Bestätigungsgeste sein. Letzteres habe ich auf Sri Lanka erlebt, als ich einen Taxifahrer nach dem anderen fragte, ob er mich in mein Hotel fahren könnte. Jeder „verneinte" auf diese Weise, doch fand ich nach einigen Tagen heraus, dass dies dort eine Bestätigungsgeste ist, als würde man hierzulande „OK" sagen. Wie auch immer so manches per Gestik in Taiwan gehandhabt wird, kann man nicht einfach erwarten, dass mitteleuropäische Umgangsformen verstanden werden. Wenn man in diesem Beispiel des taiwanesischen Gastes seiner Sprache nicht mächtig ist, geht fortan recht wenig in der verbalen Kommunikation, spätestens, wenn der Gast keine andere Sprache als eben seine Muttersprache kennt. Man könnte einfach nicht miteinander sprechen. Nicht einmal ein einzelnes Wort würde für Verständnis sorgen, weder in die eine, noch in die andere Richtung.
Wie würde man also mit Takeshi umgehen? Einfachste Dinge müssten erklärt werden. Man könnte ihn etwa in das Badezimmer führen, dort die Hände waschen oder die seinigen unter das fließende Wasser halten und „Bad." dazu sagen. Somit würde Takeshi wohl verstehen, dass man im Deutschen den Vorgang des Hände-Waschens mit dem Wort Bad bezeichnet. Weiterhin nimmt man an, man würde Takeshi an den Küchentisch führen und „Stuhl" sagen während man ihm das entsprechende Sitzmöbel anbietet. Des Weiteren zeigt man ihm, wo das Brot ist und sagt eben „Brot" dazu. Eventuell müsste man jede Prozedur einige Male wiederholen, damit Take-

shi sich das jeweilige Wort behalten kann. Schlussendlich könnte Takeshi die Worte Bad, Stuhl und Brot interpretieren.
Jetzt ist aber unabdingbar sich zu vergegenwärtigen, was man gelehrt hat. Takeshi hätte bei der Geste und dem Hergang gelernt, dass er bei dem Wort Stuhl dazu eingeladen wird hin zu sitzen. Er hätte nicht gelernt, dass das Sitzmöbel Stuhl heißt. Also müsste man zu ihm auch an der Wohnlandschaft im Wohnzimmer das Wort Stuhl sagen, um ihn zum hinsitzen auf das Sofa einzuladen. Ansonsten hätte man ihm so etwas wie „setz-dich" sagen müssen, als man ihm den Stuhl anbot. Zudem hätte man Takeshi im obigen Beispiel beigebracht, dass mit dem Verbalsignal Bad der Vorgang des Hände-Waschens tituliert wird, nicht die Räumlichkeit. Also müsste man auch in der Küche stehend das Wort Bad verwenden, wenn Takeshi sich am Geschirrspülbecken die Hände waschen sollte. Des Weiteren könnte es recht unklar ausfallen, wenn man auf den Brotkasten zeigt und das Wort Brot sagt. Was ist jetzt gemeint? Der Brotkasten oder der Inhalt?
Es ist also verwirrend und letztlich sogar misshandelnd, wenn man auf Respekt begründend darauf besteht, dass das gemacht wird, was man gesagt hat, nachdem man einfach davon ausgeht, dass der Empfänger des Signals dieses verstanden hat. Viele Menschen sprechen Worte zu ihrem Hund, die für den Menschen des jeweiligen Sprachraums selbstverständlich sind. Dabei wird nicht überdacht, ob der Empfänger des Signals dieses kennt. Es muss nicht nur erklärt worden sein, sondern muss man sich auch immer vergegenwärtigen, was man unter dem entsprechenden Signal erklärt hat. Wenn ich zu Menschen nach Hause komme, um ihnen mit ihrem Hund zu helfen, dann bitte ich meist darum, dass der Hund kurz zu seinem Menschen gerufen wird, wenn ich zur Türe herein gekommen bin. Dann geht es meist los, dass die Menschen so etwas sagen wie: „Ben, komm her. Komm her! ... Jetzt komm mal her, Ben." Dann wird oft aufgegeben und mir erklärt, dass er jetzt eben nicht reagiert, weil er so aufgeregt ist. Aber seit Jahren haben die Menschen ihrem Hund in irgendeiner Hundeschule beigebrach, dass es „Hier" heißt, wenn er herkommen soll. Zuhause wird aber plötzlich „Komm mal her" gesagt.
Darüber hinaus muss man auch alles einzeln behandeln, wenn man keine Sätze zueinander bilden kann. Unser Takeshi hätte ähnliche Probleme wie der Hund, wenn man ihm einzelne Worte beibringt, man aber plötzlich Sätze zu ihm sagt. Es hätte zur Problemlösung also keinen Sinn vor ihn hin zu stehen und etwas zu sagen, wie: „Du, Takeshi, geh doch mal eben im Bad die Hände waschen und dann hol dir ein Brot. Setz dich aber bitte an den Tisch zum Essen, damit nicht alles verkrümelt wird." Da ginge bei Takeshi nichts

mehr, gleichgültig welche Universität er wie lange erfolgreich besucht hätte. Takeshi würde allenthalben verdattert vor einem stehen und versuchen einen Sinn in den Lautäußerungen zu ergründen. Das einzige, was ihm jetzt noch hilft, ist die Art der Äußerung, damit er wenigstens erkennen kann, dass man nicht sauer mit ihm ist. Doch könnte man in keinem Fall erwarten, dass er die gelehrten Worte aus dem ganzen Satz heraus hört. Falls er die gelehrten Worte heraus hören würde, könnte man aber auch nicht erwarten, dass Takeshi selbstsicher genug wäre den Rest des Gesagten, den er ja nicht interpretieren kann, einfach zu ignorieren. Dementsprechend müsste man in dieser Angelegenheit erst einmal „Bad." sagen, um die anvisierte Handlung in Gang zu bringen. Es sei denn, es bestünde kein Blickkontakt, dann müsste man „Takeshi - Bad." sagen. Wenn Takeshi dann fertig ist mit dem Händewaschen, kann man „Brot." sagen, damit er es sich aus dem Schrank greift. Anschließend eben noch das Wort „Stuhl.", damit er sich zum Essen setzt. Das sind die Dinge, welche man ihm erklärt hätte, und man würde sich wünschen, dass Takeshi ebenso nett verdeutlichend mit einem umgehen würde, wenn man bei ihm zu Besuch wäre. Diesbezüglich ist natürlich auch klar, dass man nicht befehligend, erniedrigend oder barsch angesprochen werden möchte. Man kann und würde diese Dinge freundlich oder höchstens neutral zu seinem Besuch sagen.

Aber dennoch, gleichgültig welche Worte man seinem Gast beigebracht hat, kann man andererseits auf emotionaler Basis verbal werden. Stellt man sich vor Takeshi und sagt auf freudige Weise etwas wie: „Hallo, guter Freund, schön, dass du da bist.", dann hätte er keine Ahnung, was man zu ihm gesagt hat, doch anhand von Betonung und entspannt, freundlicher Gestik wäre ihm klar, dass man gerade nett zu ihm ist. Ebenso könnte man sich vor ihn stellen und in angespannter, derber Weise etwas sagen, wie: „Ach, zum Teufel mit dir, du gehst mir auf die Nerven." Da hätte er ebenso wenig verstanden, was man sagt, doch die Intention wäre anhand der Betonung und der aggressiven Körperhaltung auch wieder erkennbar.
In Sachen Persönlichkeit ist hierbei noch etwas anderes erkennbar, denn, wenn man den ganzen Tag irgendwelche, für Takeshi sinnlose Sätze zu ihm sagen würde, würde der Moment kommen, in welchem er gar nicht mehr hinhören würde oder er irgendwann einfach gelangweilt abwinken würde. Entweder hat man Interaktion oder nicht. Interaktion! Also miteinander und nicht einer redet auf den anderen ein, während es für den anderen einfach nur ein nerviges Hintergrundgeräusch ist.

Ein abschließendes Takeshi-Beispiel:
Angenommen man würde den Besuch einen Moment alleine lassen. Als man wieder das Haus betritt, sitzt Takeshi im Wohnzimmer und isst ein Brot. In die Küche gegangen stellt man fest, dass Takeshi die Kaffeemaschine kaputt gemacht hat. Was würde dann geschehen, wenn man ins Wohnzimmer stürmt, dem Takeshi an den Hinterkopf klappst und anschimpft? Nun, er würde denken, dass es ihm verboten sei ein Brot zu essen.
Dieses Beispiel wird hoffentlich keinem negativ aufstoßen. Die handelnden Personen sind alles Menschen. Doch ist es nun einmal Fakt, dass man nicht unmissverständlich miteinander kommunizieren kann, wenn keine gemeinsame Sprache, auch keine gemeinsamen Wörter, nicht einmal eine gemeinsame Gestik und auch keine übereinstimmende Mimik Bestand hat. Für klare Verbalkommunikation bedarf es klarer, also erklärter Verbalsignale. Ansonsten kann man lediglich die Gefühlsebene darstellen, welche auch nur gedeutet werden kann, wenn man die Körpersprache des Anderen zu lesen vermag. Man kann also nicht auf einen anderen Ort oder eine andere Zeit Bezug nehmen, wenn man keine gemeinsame Verbalsprache hat. Und da die soziale Interaktion von sozialfähigen Säugetieren sich immer gleich bleibt, ist es einerlei, was für Säugetiere einen Sozialverband bilden möchten. Wenn im obigen Beispiel keiner unserer menschlichen Protagonisten willens wäre die Sprache des anderen gänzlich zu erlernen, dann wäre der Umgang zwischen den Beiden zeitlebens gleich, wie auch mit dem Hund, spätestens, wenn unterschiedliche Entscheidungspositionen herrschen würden. Wäre Takeshi also ein Kind und würde nur Taiwanesisch verstehen, so wäre der Umgang derselbe wie er mit einem Hund sein sollte. Stellen Sie sich einfach mal folgende Fragen:
Würde man auf Takeshi einreden, ohne eine Reaktion zu erwarten?
Wäre es in Ordnung, wenn man sich gerade an den Takeshi wendet und er einen einfach stehen lässt?
Würde man zum Postboten sagen, dass man das aufdringliche oder gar aggressive Verhalten des jungen Taiwanesen verstehen soll, da es sein Revier wäre, in dem man sich befindet?
Würde man ihn anbrüllen müssen, damit er seine Hände wäscht?
Würde man aggressiv zu ihm werden, wenn er, mangels gemeinsamer Sprache, nicht versteht, welchen Ort, welche Handlung oder welches zeitliche Ereignis man soeben ansprechen möchte?
Würde man voraussetzen, dass er Worte, die in unserer Sprache selbstverständlich sind, versteht?

Würde man Takeshi den ganzen Tag alleine lassen, ohne dass er lesen, fern sehen, jemanden anrufen oder auch nur zur Türe hinaus kann?
Würde man ihn zum Angriff auf den Figuranten erziehen?
Würde man mit Takeshi ausschließlich Spazierwege gehen, am besten noch immer denselben Weg, und ansonsten die Gesellschaft und das Leben meiden?
Würde man Takeshi nur mit Fertignahrung aus der Mikrowelle (Vergleich zu Trockenfutter) ernähren?
Würde man Takeshi nur aus dem Autofenster schauen lassen, wenn man das Haus verlässt (Vergleich zu der immer währenden Leine)?
Das sind alles rhetorische Fragen. Die Antwort ist immer Nein, zumindest, wenn man sich auch nur die kleinsten Gedanken macht. Dabei ist es gleichgültig, ob der Besucher aus Luxemburg, Chile, Neukaledonien oder sonstwoher kommt. Warum macht man das aber beim Hund? Weil er nicht fähig ist unsere Sprache gänzlich zu erlernen? Was würden Sie machen, wenn Sie ein autistisches oder geistig behindertes Kind hätten? Würden Sie diesem Individuum all das antun? Warum dem Hund? Weil er das Pech hatte, nicht in einen menschlichen Körper geboren worden zu sein? Leben lebt. Nicht nur der Mensch. Gefühle bleiben sich also gleich, da sie nicht an die Sprache, sondern an die Existenz gebunden sind. Man darf niemanden, der einem nichts Bösartiges angetan hat, sein Leben vorenthalten. Wobei zu bösartigen Handlungen nur Menschen fähig sind, was kein esoterisches Gelaber ist, sondern mit der gesteigerten Vorstellungskraft des Menschen und mit den entsprechenden Resultaten zusammen hängt. Wenn man für jemanden verantwortlich ist, wofür man auch noch selbst gesorgt hat, dann hat man danach zu schauen, dass dessen Leben bedürfnisbefriedigt ist. Dabei geht es auch nicht um den Hund, sondern eben um das Leben. Man hält kein Meerschwein, Kaninchen und keinen Wellensittich isoliert in einem Käfig, lässt ein Pferd den ganzen Tag in einer Box stehen oder hält einen Goldfisch in einem Glas. Das ist nichts anderes als Quälerei, was den Menschen aber nicht auffällt, da das Individuum keinen menschlichen Körper hat und nicht in der uns gewohnten Sprache ein besseres Leben erflehen kann.
Im Endeffekt gibt es keinen Unterschied zu irgendeinem Menschen, wenn man seinen Hund ernst nimmt und versteht. Man geht mit ihm um wie mit einem kindlichen Gast, der weder die hiesige Sprache, noch die Gestik verstehen kann. Man erklärt nett und verständlich einzelne Worte, sowie man sich auch, entspannt, gelassen, ausgeglichen und freundlich als ein Jemand zeigt, anstatt als ein Aggressor, Schwätzer oder Spielzeug. Und wenn man seinen Hund, den man zu sich gezwungen hat, als Person nicht ebenso ernst

nimmt wie einen Mitmenschen, dann sollte man ihn in liebevolle Hände geben. Es ist nicht der Körper für den Umgang mit dem anderen verantwortlich, sondern das Bewusstsein darin.

Man lebt also miteinander oder nicht. Und wenn ja, dann ist einerseits wichtig, welche Signale gegenseitig verstanden werden. Nur in diesem Rahmen kann man sich klar äußern und vernünftige Kommunikation anstreben. Und wenn man miteinander lebt, dann sollten andererseits auch die Entscheidungspositionen innerhalb der Gruppe geklärt sein (Grundrespekt), da es ansonsten Streit gibt oder kein Miteinander, sondern ein Nebeneinander herrschen würde. Wenn die Positionen geklärt sind, dann sind klare Signale, auch bei aller Zuneigung, keine Bitte, sondern eine Anordnung. Wenn das Familienbild entsprechend stimmt, dann wird eine Anordnung auch ganz normal oder sogar nett gesagt. Aber es wurde etwas gesagt. Das ist nicht zu ignorieren, wenn der Signalgeber entsprechend ernst zu nehmend ist, klare Interaktionen anstrebt und seine Interaktionswünsche klar signalisiert. Bei alledem sind Gefühle maßgeblich. Diese Gefühle können ausgelassen und hingebungsvoll ausgelebt werden, da Zuneigung der Grund für das Zusammensein ist. Da in diesem Zusammensein eine Familienstruktur herrscht, ist es umso schöner, diese Gefühle, wie schmusen oder spielen, miteinander zu erleben.
Wenn Sie sich also je in einer Situation befinden, in der Sie ratlos sind, dann stellen Sie sich anstelle ihres Hundezöglings das Kind aus einem fremden Land vor. Was würden Sie in dieser Situation mit diesem Kind, das ihre Sprache und ihre Kultur nicht versteht, tun? Machen Sie das mit ihrem Hund, dann ist es grundsätzlich richtig.

Zur emotionalen Ansprache noch eine Erklärung in Bezug auf die Worte, welche man wählt. Es zeigt sich, dass man auf Motivationsbasis am ehesten zeigen kann, welche Gefühlsebene man gegenwärtig hat oder welche man darstellen möchte, wenn man etwas sagt, was dem Gefühl auch entspricht. Man setzt um, was man fühlt. Man fühlt, was man denkt. In den gewohnten Worten zu denken und somit zu sprechen, gebiert grundsätzlich auch das entsprechende Gefühl. Nur mal angenommen, man würde einem Hund unter dem Wort „Spring" beibringen, dass er sich setzen soll. Dieses Kommandosignal würde zeitlebens schlecht laufen. Man müsste sich selbst erst einmal umprogrammieren, damit das gut laufen würde, da man eben eine andere Gefühlshaltung und somit, zumindest unterschwellig, eine andere Intention hätte als die beigebrachte Handlung des Hinsetzens. Dementsprechend lohnt es sich meist, wenn man in der emotionalen Zuwendung auch das äußert, was man zu einem Menschen äußern würde, nur um die entsprechende Gefühlshaltung gut darstellen zu können. Man kann ruhig so etwas sagen, wie: „Das hast du aber gut gemacht, mein Schatz." oder: „Sag mal, spinnst du?" Dann kommt schon das richtige Gefühl bei seinem Zögling an. Es muss eben situationsbedingt passen. Man vermeidet in diesen emotionalen Aussagen lediglich die klaren Signale, sprich die Kommandoworte, um diese nicht zu versauen oder um einfach Unklarheiten zu vermeiden. Allerdings muss man sich immer bewusst sein, dass man hierbei nur ein Gefühl zeigt und der Schützling den Inhalt der Worte nicht versteht.

Hierzu eine Situation aus dem Alltag: In einem Termin kam einst ein fremder Hund um die Ecke, der sich spontan in eine Prügelei mit dem Kundenhund verwickelte. Eine meiner Auszubildenden griff sogleich ein und beendete diesen kopflosen Kampf. Dabei war einer der Hunde besonders klein und unterlegen gewesen. Als sie dem Größeren das Ende dieses Unsinns auferlegt hatte, hing ihr dieser kleine Hund wütend am Finger, um so gut als möglich gegen den Überlegenen zu bestehen – in seiner Raserei hatte er noch nicht begriffen, dass hier jemand souverän beendet. Während er sein Bestes tat, schaute sie ihn an und sagte: „Jetzt ist aber gut." Er ließ los und stand peinlich berührt in der Gegend herum. Sie hat nicht gekämpft sondern beendet, was sie mit diesem Satz emotional wunderbar zu dem Kleinen transportiert hatte. Ihre Betonung war entsprechend ruhig, selbstbestimmt und indiskutabel gewesen, sodass der Kleine ein entsprechendes Gefühl empfand – eben peinlich berührt.

Das Lob

Viele Menschen loben ihren Hund, wenn er ein Kommandosignal ausführt oder ausgeführt hat. Das zeigt jedoch eine Fehleinschätzung der Situation, was wieder aus der inneren Haltung der Menschen herrührt. Diese landläufige Anwendung des Lobens ist somit nicht richtig.
Im vorliegenden Kapitel wird der Grund, also der Sinn eines Lobens erklärt. Dieser eine Grund kann sich, wie folgt beschrieben, in zwei unterschiedlichen Begebenheiten manifestieren.

Die eine Begebenheit, die ein Lob erfordert, ist Unsicherheit in der Kommunikation

Wenn man seinem Schützling eine Anweisung signalisiert und er Unsicherheiten zeigt, wäre es misshandelnd, deshalb ärgerlich zu werden. Im Gegenteil, man sollte sogleich auf freundliche Weise anleitend werden, beziehungsweise lobend werden, wenn er auf unsichere Weise versucht richtig zu handeln.

Für den Ursprung einer Unsicherheit in einer gewünschten Interaktion gibt es zwei Nährböden. Einer der beiden möglichen Ursprünge kann sein, dass dieses gewünschte Kommandosignal unzureichend beigebracht wurde. Wenn das Signal schlecht erklärt wurde, ist der Signalempfänger, spätestens wenn er den Signalgeber respektiert, in einer verunsicherten Lage, sobald dieses unklare Signal gesendet wird. Das typische, im deutschsprachigen Raum gebräuchliche „Sitz“ und „Platz“ zeigt dies bei vielen Hunden. Meiner Schätzung nach hat mindestens jeder zweite Hund Schwierigkeiten darin, diese beiden Verbalsignale zu unterscheiden, denn er hört jedes Mal die Endung „tz“. Zumindest ohne zusätzliches Handzeichen weiß er oft nicht, welches der beiden Signale gemeint ist.
Wenn, wie bei vielen Hund – Mensch Beziehungen üblich, kein Respekt hinsichtlich des Menschen zugegen ist, dann läuft das meist folgendermaßen ab:
Der Mensch sagt zu seinem Hund das Kommando „Platz“. Der Hund hört das „tz“ und denkt sich: „Dann mach ich mal das Einfachere der beiden tz. Wenn er das andere will, dann wird er´s schon sagen.“
Daraufhin setzt sich der Hund hin. Da der Mensch aber das andere woll-

te, sagt er, meist mit etwas Nachdruck und oft dann auch mit Handsignal: „Platz!“ Oder er sagt dann, nebst seinem Handzeichen, gar einen ganzen Satz, in Form von: „Platz! Hab ich gesagt!“ Der Hund denkt sich daraufhin: „Na also gut, dann halt das andere.“ Woraufhin er sich legt und sein Mensch stolz über seine vermeintliche Befehlsgewalt ist.
Steht man aber in einer negativen Respektsposition, indem man bisher aggressiv mit seinem Schützling umging, oder man arbeitet an einer vernünftigen, positiven Respektsposition (Grundrespekt), dann sehen die Gedankengänge anders aus. Wenn bei einer herrschenden Respektierung Unklarheiten bestehen, denkt sich der Ausgelieferte bei einem erfolgten Sitz-Signal:
„Oh je, hoffentlich mache ich das Richtige der beiden Tz-Signale.“
Daraufhin kann es geschehen, dass der Hund sich sogleich hin legt, da dies die übergeordnete oder auch devotere der beiden Körperhaltungen ist. Dann ungehalten zu werden wäre misshandelnd, da der Zögling in keiner Weise ignorant, sondern aufgrund des unzureichenden, fehlerhaften oder schlechten Beibringens verunsichert ist.
Also geht man in einem solchen Fall ganz nett hin und hilft ihm mit liebentspannten Worten auf, woraufhin man nochmals, auf nette Weise beginnt. Klappt dann dieses Sitz-Signal, dann lobt man sogleich, um die Unsicherheit aus der Welt zu räumen.
Es kann in diesem Beispiel auch geschehen, dass der Hund sich zwar sogleich setzt, er aber sichtliche Unsicherheit verspürt, indem er etwa die Ohren nach hinten klappt, sich den Mund schleckt, Blickkontakt meidet oder sucht, sowie auch oft der Kopf gesenkt wird. Da er nichts anderes als Unsicherheit empfindet, hilft man natürlich. Der Schützling wird unmittelbar nach Erkennen der Unsicherheit über seine Handlung gelobt, damit man ihn aus der Hölle der Unsicherheit heraus holt. Er macht zwar das Richtige, ist sich dahingehend aber nicht sicher. Man entspannt dann durch das Lob und erzeugt im Schützling Selbstsicherheit hinsichtlich der, zwar zunächst unsicheren, aber richtigen Handlung.
Durch unzureichendes Beibringen hat man selbst die Unsicherheit geschaffen. Man sieht also, dass ein Grund um zu loben das Mildern von Unsicherheit ist, sobald Ansätze zum richtigen Handeln erkennbar werden.

Durch das Loben von unsicheren, aber richtigen Verhaltensweisen generiert man also Selbstsicherheit in diesen richtigen Handlungen. Angesichts von Unsicherheit verärgert zu werden, würde nur die Unsicherheit vermehren, was reine Misshandlung wäre.
Im obigen Beispiel nimmt man in Zukunft zunächst wieder ein Handzei-

chen zur Hilfe und ändert auch etwas an den beiden Worten, indem man eines der Beiden umtauft oder verändert, womit man dann die Unsicherheiten vollends beseitigt. Hier kann es zum Beispiel genügen, wenn man bei dem Wort Platz das Z weglässt. Dann sind in dem „Sitz" zwei S-Laute, eben vorne und hinten, wohingegen im „Platt" kein S-Laut mehr gegeben ist. Es kann sich auch lohnen, wenn man am Ende des bisherigen Platz-Wortes ein D formuliert („Plad"), damit der Unterschied noch deutlicher wird und man auch kein gänzlich neues Wort für eines von beiden beibringen muss. Wobei es ohnehin fraglich ist, ob man diese Signale braucht. Und wenn ja, ob dann nicht das einfache Sitz genügt. Mein jüngster z. B. kennt ein Signal, auf das er sich hinlegen soll nicht, da ich keine Situation in unserem Alltag kenne, in der ich das brauchen oder als sinnvoll erachten würde.

Wichtig ist also sofort zu loben, wenn der Hund auf unsichere Weise dabei ist sein Kommandosignal zu versuchen, damit man die Unsicherheit in Selbstsicherheit wandelt. Schaut man ihm nur wortlos zu, wie er versucht das Richtige zu machen, wird seine Unsicherheit immer stärker. Er würde dann von demjenigen, demgegenüber er soeben verunsichert ist, angestarrt. Das wäre eine hässliche Situation, welcher man ihn nicht aussetzen darf. Getraut er sich gar nicht zu handeln, dann wird man mit netter Stimme, bekannten Handzeichen, einem Leckerbissen oder sanften, unterstützenden Berührungen anleitend. Dann ist man also in der reinen Erklärung und fernab von einem Verlangen.
Falls eine Unsicherheit in einer Anweisung erkennbar wird, darf man gerne nochmal ein paar Tage generell einen Leckerbissen zur Hand nehmen und das Ganze umfassend neu erklären. Warum denn nicht? Man hat die Verunsicherung durch unzureichendes Beibringen selbst erzeugt. Dass man auf eine nette Weise erklärend wird, gilt natürlich auch, wenn der Schützling sich aufgrund von Unsicherheit irrt (hierzu gehört auch jugendlicher Ungestüm in aufregenden Situationen) und er ein anderes Kommandosignal ausführt als man wollte.
Dabei muss man aber immer bedenken, dass es hierbei um Unsicherheiten geht. Falls er einfach keine Lust hat mitzudenken oder er ignoriert das Gesagte, dann braucht man nicht anleitend zu werden. Der zu erkennende Unterschied liegt meist darin, ob der Hund bei erfolgtem Signal einfach mit dem weitermacht, was er eben gerade macht oder ob er verharrt, bzw. Blick- oder gar Körperkontakt aufnimmt. Falls er verharrt oder Kontakt aufnimmt, ist er grundsätzlich unsicher, was heißt, dass man nett und anleitend wird, um erklärend zu werden, bzw. heißt das, dass man lobend

wird, wenn er auf unsichere Weise dabei ist das Richtige zu versuchen. Macht er aber, obgleich er gehört und verstanden hat, was man signalisierte, einfach mit dem weiter, was er vor dem Signal auch tat, dann ist der Zögling ignorant, woraufhin ein Herbeiführen notwendig wird.

Was man macht, wenn der Zögling ein erkanntes Signal selbstsicher ignoriert, wird im nächsten Kapitel genau behandelt. Hier wird es nur kurz angesprochen, um auf den zweiten Brandherd für Unsicherheiten in einem Kommandosignal einzugehen:
Angenommen, der Hund weiß ganz genau, was man von ihm möchte und er ignoriert es auf eine selbstsichere Weise. Dann führt man herbei, was man gerade unmissverständlich signalisiert hat (siehe anschließendes Kapitel). Steht er zum Beispiel nur zwei, drei Meter neben einem und man sagt auf beigebrachte Weise, er solle herkommen, kann man ihn ruhig mal zu sich heran ziehen, wenn er einen ignorieren möchte. Man weiß also ganz genau, dass er gehört und verstanden hat, was man ihm soeben signalisierte. Des Weiteren weiß man auch, dass er keine Verunsicherung verspürt. Dann zieht man ihn mal zu sich heran, da man sich nicht ignorieren lässt.
Wenn man ihn jedoch schnappt und an sich heran reißt, anstatt ihn heranzuziehen oder eben heran zu manövrieren, ist man zu grob und aggressiv. In Zukunft würde der Lehrling sein Kommandosignal zwar hören, aber etwas anderes dabei empfinden, als er beim einstigen Beibringen empfand. Er würde dann nicht mehr denken: „Ach, jetzt will mein Mensch, dass ich zu ihm komme.", sondern: „Oh je, jetzt ist es wieder soweit und mein Mensch dreht durch!" Dann steht er unsicher da und traut sich nicht heran. In dem Moment ist der Hund ebenso wenig frech, wie wenn er es nicht verstanden hätte. Der Grund dafür, dass er eben nicht macht, was man möchte, ist nicht Ignoranz, sondern Furcht. Eine Furcht, die man wieder mal selbst geschaffen hat, da man in der Vergangenheit zu grob war. Einmal kann dabei genügen. Da gibt es also nichts durchzusetzen, sondern anzuleiten. Also wird man nett, spricht ihm aufmunternd zu und zeigt ihm somit, dass er sich gar nicht zu fürchten braucht. Man zeigt seinem Schützling emotional, dass man nicht dabei ist durchzudrehen, nur weil man dieses Verbalsignal ausgesprochen hat, bei welchem man in Vergangenheit mal ungehalten geworden war. Und wenn er sich dann auf langsame, unsichere Weise anschicken sollte heranzutreten, bestärkt man dies wieder mit lobenden Worten. Dann wird sich die Furcht verlieren und er kommt her, froh darüber, dass der Entscheidungsträger nicht sauer mit ihm ist.

In dem Moment hätte man ihm beides erklärt. In der ersten Situation hätte man ihm erklärt, dass man sich nicht ignorieren lässt, wobei man aber zu derb gewesen wäre. Deshalb ist die zweite Situation, die auch Tage später sein kann, unablässig, in der man erklärt, dass ja immer alles in Ordnung ist, wenn er einen nicht ignoriert, sobald man was möchte. Die Furcht in der erneuten Kommandosituation nach dem zu derben Durchsetzen war ja keine Ignoranz. Er hat ja versucht richtig zu handeln, hat es sich aber nicht getraut. Das hat man dann selbst verschuldet, indem man beim Herbeiführen zu grob, zu aggressiv war. Grob werden ist selten berechtigt, wenn man einen liebevollen, doch konsequenten und vernünftigen Weg eingeschlagen hat. Bei manchen Individuen ist es sogar so, dass selbst ein sanftes Herbeiführen zu verunsicherten Vorsichtsgedanken führt. So habe ich es schon öfter erlebt, dass man sogleich, nach einem vernünftig-sanften Stoppen der Ignoranz und dem resultierenden Herbeiführen eines Signals, loben sollte, auch wenn man nicht grob war. So verflüchtigen sich sofort anfängliche Unsicherheiten und beides wird klar: Der Familienvorstand lässt sich nicht ignorieren und es ist immer alles in Ordnung, wenn man macht, was er signalisiert.

Man erkennt also, dass wenn beim Signalempfänger Unsicherheiten in einer Interaktion auftauchen, dann ist immer der Signalsender der Grund dafür. Uneingeschränkt ist also der Mensch schuld, wenn der Hund in einer gewünschten Interaktion unsicher ist. Hinsichtlich des verunsicherten Verhaltens des Schützlings dann erbost zu sein, wäre eine besonders perverse Misshandlung. Man hat das verängstigte Verhalten ja selbst erschaffen. Man würde also nicht nur ein verängstigtes Wesen weiter in Angst versetzten, man würde auch noch zum Satan selbst, da man doch der Hinwendungsort bei Problemen sein sollte und nicht auch noch der Steigerungsfaktor eines Problems. Bzw. wo sollte sich derjenige, der einem ausgeliefert ist, denn sonst hinwenden? Er hat doch sonst niemanden. Als einzige Alternative zur Hinwendung an die Familie in Problemsituationen, könnte er sich nur der Familie lossagen, was für ihn den Verlust jeglicher Sicherheit bedeuten würde. Deshalb, da der Hund sowie auch jedes Kind, niemand anderen hat als seinen Vormund, bleiben sie immer, auch wenn es noch so misshandelnd läuft – es ist immerhin ein Überleben. Zu guter Letzt würde man auch noch die Bedrohung hinsichtlich eines Problems werden, das man selbst erschaffen hat, wenn man Unsicherheiten in der Kommunikation mit Aggression beantworten würde. Alles in allem ist es also undenkbar, dass man verärgert reagiert, wenn der Schützling in einer Handlung die man von ihm verlangt, unsicher ist. Also ist, nach einer eventuellen, liebevoll erklärenden Anleitung, das Loben der richtige Weg. Dies ist also eine Begebenheit, in der Lob richtig ist: Man wandelt Unsicherheit in Selbstsicherheit.

Die zweite Begebenheit, in der ein Lob richtig ist, ist ein Beibringen

Das Beibringen als solches erfordert Lob. Durch das Lob signalisiert man, wann was richtig ist, um einen „Ach-So-Effekt" beim Lehrling zu erzielen. Sicher hat jeder schon mit seinem Hund irgendwelche Kommandos erarbeitet, doch um den Sinn des Lobens zu erfassen, wird nachstehend dennoch die allgemeine und richtige Herangehensweise des Beibringens in einem Beispiel angesprochen:
Der einfache und auch sinnvolle Weg, um beizubringen, fängt meist damit an, dass man seinen Hund mit einem Leckerbissen in die Pose oder an die Örtlichkeit lenkt, welche man zukünftig signalisieren können möchte. Wenn der Hund bei diesem Hinlenken per Leckerbissen dabei ist das Richtige zu machen, sagt man das Wort, welches zukünftig mit dieser Handlung verknüpft sein soll. In der richtigen Haltung dann vollends angekommen, gibt man lobend den Leckerbissen, um freundlich zu vermitteln, dass dies das Gewünschte ist, denn er hat (zunächst unwissentlich) das Richtige gemacht.
Der Hund wurde mit dem Leckerbissen gelenkt. Erst durch das Lob wird ihm bewusst, dass er eben etwas macht oder gemacht hat, was seinem Menschen gefällt. Deshalb ist es wichtig, im richtigen Augenblick das Wort auszusprechen und dann zu loben. Der richtige Augenblick ist eben dann, wenn er gerade dabei ist, in der gewünschten Pose oder an der anvisierten Stelle anzukommen, woraufhin augenblicklich gelobt wird, denn er ist ja dann gerade in der Haltung oder Örtlichkeit, welche man haben wollte. Allerdings ist auch wichtig zu verstehen, dass der Leckerbissen die Fernbedienung darstellt. Da man sich verbal nicht verständlich machen kann, führt man eben mit dem Leckerbissen an die Position, welche man beibringen möchte. Das verbale Lob ist aber das Bestätigen – nicht der Leckerbissen. Den Happen bekommt er eigentlich nur, damit man seinen Lehrling nicht an der Nase herum führt. Man kann ihm ja nicht etwas anbieten, um es ihm dann vorzuenthalten. Das würde er zweimal mitmachen, wonach er sich nicht mehr per Leckerbissen führen lassen würde, da er dann ja gelernt

hätte, dass er es ohnehin nicht bekommt. Also bekommt er natürlich den als Fernbedienung benutzten Happen, doch ist das verbale Lob die eigentliche Bestätigung. Zwei Sozialpartner interagieren miteinander. Der eine bringt dem anderen auf liebevolle und nette Weise etwas bei. Das sollte die herrschende Situation sein. Man sollte bemüht sein, Persönlichkeit in die Situation zu bringen.

Nachdem man das Lenken per Leckerbissen zwei bis drei Mal gemacht hat, vollführt man dieselbe Handbewegung nun ohne Leckerbissen. Dabei tut man aber nicht so, als ob man einen hätte. Das ist Unsinn, denn er lässt sich nicht an der Nase herumführen. Das Lob ist zwar die eigentliche Bestätigung, aber dennoch war der Leckerbissen der Anreiz, um überhaupt in die Situation zu kommen, an der man loben kann. Jedenfalls sieht er dasselbe Körpersignal wie zuvor – man macht also dieselbe Handbewegung, die man auch machte, als man einen Leckerbissen hatte. Da die meisten Tiere nicht auf Verbalsprache, sondern auf Körpersignale geeicht sind, kann der Hund die Handbewegung schnell interpretieren. Dann klappt es auch schon ohne Leckerbissen, wobei man in diesem frühen Stadium gerne noch einen Happen aus der Tasche zaubern kann, wenn er auf das Körpersignal einging, ansonsten könnte es schnell unschön werden, womit man das Signal, welches man soeben beibringen möchte, mit negativen Erfahrungen in Verbindung bringen würde. Also darf man anfangs gerne noch einen Leckerbissen zu dem wichtigen, verbalen Lob dazu geben, womit ihm das verbale Lob umso wichtiger wird. Elementar ist jedoch im richtigen Augenblick immer dieses angesteuerte Verbalsignal zu sagen, damit der Lehrling auch lernt, das Geräusch, das sein Mensch macht, mit der gewünschten Handlung zu verbinden.

Jetzt kommt ein wichtiger, sich die eine oder andere Woche hinziehender Schritt, um einen alltagstauglichen Hund zu erziehen: Man beginnt damit, das Körpersignal zu reduzieren.

Es gibt so manche Menschen, die stolz darauf sind, ihren Hund nonverbal, also rein mit Körpersignalen, lenken zu können. Das sieht ja auch bemerkenswert aus. Doch ist es einfach beizubringen. Es ist schwieriger auf ein Verbalsignal, also auf das Wort, zu erziehen, da der Hund von Natur aus ja auf Körpersignale eher achtet als auf Verbalsignale. Aber genau das, die verbale Signalverständigung, ist beim alltagstauglichen Hund anzustreben. Denn was bringt es einem, ein Handzeichen zu signalisieren, wenn man gerade den Hinterkopf vom Hund sieht, während sich eine Situation anbahnt, in welcher man seinen Zögling lenken sollte? Was bringt es einem, wenn der Hund nur Handzeichen kennt, man aber Einkaufstaschen aus

dem Auto hebt, während plötzlich der Nachbarshund auf der anderen Straßenseite zum Spiel einlädt? Ein Verbalsignal ist das, worauf es ankommt, denn dann ist der Zögling auch ansprechbar, wenn man keinen Blickkontakt mit ihm hat. Dann kann man auch signalisieren, auf was es gerade ankommt, wenn man die Hände voll hat. Wenn gerade ein Auto auf dem Spazierweg erscheint, sollte man nicht erst die Eiswaffeln wegwerfen oder die Hände aus den Taschen reißen müssen, um etwas signalisieren zu können. Der Hund schnuppert oder spielt eben herum, während man auf der Leiter stehend die Hängematte aufhängt. Vermeintlich unbeobachtet macht sich Lumpi dann auf den Weg, Nachbars Grill zu plündern. Jetzt sollte man etwas signalisieren können, ansonsten hängt schnell mal der Nachbarssegen schief. Aber wie, wenn das Verbalsignal weder beachtet, noch verstanden werden würde? Deshalb muss einerseits ein Grundrespekt herrschen und andererseits muss das Verbalsignal verstanden werden.
Man hat beim Beibringen also das Ziel, ein Verbalsignal zu lehren. Anfangs nimmt man Leckerbissen, um überhaupt in die Nähe des Verständnisses zu gelangen. Dann macht man ohne den Leckerbissen dieselbe (Hand-) Bewegung, woraufhin man diese Bewegung langsam abbaut. Langsam ist dabei das Zauberwort. Wenn es sein muss, geschieht der Abbau des Körpersignals über einen mehrwöchigen Zeitraum hinweg. An dieser Stelle wird oft ein typischer Kardinalsfehler gemacht, indem das Körpersignal, wie zum Beispiel der erhobene Zeigefinger des „Sitz"-Signals, sofort ganz weggelassen wird. Einerseits sieht man, dass der erhobene Zeigefinger daher kommt, dass man beim Beibringen den Leckerbissen über den Kopf des Hundes gehoben hat, damit er hin sitzt, da er mit seinem Blick ja dem Leckerbissen folgt - dann verschwindet langsam der Leckerbissen und es wird der Zeigefinger daraus, was auch in Ordnung ist. Andererseits sieht man, dass der Hund nun zunächst das Heben des Zeigefingers mit der Handlung des Hinsitzens verknüpft hat, nicht das Wort „Sitz". Wenn man nun den erhobenen Zeigefinger plötzlich weg lässt und einfach „Sitz" sagt, hat der Hund keine Ahnung, was von ihm verlangt ist. Er kennt in diesem frühen Stadium nur das Körpersignal. Das mitgelieferte Wort hat er nie in den Vordergrund gezogen. Also darf man das Körpersignal nicht auf einen Schlag weglassen. Man muss es langsam reduzieren. Man lässt zum Beispiel diesen erhobenen Zeigefinger bei jedem neuen „Sitz"-Signal etwas weniger deutlich sein. Immer weniger deutlich erheben, wobei man zeitgleich das Verbalsignal immer auf dieselbe Weise deutlich sagt. Nach etwa sieben bis zwölf solcher Übungen, welche sich auf mehrere Tage verteilen, ist der Zeigefinger nur noch eine rudimentäre Handerhebung, wobei der Hund

aufgrund des mittlerweile besser verstandenen Verbalsignals dennoch weiß, was gemeint ist. Bald darauf braucht man das Handzeichen gar nicht mehr, denn man hat vom Körpersignal auf das Verbalsignal umerzogen.
Letztlich hat man einen Speicherplatz für dieses Geräusch in seinem Schützling angelegt, und man kann sich erst dann gewiss sein, dass er dieses Geräusch auch interpretieren kann. Erst dann kann man seinem Schützling auch die entsprechende Anweisung geben, wenn er gerade nicht hersieht (Aufmerksamkeitskommando) oder wenn man rechts und links mit Tüten beladen durch das Gartentor jongliert, während das Karnickel am Garten vorbeiflitzt. Jedenfalls hat man seinem Hund das Verbalsignal sinnvoll beigebracht.

Nach diesem Ausflug in das Beibringen eines Kommandosignals sollte der Sinn des Lobens erkannt worden sein: Man hat seinem Schützling freundlich etwas erklärt. Man hat also etwas beigebracht. Das heißt, während der Zeit des Beibringens hat man auch immer erklärt, wann es richtig ist. Das Lob, gerade das verbale Lob, also die freundliche Zuwendung seines Menschen, ist die Erklärung, wann es richtig ist, was der Lehrling macht. Es dient also dazu, beizubringen, was man wann möchte, bzw. wann das, was der Familienvorstand soeben möchte, richtig beantwortet wird.
Aber jetzt, nachdem man über einige Wochen hinweg den Weg des Beibringens sinnvoll ging, kann er es doch. Der Lehrling hat jetzt also verstanden, wann und wie er richtig auf das entsprechende Signal seines Familienvorstandes reagiert. Warum wird dann noch gelobt? Das erfolgreich beigebrachte Signal ist kein Spiel, sondern etwas, das verlangt wird. Es ist eine rangabhängige Interaktion, womit auch nicht Bitte und auch nicht Danke gesagt wird. Wenn er es kann, hat er es zu tun, wenn der Entscheidungsträger es signalisiert.
Hier liegt wieder einer der landläufigen Fehler, den die gewöhnlichen Hundeschulen und Hundebesitzer machen. Das Kommandosignal ist für viele Hunde kein Muss, sondern ein Spiel oder eine Bitte ihres Menschen, da lebenslang heftig gelobt wird, wenn der Hund mal auf die Ansprache seines Menschen einging. Es wurde nie von dem Beibringen in das Verlangen übergegangen. Da sieht man immer wieder Hundebesitzer, welche mit Bauchtaschen voller Leckerbissen bewehrt versuchen, ihren Hund zu einem sogenannten Kommando zu bewegen. Oft wird geglaubt, durch ständiges Üben könnte er es irgendwann. Meist kann er es schon lange, doch hat er keine Lust auf dieses Spiel, wenn ihm ein anderer, oftmals wesentlich erwachsener Reiz soeben lieber ist. Angesichts etwas Interessantem denken sich viele

Hunde, dass sie soeben keine Lust auf ein Spiel mit ihrem Menschen haben, sondern, dass sie etwas Lustigeres, Schöneres, Besseres oder Wichtigeres zu tun haben. Oder dass sie, angesichts etwas Entsprechendem, gerade keine Zeit haben, ihrem Menschen einen Gefallen zu tun. Das sind die emotionalen Ergebnisse in den typischen Hunden, wenn ihre Menschen zeitlebens Danke sagen oder mit ihren Zöglingen zur Belohnung spielen oder er etwas zu Essen bekommt, wenn der Zögling mal Lust dazu hatte auf sein bekanntes Signal einzugehen.
Also: Sinnvoll beibringen und dann in das Verlangen übergehen. Der erste Schritt, um in das Verlangen überzugehen, ist das Nachlassen des Lobes. Es wird angepasst an das Verständnis des Lehrlings gelobt. Anfangs kann man gerne langatmig und blumig loben. Dann, wenige Tage später, bei zwei- bis dreimal täglichem, je ein-, bis zweimaligem Üben des neuen Signals, verschwindet das Blumige und es wird eher lieb betont. Dann wird es, ebenso lieb, einsilbiger. Dann wird die liebevolle Betonung langsam neutraler, bis letztlich, bei einem erkennbaren Verständnis des Zöglings für das beigebrachte Signal, kein Lob mehr erfolgt. Es wird dann hin genommen, dass das beigebrachte Signal nun auch beachtet wird – schließlich kann er es. Die Dauer des Beibringens ist nicht das primär Wichtige. Anders gesagt, muss man sich selbst hinterfragen, wenn ein Beibringen lange dauert. Je sicherer man sich aber ist, dass der Zögling es verstanden hat, umso eher lässt man das Loben nach. Ob das Tage oder Monate sind, spielt keine Rolle. Die Selbstsicherheit in den Protagonisten, vor allem im Ausgelieferten, ist maßgeblich.

Wir alle haben in der Schule das kleine Einmaleins gelernt. Wenn man dann in der Arbeit seine Stunden zusammenrechnet, kommt auch nicht der Chef gelaufen, um einem lobend den Kopf zu tätscheln oder gar einem ein Stück Schokolade in den Mund zu stopfen. Das hat so zu laufen und fertig. Das Nachlassen und letztlich das Weglassen des Lobens ist somit der erste Schritt, um in das Verlangen überzugehen.
Bei keiner angestrebten Interaktion, welche keine Unsicherheiten beinhaltet, lässt man sich ignorieren. Auch nicht beim Lehren. Damit das Lehren nicht gleich negativ wird, übt man nett, mitunter verspielt und/oder liebevoll in sinnvollen Situationen. Je besser das Verständnis für das jeweilige Signal gegeben ist, umso eher signalisiert man auch mal bei einer Ablenkung. Erst oberflächlich, dann darf die Ablenkung immer stärker werden. Doch übt man nur, wenn man weiß, dass man zum Erfolg kommt, sonst lässt man es! Nicht in Streitigkeiten mit dem Lehrling geraten, auch nicht unterjochen oder erniedrigen, was vor allem nicht beim Beibringen geschehen darf.

Deshalb wird nicht dauernd alles verboten oder versaut. Bei jedem Beibringen ist Qualität maßgeblich, nicht Quantität. Je besser das Signal letztlich verinnerlicht ist, umso eher wird es neutral, wobei das Lob immer weniger wird. Man geht also aus dem Beibringen in das Verlangen über, was zunächst mit dem Reduzieren des Lobens einher geht.
Wichtig ist nur zu verstehen, dass das eindeutig beigebrachte Signal auch verlangt wird, womit man auch nicht zu loben braucht. Weiterhin sollte man auch dringend verstehen, dass nicht nur ein Leckerbissen ein Lob ist. Das freundlich, liebevolle „braver Schatz." oder so ähnlich ist das eigentliche Lob. Der nette, erfreute Zuspruch des Familienvorstandes ist das Lob. Dabei muss man seinen Hund auch nicht besingen. Man braucht sich kein Clownskostüm anzuziehen, um dem Hund Beachtung abringen zu können, wenn man einen gewissen Grundrespekt genießt. Also genügt es mit freundlichem und liebevollem Wohlwollen zu signalisieren, dass einem gefällt, was der Schatz da macht. Man signalisiert als Entscheidungsträger: „Das ist aber gut und lieb, was du da gerade machst." Man signalisiert nicht: „Oh danke, du Mittelpunkt allen Lebens, dass du das gerade machst." oder „Komm, egal was du gerade machst, lass uns jetzt spielen!" Sondern: „Gefällt mir, mein Schatz." Also: Je besser er es kann, umso weniger wird gelobt. Und wenn der Schützling es dann kann, wird es letztendlich verlangt.

Wann darf das Lob wieder mehr werden?

Nach erfolgter Akzeptanz der Familienverhältnisse darf man gerne auch wieder mehr loben. Je mehr also der Zögling die Entscheidungspositionen akzeptiert, umso mehr kann auch wieder gelobt werden. Warum auch nicht? Er ignoriert den gehörten und verstandenen Interaktionswunsch seines Familienvorstandes dann ja nicht mehr, was ja die Erkenntnis dahingehend ist, dass er seinen Menschen als Familienoberhaupt akzeptiert.
Doch so lange man daran arbeiten muss, als Familienvorstand anerkannt zu werden, gilt das Erklären als Grund für das Loben und nichts anderes sonst. Man sollte also daran denken, dass man nett oder liebevoll etwas erklären, also beibringen möchte oder ob man in einer individuellen Situation eine Unsicherheit mildern möchte. Entweder: „Du brauchst dir keine Sorgen zu machen." oder: „Das machst du richtig", ist der Grund für ein Lob.
Für das Schmusen und Spielen hat man eben das Schmusen und das Spielen. Aber in rangabhängigen Situationen, wie etwa einem klaren Signal, braucht man sich nicht zu bedanken. Da wird etwas Genaues verlangt, wenn es sinn-

voll erklärt, also beigebracht wurde und im Zögling entsprechende Selbstsicherheit hinsichtlich dieses Signals zugegen ist.
Es sollten also mal einige Tage herrschen, in denen ein Kommandosignal nicht gelobt wird und vor allem nicht gelobt werden muss. Es wird vom Zögling beantwortet, weil es vom Familienoberhaupt signalisiert wurde. Es wird nicht gemacht, weil es eine Belohnung gibt und auch nicht, weil es sonst eine Strafe gibt, sondern weil es vom Familienoberhaupt signalisiert wurde.
Wenn man dann ein paar Tage lang erkennt, dass der Zögling selbstsicher, entspannt und zuverlässig auf ein entspannt, freundlich signalisiertes Verbalsignal eingeht, ohne dass man loben, locken oder herbeiführen muss, kann man natürlich auch mal wieder sagen, dass er lieb ist, denn er zeigt einem ja, dass er einen als Familienvorstand respektiert. Man erkennt also, dass die Persönlichkeitsabgrenzung abgeschlossen ist. Man sieht also gerade daran, dass die Signale vom Zögling beantwortet werden, ohne dass man sich bedanken muss, dass das Ziel, als Familienvorstand anerkannt zu werden, erreicht ist. Die Abgrenzung der Entscheidungsgewalten ist also vollzogen und wird respektiert, wenn ohne weitere Belohnung das gemacht wird, was der Familienvorstand signalisiert. Dann ist es soweit und man kann man gerne auch sagen, dass diese Akzeptanz einen freut und der Zögling lieb ist – man darf dort, in diese Akzeptanz angekommen, auch wieder mehr loben.
Als Beispiel: Wenn das Kind die Sprache versteht, dann kann man auch sagen, dass man wünscht, dass Sohnemann oder Tochter heute Abend um 18 Uhr nach Hause kommt. Dann muss man dem Kind doch wohl keine Tafel Schokolade versprechen, damit es um 18 Uhr heim kommt. Nein, auch wenn es normal, entspannt und nett gesagt wird, so ist es dennoch eine Anordnung vom Erziehungsberechtigten. Es ist keine Bitte und keine Verhandlung und es darf auch kein Streit sein. Das Kind versteht den geäußerten Satz, dann sollte das auch beachtet werden, denn es herrschen, bei aller Liebe, Unterschiede in den Entscheidungsgewalten.
Wenn es aber so ist, dass das Kind immer macht, was einer der Erziehungsberechtigen nett und sinnvoll wünscht, dann darf und sollte man zu seinem Kind gerne auch mal sagen, dass es lieb ist.
Also wird in der Phase der Persönlichkeitsabgrenzung gelobt, um beizubringen. Man wird auch liebevoll, wenn Unsicherheiten bestehen, wobei man dann auch lobt, wenn der Lehrling sich bei aller Unsicherheit bemüht, das Gewünschte zu erfüllen. Letztendlich wird selbstsicher Verstandenes, bei aller Liebe und Nettigkeit, aber verlangt – das Lob erübrigt sich also immer mehr. Wird dann, nach erfolgter Persönlichkeitsabgrenzung auf ganz ent-

spannt Verlangtes immer verlässlich eingegangen, dann erkennt man doch auch, dass man respektiert wird, was man dann wiederum liebevoll beantworten kann, indem man dann auch mal wieder ein Lob aussprechen kann.

In Erinnerung des ersten Punktes des Grundrespektes sieht man eine Ähnlichkeit: Wenn eine Beachtung vom Zögling gefordert wird, dann läuft nichts. Wenn aber darum gebeten oder auch nur nach Aufmerksamkeit gefragt wird, kann man gerne darauf eingehen, wenn man möchte. Als Erziehungsberechtigter hat man hierhingehend die Willkür, ob man soeben Lust und Zeit für seinen Zögling hat oder nicht. In Sachen Lob ist es dasselbe. Solange in Frage gestellt wird, wer hier die Entscheidungsgewalt hat, wird gelobt, um zu erklären oder um Selbstsicherheit zu ermöglichen. Ansonsten gibt es nichts zu loben. Wenn die Entscheidungsgewalt nicht mehr in Frage gestellt wird, was man daran erkennt, dass man nicht mehr ignoriert wird, wenn man etwas wünscht, dann kann man willkürlich loben. Ich selbst mache es dann immer so, dass ich lobe, wenn besonders prompt und willig gemacht wird, was ich wollte. Dabei verlange ich auch nur Sinnvolles, wenn etwa Fremde herannahen oder Autos auftauchen. Aus Lust und Laune verlange ich nie etwas, da ich selbst dies für Machtmissbrauch halte. Bei meinem reifen, mehrjährigen sage ich sogar mal wörtlich „Danke“, was er vom Wortinhalt her natürlich nicht versteht, meine Intonation und Betonung jedoch genau das ausdrückt. Ich weiß doch nun schon seit Jahren, dass ich mich auf ihn verlassen kann.

Ergebnis:

Man sieht also, dass der Grund für ein Lob eine Erklärung ist. Entweder scheint es soeben notwendig, seinem Schützling zu erklären, dass er nicht verunsichert zu sein braucht – man zeigt also die eigene Zufriedenheit und Entspannung hinsichtlich seiner Handlung. Oder man erklärt soeben etwas, was der Zögling noch nicht wissen kann, weshalb man ihm durch die Signalisierung der eigenen, erfreuten Zufriedenheit zeigt, dass es richtig ist, was er macht, wodurch er, durch den Ach-So-Effekt, das Richtige erlernt.
Das ist ein Lob. Ein Schmusen ist eine Liebesbezeugung und hat nichts mit einem Loben zu tun. Ein Schmusen ist situationsunabhängig. Man hat einfach mal Zeit für seinen Schützling und zeigt ihm Zuneigung. Ein Loben hingegen ist rein situationsabhängig. Man erklärt dadurch etwas. Man erklärt als Familienvorstand, dass man das soeben gut findet, was der Zögling

da macht. Diese Erklärung ist emotional. Es ist kein Bedanken, kein Spielen und kein Schmusen, sondern eine liebevolle, nette oder erfreute Erklärung, dass man das gut findet, was der Schatz gerade macht. Schmusen, Spielen und Erklären werden emotional also getrennt, ansonsten ist einem nicht klar, was man macht und auf was man hinaus möchte. Woher sollte es dann der Schützling wissen?

In der Zeit, in der man dabei ist, sich als Familienvorstand darzustellen, gibt es also nur einen Grund, um zu loben: Man erklärt etwas. Eine Erklärung in einer Welt, in der man nicht dieselbe Sprache spricht, ist eine emotionale Angelegenheit, weshalb man entsprechende Gefühle von erfreuter Zufriedenheit stimmlich und mit Gestik signalisiert.
Wenn man als Familienvorstand akzeptiert wird, was man daran bemerkt, nicht ignoriert zu werden, wenn man etwas signalisiert, dann darf man ein richtiges Verhalten loben, wann immer man möchte. Im Endeffekt ist das auch eine Erklärung. Es ist dahingehend eine Erklärung, dass man seine Schützlinge lieb hat und man nicht im Geringsten einen Tyrannen verkörpern möchte, nur weil man der Familienvorstand ist.

Das Herbeiführen

Vielen Hundebesitzern ist nicht wirklich klar, dass es nicht sinnvoll ist, ein Kommandosignal mehrmals zu sagen, wenn es nach dem ersten Aussprechen nicht beantwortet wurde. Anders gesagt, weiß das verbal orientierte Tier Mensch es nicht besser, als ein Signal zu wiederholen, wenn es missachtet wird. Die meisten halten es sogar für normal, da es halt eben ein Hund ist, zu dem man da was sagt. Anderen ist es bewusst, dass ein mehrfaches Zurufen des Signals nichts mit der zuverlässigen Gegenreaktion zu tun hat, welche man eigentlich wünscht. Doch ist deshalb noch lange nicht klar, was man dagegen tun kann, wenn der Hund eben nicht beim ersten Ansprechen reagiert.

Ein Herbeiführen dessen, was man anordnete, ist ein Schritt, der meist nicht ausbleibt. Ein Herbeiführen ist, nach einem sinnvollen Reduzieren des Lobens, der zweite Schritt, um in das Verlangen eines Signals überzugehen. Diese beiden Schritte überlappen sich meist einige Zeit, bzw. sind diese beiden Schritte die eine oder andere Woche während der Erziehung parallel. Voraussetzung für ein sinnvolles Herbeiführen ist hier natürlich wieder ein positiver Grundrespekt, der sozusagen die Basis für alles Weitere darstellt. Je höher dieser ist, umso weniger muss man herbeiführen. Bei ausreichender Höhe müsste eigentlich nie durchgesetzt werden. Doch was sich in der Theorie oft schnell ausspricht, zeigt sich in der Praxis, zumindest partiell, meist anders.

Die drei bereits besprochenen Tabus sind natürlich immer geltend, was bei einer zuneigungsvollen Bindung selbstverständlich sein sollte: Kein Schmerz, keine Hektik und so wenig und selten als möglich verärgert werden.

Die Voraussetzungen für ein Herbeiführen

Wann immer man seinem Zögling ein klares Signal sendet, sollten einem in dieser angestrebten Interaktion drei Dinge klar sein, damit man eine eventuelle Frechheit erkennen kann:

1. Damit man von Ignoranz sprechen kann, muss das Verbalsignal vom Zögling akustisch gehört worden sein, sowie er sich auch angesprochen fühlen muss.

Der Hund rennt ausgelassen durch trockenes Herbstlaub, an ihm fährt eben ein Auto vorbei, er spielt gerade aktionsreich mit einem Kumpel oder es sind einfach steife Windböen in den Büschen neben ihm. Dann hat er eine erhebliche Geräuschkulisse um sich, woran man denken muss, wenn man ihn anspricht. Wenn man dann auch mal etwas lauter sprechen muss, damit man sicher gehen kann, dass er einen gehört hat, heißt dies aber nicht, energisch werden zu müssen. Auch lauter, kann man es ausgeglichen, neutral oder auch nett sagen. Lauter heißt also nicht nachdrücklich. Man muss bei aller Ruhe einfach sicher sein, von ihm gehört worden zu sein, sowie der Hund das gesendete auch auf sich bezogen haben muss, weshalb einem selbst immer bewusst zu sein hat, was man wie sagt. Anders gesagt, spricht man auf eine bewusste Weise den Sozialpartner an und nicht nur lapidar, nebenbei, aus Gewohnheit oder weil man das halt so macht.

2. Damit man von Ignoranz sprechen kann, muss das Verbalsignal verstanden worden sein.

Man muss sich sicher sein, dass der Hund weiß, was man ihm da gerade signalisiert hat. Er muss sich also angesprochen fühlen und wissen, was man gerade wünscht. Man selbst hat sich also eines Weges bewusst zu sein, welchen man mit seinem Lehrling beschritten hat, worin er liebevoll oder spaßig in Ruhe deutlich begriffen hat, was man bei diesem Signal, welches man da von sich gibt, für eine Handlung von ihm wünscht. Ohne erst nachdenken zu müssen, hat diese Gewissheit gegenwärtig zu sein: „Mein Schützling weiß hier und jetzt, was ich gerade von ihm möchte."

3. Es hat erst dann mit Ignoranz zu tun, wenn für den Schützling gerade kein gerechtfertigtes Problem hinsichtlich des Verlangten besteht.

Insbesondere darf er sich nicht davor fürchten, das zu machen, was ihm von seinem Familienvorstand eben signalisiert wurde. Es wird kein Kadavergehorsam durchgeboxt. Das wäre Misshandlung und ein Ausnützen der Machtposition. Der Hund ist ein Familienmitglied, kein Sklave, kein Leibeigener und niemand zu Unterjochendes. Es wird also niemals verlangt, dass er sich in Gefahr bringt. Er darf, wie jedes andere Leben auch, auf sich aufpassen. Dabei muss man an den Hund denken und erkennen, wann er sich fürchtet oder ein sonstiges, gerechtfertigtes Problem besteht. Seine Furcht hat meist nichts mit dem Blickwinkel der Menschen zu tun. Nimmt man an, man würde ihm etwas Statisches abverlangen, also ein „Sitz", „Platz" oder „Steh", und er würde dies auch befolgen. Jetzt käme aber der Nachbar heran gefahren und würde mit Schrittgeschwindigkeit genau den Parkplatz an-

steuern, auf welchem der Hund soeben die Anweisung seines Familienoberhauptes ausführt. In dieser Situation würde man wissen, dass der Nachbar den Hund nicht überfahren wird. Das würde aber noch lange nicht bedeuten, dass dies dem Hund bewusst wäre. Der Hund würde sich mit Recht aus der Bahn bewegen, zumindest, wenn die Stoßstange schon dicht vor ihm wäre. Man muss sich also immer selbst hinterfragen, was man wann von seinem Schützling verlangt. Wenn man dann erkennt, dass der Hund mit Schaden rechnete, den er von sich wandte, indem er das Signal nicht ausgeführt hat, sollte man sich hinsichtlich dessen, was man da verlangte, eher entschuldigen als es zu erzwingen.
Oder in einem anderen Beispiel steht ein unfreundlicher Rüde bei einem. Jetzt den eigenen Rüden heran rufen zu wollen, ist nichts anderes als ihn in den Individualkreis des Schlägers schicken zu wollen. Natürlich sollen sie sich nicht prügeln und sie sollen akzeptieren, was das Familienoberhaupt möchte. Doch spätestens, wenn der unfreundliche ein fremder Rüde ist, dann pfeift der auf die Verhältnisse dieser fremden Familie. Sie derart aufeinander zu zwingen ist ein Fehler, welchen der Mensch ausführt, nicht der Hund. Der Hund wird mitunter nur in hässliche Situationen gezwungen und dann bestraft, wenn er entsprechend reagiert. Also muss mitgedacht werden, wenn eine Anweisung ausgesprochen werden möchte und befolgt werden soll. Es kann auch ganz banal sein, dass der Hund kleine Brennnesseln oder eine Distel unter sich hat, wenn man ein „Sitz“ oder „Platz“ verlangen möchte. Da hat man schon aufzupassen und entsprechend fair zu bleiben.
Oft erkennt man Unsicherheit im Blick vom Hund. Wenn er bei einer ausgesprochenen Anweisung verharrt und einen ansieht, besteht meist Unsicherheit. Insbesondere wenn er sich den Mund schleckt und dem Blickkontakt nicht stand hält. Oder er nimmt Sicht- oder Körperkontakt auf, macht aber das Falsche. Dann ist er unsicher, also in Furcht, dass es falsch sein könnte, womit man dann wieder nett und anleitend werden muss, anstatt beharrend. Erst wenn er ohne jede Verunsicherung weiter macht, als ob nichts wäre, er aber sicher gehört und verstanden hat, was gerade signalisiert wurde, ist es eine reine Ignoranz.

Zusammenfassend

Wann immer man seinen Schützling anspricht, müssen einem diese drei Dinge bewusst sein:

- Er hat das Gesagte gehört und, anhand des Inhaltes oder der bereits bestehenden Interaktion, auch auf sich bezogen
- Er kann das Gesagte interpretieren, da man einen sinnvollen und erfolgreichen Weg beschritten hat, um es ihm zu erklären
- Er hat soeben keine Probleme damit, das Signal zu beantworten

Kann man sich in diesen Dingen gewiss sein, ist es eine reine Frechheit, wenn der Zögling nicht reagiert. Denn dann ist es eine selbstbewusste Ignoranz vom Schützling. Dann hat er beschlossen, seinen Menschen auszublenden, womit es ein Fehler wäre, das Signal nochmal zu sagen. Würde man es bei einer solchen bewussten Ignoranz wiederholen, dann würde man beibringen, dass man es eben nochmal sagt, wenn man ignoriert wird. Warum sollte er dann je auf das erste Signal eingehen?

Das Herbeiführen als solches

Das beigebrachte Signal wurde also akustisch gehört, es wurde vom Sinn her verstanden und der Schützling fürchtet sich nicht vor der Ausführung. Was bleibt dann noch übrig, wenn er es nicht befolgt? Na, dass er rotzfrech ist. Er hat es gehört, verstanden und fürchtet sich nicht und er macht es dennoch nicht? Warum dann noch mal was sagen? Im Rahmen von kein Schmerz, möglichst keine Aggression und keiner Hektik handelt man dann augenblicklich. Grundsätzlich bemüht man sich jetzt, die Situation herzustellen, welche man haben wollte. Hierbei gibt es zwei grobe Unterscheidungen: Man kann direkt oder indirekt handeln.

Das direkte Handeln

Beim direkten Handeln berührt man den Hund. Es wird also nicht an der Leine oder am Halsband gezogen. Hat man deutlich signalisiert, dass er herkommen soll, wobei man sich der drei obigen Punkte gewiss ist, und er hält sich in der Nähe auf, dann streckt man sich aus und holt ihn heran. Einfach an der Schulter zu sich heran schieben oder mit beiden Händen die Taille umfassen und herziehen. Nicht schnappen und reißen, sondern nehmen und ziehen, wenn er versucht, das deutlich verstandene und erkannte Signal furchtlos zu ignorieren. Wenn er auf ein erlerntes Sitz-Signal nicht reagieren möchte, wobei die Situation eine sinnvolle ist in welcher er sich nicht ausgeliefert fühlt, dann kann man ruhig mal kurz ein wenig an den Haaren auf dem Hintern zupfen. Bei genügend Grundrespekt wird das für die entsprechende Gegenbewegung sorgen. Oder, wenn das nicht genügt, tippt man mal mit dem Finger auf den Hintern, wobei dann der Grundrespekt immer fragwürdiger erscheint, je mehr Intensität man braucht, um Ignoranz zu stoppen. Wenn man gesagt hätte, dass er etwas unterlassen soll, unterbindet man sein weiteres Handeln, falls er nicht mit seiner unerwünschten Handlung aufhört. Er hat es wahrgenommen, verstanden und fürchtet sich nicht? Dann kann man seinen Schützling z. B. in souveräner Ruhe, aber mit Deutlichkeit, von seinem Handeln wegschieben oder man öffnet ihm den Fang, um das Papiertaschentuch vom Wegesrand herauszunehmen, zu dem man soeben „Nele-Nein" gesagt hatte.

Eine solche Handlung zum Stoppen der Ignoranz sollte deutlich, unmissverständlich und zielorientiert sein, ohne irgendwelche Unsicherheiten, doch darf es nicht grob oder brutal sein, ansonsten ist man wieder auf dem Weg der Aggression, welcher nur Schlechtes nach sich zieht. Je selbstsicherer man es kann, umso mehr Erfolg hat man. Alles andere führt zur Diskussion, zu Streit oder, im besonders derben Falle, zu einem Niederbuttern. Man möchte nur etwas unterbinden, nicht streiten und nicht unterjochen. Was man dabei unterbinden möchte, ist immer die bewusste Ignoranz, die sich der Zögling soeben heraus nimmt. Man wurde ja verstanden, sowie der Schützling sich gerade nicht fürchtet. Also macht man auch deutlich, dass man eben nicht gebeten hat, man nicht diskutiert und man sich keinesfalls ignorieren lässt. Nur hierauf kommt es an. Wenn es sein muss, bleibt man mehrere Male dran, wenn ein einmaliges Herbeiführen nicht genügen sollte, bis man, möglichst stoisch, gewonnen hat. Dabei bemüht man sich immer entspannt zu bleiben. Versucht der Zögling also dennoch, nachdem man sinnvoll herbeigeführt hat, seinen Kopf durchzusetzen, bleibt man einfach unbeirrbar dabei, die Akzeptanz zu gewinnen – man führt das Gewünschte ohne Zeitverlust und ohne Hektik erneut herbei, bis es akzeptiert wird. Man hat in aller Ruhe, in allem Stoizismus und in aller Selbstsicherheit einfach den längeren Atem.
Bei alledem darf man aber nicht signalisieren, dass es ohnehin nicht klappen wird. Das machen viele Menschen, indem sie leicht in den Knien und mit vorbereiteter Armhaltung sozusagen im Startloch stehen bleiben. Nein, in aller Ruhe wieder in die entspannte Körperhaltung übergehen, wenn man sinnvoll, also emotionslos oder sogar nett das herbeigeführt hat, was man wollte. Versucht der Schützling dennoch seinen Kopf durch-

zusetzen, dann macht man den erforderlichen Handgriff eben nochmal, bis man gewonnen hat, also bis man Akzeptanz herbeigeführt hat, wobei man nach jedem Herbeiführen zeigt, dass es erledigt ist – man geht also immer dann, wenn man erreicht hat, was man wollte, in die entspannte Körperhaltung über. Ansonsten zeigt man, dass man sich in einer Streitigkeit oder Diskussion befindet. Man sollte aber immer zeigen, dass man einen Punkt gesetzt hat.
Also, nicht schnappen oder packen, sondern nehmen, nicht schlagen, sondern schubsen, nicht auf den Schützling hinunter schießen, sondern sich zu ihm beugen. Einfach souverän bleiben und ohne Aggression sich nicht ignorieren lassen. Aber: Sich nicht ignorieren lassen! Und wenn dann einmal der Kragen platzt, ist das auch nicht gleich schlimm. Dann kann man einmal auch knackiger sein. Der Ignorant hat es einfach wissen wollen. Das Zauberwort ist dabei Einmal. Wer meint, beim Durchsetzen seiner Signale immer knackig sein zu müssen, der hat ein grundsätzliches Problem, welches er selbst erschaffen hat (Grundrespekt).

Man kann in diesem Thema erkennen, dass die Stimme auch ein direktes Durchsetzungs- oder Herbeiführungsmittel ist, da sie eine natürliche, körperliche Fähigkeit darstellt. Beim Durchsetzen ist hier also die verbale Unmutsbekundung, also ein Schimpfen gemeint, was zum Bereich der emotionalen Anleitung zählt, jedoch auch Aggression beinhaltet. Bei solch einer Negativ-Motivation wird kein Verhalten angeheizt, wie es bei positivem Motivieren die Folge ist, sondern gebremst. Zumindest ist dies das Ziel und wird auch erreicht, wenn man nicht übertreibt und man jemand darstellt. Ansonsten, wenn man kein Familienoberhaupt ist und/oder wenn man übertreibt, dann wird bei zu derbem oder häufigem Geschrei wiederum ein negatives Verhalten im Zögling angeheizt, indem man ein aufgeregtes Umfeld schafft oder man sogar das Gefühl überträgt, dass hier ein Kampf herrschen würde.
Das Familienoberhaupt kann also auch mal verbal seinen Unmut zeigen, womit der Zögling sein Verhalten bremst. Doch da man ja Probleme mit dem Hund beseitigen möchte, ist man noch nicht das akzeptierte Familienoberhaupt, ansonsten hätte man keine Probleme und man müsste schon gar nicht verärgert werden. Das heißt also, dass die unmutig betonte Stimme, um etwas herbeizuführen, bzw. als Durchsetzungsmittel nur eine Notlösung sein darf, solange man die Strukturierung der Familie (Grundrespekt) noch nicht abgeschlossen hat. Und wenn man dann geklärt hat, wer hier der Entscheidungsträger ist, gibt es nichts mehr herbeizuführen. Also ist die Stim-

me unmutig zu erheben grundsätzlich nur eine Notlösung. Zeigen Sie sich nicht hilflos oder auf derselben Rangebene, indem Sie immer laut werden. Ein „He!“ ist nur eine Notlösung, falls mal nichts anderes, Überlegeneres in Frage käme. Unbeirrbarkeit ist ein Ausdruck an Selbstsicherheit und zeigt sich in ruhigen, zielorientierten Handlungen. Häufig laut werden ist ein Ausdruck von Hilflosigkeit.

Weiterhin kann es auch geschehen, dass man eine Reihenfolge etabliert, wenn man hinter jeder ignorierten Anweisung eine verbale Unmutsbekundung anhängt. Es gibt Hunde, welche erst auf das gesendete Signal reagieren, wenn ein Unmutsgeräusch folgte. So möchte man nicht wirklich mit seinem Schützling leben, dass man jedes Mal schimpfen muss, damit er sich bereit erklärt zu reagieren. Also, hat er gehört, verstanden und fürchtet sich nicht, gibt es grundsätzlich nichts mehr zu sagen, sondern zu handeln, damit er lernt: „Wenn mein Mensch mir ein Signal sendet, dann lässt er sich nicht gefallen, dass ich ihn ignoriere und darüber gibt es nichts zu diskutieren.“ Dabei werden immer die drei Tabus beachtet, was heißt, dass Schmerz und Hektik nicht in Frage kommen und eine Form von Aggression, etwa einem Unmutsgeräusch, wie einem etwas lauterem „He!“, nur eine möglichst seltene Notlösung darstellt, wenn nichts anderes mehr den Schützling erreicht, damit seine Ignoranz aufhört.

Das indirekte Handeln

Vor allem, wenn der Zögling nicht in direktem Einflussbereich ist, kann man auch indirekt handeln, wenn er ein Signal gehört und verstanden hat und er es furchtlos ignorieren möchte. Es wird dann also nicht der Hund angefasst, sondern man bedient sich eines Hilfsmittels, wie der Leine, einer Schleppleine, einer Wasserpistole oder gar einem Schreckmittel. Auch wenn man nahe am Hund ist, kann man indirekt handeln, indem man das Halsband benützt. Jedenfalls befindet sich etwas zwischen Hund und Mensch. Dabei braucht man auch nicht zu reißen, sondern man zieht an der Leine. Wie immer sind auch hier die drei Tabus gegeben. Wobei man auf indirekte Weise besonders souverän und somit aggressionsfrei agieren kann.

Der Unterschied von direktem und indirektem Handeln

Wenn man direkt handelt, ist dem Zögling klar: „Aha, wenn ich versuche, den zu ignorieren, dann lässt der das nicht einfach zu." Bei mangelhaftem Grundrespekt führt dieser Gedanke dazu, dass sich der Hund in Zukunft einfach entzieht. Er bleibt einfach außer Reichweite und dreht einem die Nase. Einerseits sollte man dann noch mal über den Grundrespekt nachdenken, und andererseits kann man sich auch gerne auf die indirekten Mittel besinnen. Denn bei den indirekten Mitteln erfährt der Hund: „Oh, wenn ich versuche den zu ignorieren, dann passiert etwas." Es besteht also kein direkter Zusammenhang zum Menschen. Da der Hund keine Werkzeuge verwendet, hat er dementsprechend auch Schwierigkeiten die Wirkung und vor allem die Anwendungsweise eines Werkzeuges zu verstehen. Er durchschaut natürlich wer das macht, wenn man es nicht gut kaschiert, doch wie es funktioniert, bzw. wie er dem Ereignis entkommen könnte, weiß er nicht. Je näher man am Hund ist, umso eher versteht er, wer das macht. Aber das Wie oder wenigstens die emotionale Haltung bleibt grundsätzlich im Verborgenen. Das zeigt sich schon am Halsband. Angenommen der Hund steht einen Meter neben seinem Menschen und er ignoriert furchtlos ein klar verstandenes Signal zum Herkommen. Wenn sich dieser Mensch dann ausstreckt und seinen Dickkopf deutlich, aber aggressionslos an der Hüfte an sich heranzieht (nicht reißen, sondern ziehen!), dann wird dem Ignorant klar, dass nun der Ofen aus ist. Zumindest bei einem erwähnenswerten Grundrespekt wird der Zögling dann die Empfindung haben, ab jetzt besser nicht mehr ignorant zu sein, da sein Mensch dann ganz souverän persönlich wird. Bei einer direkten Handlung zeigt man sich also unverblümt als unbeirrbare Persönlichkeit. Nimmt man in dieser Situation aber das Halsband, dann ist dem Hund aufgrund der Nähe natürlich klar, wer das gerade macht. Nicht einmal das Wie ist hier in Frage gestellt. Doch es fehlt die Unmutsgeste. Bei ausreichendem Grundrespekt genügt es völlig, am Halsband heran zu ziehen, und der Schützling wird nicht mehr ignorieren. Wenn man aber wollen würde, dass der Hund weiß, dass man verärgert ist, dann müsste man schimpfen und/oder am Halsband reißen, damit er es weiß. Und schon wäre man bei einer unnötigen Aggressionshandlung. Wenn man also möchte, dass der Hund weiß, dass man kurz davor ist, sich über seine Ignoranz zu ärgern, dann zieht man ihn körperlich zu sich heran, und sei es, indem man ihn zehn Zentimeter am Rückenfell zu sich zieht, ohne dass man dabei grob ist. Den Rest macht er bei aggressionslosem Handeln und einem vernünftigen, positiven Grundrespekt vollends alleine, weil dem Zögling dann bewusst ist, dass die Grenzen jetzt ausgeschöpft sind. Nehmen und ziehen, nicht schnappen und reißen! Bei einem erarbeiteten Grundrespekt genügt das völlig. Besser noch: Bei ausreichendem Grundrespekt muss der Hund

nicht wissen, dass man kurz davor ist, verärgert zu werden. Das Halsband genügt dann. Es geht noch weiter: Bei gutem Grundrespekt genügt eine Berührung, und die anfängliche Ignoranz ist vorbei. Und wenn der Grundrespekt hoch genug ist, ignoriert er einen erst gar nicht. Dann braucht man gar nichts durch zu setzten.
In Sachen Nehmen bleibt noch zu sagen, dass man seinen Hund niemals am Nackenfell schütteln darf. Das wäre nichts anderes als Tötungsverhalten. Wer in der Natur einen anderen schüttelt, dem ist es in diesem Augenblick mindestens gleichgültig, ob dieser das überlebt. Meist ist es in diesem Moment sogar das Ziel, denjenigen zu töten, den man schüttelt. Zumindest ist es in den Augen des Hundes so. Aber wenn man aggressionslos einen leichten Hund kurz mal an einem Stück Haut am Rücken nimmt, dann schmerz ihm nichts und vor allem erschreckt ihn dabei auch nichts.

Ob das direkte oder das indirekte Handeln beim Herbeiführen besser ist, hängt vom Grundrespekt und von Aggressionspotential des Hundes ab. Bei mangelhaftem Grundrespekt, starken Ängsten seitens des Hundes sowie auch bei aggressiven Handlungen des Hundes gegen seine Menschen sind natürlich immer die indirekten Mittel zu bevorzugen – dann fällt halt mal die Leine zu Füßen des Ignoranten oder es zieht mal an einer Schleppleine. Falls es aber eine normale Beziehung ist, ohne Extreme, dann denkt man nicht viel nach. Dann handelt man direkt, wenn der Hund nahe zu einem ist, und indirekt, wenn er nicht in direktem Einflussbereich ist. Einfach nicht lange herummachen, immerhin hat er gehört und verstanden, was man gerade signalisiert hat und er fürchtet sich nicht, ansonsten gibt es nichts zum Herbeiführen. Bei einer normalen Beziehung beugt man sich halt mal kurz zu ihm, um das Gewünschte zu erreichen, oder man zieht eben an der Schleppleine, wenn man noch eine braucht. Man gibt einen leichten Klaps oder es trifft ihn auch mal ein Sofakissen. Was im Rahmen der drei Tabus halt gerade auf einfache Weise machbar ist, wenn die Kommunikationssituation in aller Selbstsicherheit allen Protagonisten klar ist, aber der angesprochene Zögling einen willentlich ignoriert. Einfach zielorientiert, selbstsicher und unmittelbar die Ignoranz stoppen, ohne sich unnötig zu wiederholen, dabei einen Streit oder eine Diskussion zu beginnen und selbstverständlich ohne dabei den Schützling in Angst und Schrecken zu versetzen. Hier und jetzt hat der Zögling in einer problemlosen Situation verstanden was man sinnvoll und vernünftig möchte, dann handelt man unbeirrt, zielorientiert und sinnvoll hier und jetzt, wenn er es ignoriert.

Noch ein Wort zur Art und Weise

Nicht brutal werden. Vor allem bei statischen Kommandos, also Sitz, Platz und Steh, ist es mitunter sogar wichtig, das Kommandosignal tatsächlich auch mal zu wiederholen, doch nicht ohne vorher zu handeln. Das Handeln ist das Stoppen der Ignoranz. Man verbietet sich vom Zögling missachtet zu werden, doch muss man hierbei vernünftige Grenzen erkennen, wobei man den Grundrespekte noch mal überdenken sollte. Möchte er einem einfach den Rücken kehren, darf man ruhig mal anfassen und die Ignoranz stoppen. Man lässt seinen Kommunikationspartner nicht einfach weglaufen, wenn die Voraussetzungen für vernünftige Kommunikation gegeben sind. Doch dann einfach in das Sitz pressen führt meist nur Schlechtes nach sich. Man hält ihn also unmissverständlich und wortlos auf, wenn er einen rotzfrech ignorieren möchte, nachdem man eine Anweisung zu einer Körperhaltung gegeben hat. Dann sollte man wieder loslassen können, ohne dass er sich sogleich wieder abwendet. Wenn es sein muss, stoppt man ihn ein weiteres Mal, bis er eben da bleibt und damit Kommunikationsbereit ist. Die Ignoranz ist dann weit genug unterbunden und man kann das „Sitz“ oder was man gerade für ein statisches Verhalten verlangen wollte erneut sagen. Denn es ist oft so, dass der Schützling etwas verwirrt ist, wenn man sich endlich mal durchsetzt und er dann auch nicht mehr unbedingt an das denkt, was man gerade sagte. Der Schützling ist sodann also eher überrascht, woraufhin er einen nicht mehr ignoriert. Er denkt in seiner Überraschung aber auch nicht mehr an das Signal, das man gesagt hatte, bevor man ihn aufgehalten hat. Man hat sich dann also als Person in den Vordergrund gebracht, nicht aber das Signal. Das Vorsichtsdenken des Zöglings verdrängt dann schnell das eben Gesagte, doch ignoriert er ja dann nicht mehr, womit man soweit zufrieden ist. Also: Ihn einfach körperlich nicht davon geraten lassen, wieder loslassen und das „Sitz“ erneut sagen, wenn er dann akzeptiert hat, in dieser Interaktion jetzt nicht einfach davonlaufen zu dürfen. Das ist vor allem anfangs, wenn man beginnt, sich nicht mehr ignorieren zu lassen, die sinnvollste Vorgehensweise, da die Überraschung des Zöglings meist groß ist.
Bei den einfacheren Dingen, wie „Hier“ oder „Nein“ braucht man nach dem Stoppen einer Ignoranz meist nichts zu wiederholen. Bei der Unterlassung schon gar nicht, da er nichts ausführen muss. Bei dem Daseinskommando sollte man, nachdem man sich durchsetzen musste, konzentrationssteigernd agieren - also „feines Hier; braves Hier...“. Doch die empfehlenswerten Signale und die Konzentrationssteigerung werden in den beiden nachfolgenden Kapiteln behandelt.

Die eigene Haltung

Im Rahmen der drei Punkte: gehört und auf sich bezogen, verstanden sowie fürchtet sich nicht, zeigen sich auch zwei grundsätzliche Gedanken, welche man überdacht haben sollte, noch bevor man das Signal ausspricht. Wenn man sich an seinen Zögling wendet, dann hat das auf eine bewusste Weise zu geschehen. Oft sieht man Hundehalter, welche eher nebenher ein Kommando aussprechen. Da wird das Auto abgeschlossen, während der Hund in der Gegend herum rennt. Nebenbei wird dann etwas wie „Hier" gerufen, während die Aufmerksamkeit am Auto oder dem Gesprächspartner ist und der Hund ungeachtet weiter rennt. Oder es wird ein Kommando gegeben, um den Mitmenschen zu signalisieren, dass man ja was gesagt hat. Ob der Hund dabei folgt, ist diesen Hundehaltern oft gleichgültig. Von vielen Menschen wird also häufig etwas gesagt, weil es normal ist, was zu sagen. Dabei wird eine Reaktion gar nicht verlangt oder sogar nicht einmal erwartet. In einer anderen Situation, in welcher die gewünschte Reaktion auf das Kommando diesen Hundehaltern tatsächlich wichtig wäre, werden sie dann ungehalten, wenn der Hund nicht folgt. Und das, obgleich sie ihm beigebracht haben, dass es nicht gelten muss. Oder es wird, wie bereits besprochen, etwas verlangt, wobei der Schützling in eine ganz unschöne und sogar zu fürchtende Situation geraten würde. Das ist den Menschen dann oft nicht klar, da sie ihre Kommandoworte einfach aussprechen, ohne sich darüber bewusst zu sein. Dann eine Repressalie zu erteilen, wäre ebenso misshandelnd wie das andere schlechte Beispiel, bei welchem Hundehalter ein Kommando erteilen, welches sie ihrem Schützling gar nicht beigebracht haben oder er einfach noch zu jung ist, um mitten aus dem Spiel gerufen zu werden. Man muss seine Signale also bewusst zu seinem Schützling senden; man muss sich bewusst sein, dass man es verlangen kann und dass, sobald man es ausspricht, der Hund jetzt der Kommunikationspartner ist und er einen nicht zu ignorieren hat. Falls man einen Welpen vor sich hat, der noch nichts zuverlässig beigebracht bekommen haben kann, dann bedient man sich eines rein emotionalen Handelns. Man wird also motivierend, indem man etwa in die Hocke geht und liebevoll oder spaßig anspricht, ohne dabei ein zukünftiges Kommandowort zu verwenden. Also: Nicht einfach Kommandoworte um sich werfen, ohne dass es Sinn macht.

Der zweite Gedanke, welcher bereits gedacht werden sollte, bevor man das Signal gibt, ist, was man denn machen wird, wenn er es nicht befolgt. Es wird also nicht erst nachgedacht, wenn er einen ignoriert. Man ist gedank-

lich also auf eine eventuelle Ignoranz vorbereitet, zumindest, solange man noch in der Phase der Erziehung ist.
Somit, mit diesen beiden Gedanken, ist man immer gewappnet. Man startet also fair und sinnvoll eine Interaktion und man handelt unmittelbar, wenn die drei Faktoren gegeben sind und der Zögling einen stehen lassen will. Die drei Faktoren können nur gegeben sein, da man das beigebrachte Signal ja bewusst und adäquat ausgesprochen hat. Ansonsten, wenn es also unsinnig gewesen wäre, hätte man es gelassen.

Erinnerung

Falls Unsicherheit der Grund ist, warum der Hund das Gehörte und Verstandene nicht befolgt, wird nichts durchgesetzt, sondern angeleitet. Mit netter Stimme dem Schützling die Sorgen nehmen, damit er sich in die Situation, die man haben möchte, hinein getraut und sich die Verunsicherung im Schützling auflöst. Ist er aber rotzfrech, indem er bei aller Selbstsicherheit ignoriert, was man sagte, dann führt man herbei, sprich, man beendet die Ignoranz auf direkte oder indirekte Weise. Aber weder bei Unsicherheit noch bei Frechheit wird unnötig das Kommandowort auf den Kopf des Hundes gebellt. Einmal neutral oder freundlich sagen und dann anleitend werden, also mit netter Stimme und Gestik handeln, wenn es gehört und verstanden wurde, der Zögling aber eine Verunsicherung verspürt, oder möglichst wortlos handeln (z. B. Leine zu Füßen des Ignoranten werfen), wenn er es selbstsicher ignorieren möchte. Die Art der Handlung nach einem sinnvollen, aber nicht beantworteten Signal hängt also davon ab, ob der Schützling einfach keine Lust hat oder ob er verunsichert ist.
Falls er nach einem sinnvollen Herbeiführen dann verunsichert wäre, kann man durch ein Lob immer noch signalisieren, dass nun alles wieder gut ist. Immerhin macht er ja dann das, was man wollte. Das bedeutet, dass es gleichgültig ist, ob der Zögling soeben frech ignorieren wollte oder er sogleich getan hat, was man wollte: Man lobt, wenn man durchgesetzt hat und daraufhin Unsicherheit im Zögling entstanden ist oder ob er sogleich auf einen eingegangen ist, man aber noch lehrend ist.
Es ist also wichtig zu erkennen, dass Unsicherheit auch schnell bei bekannten und erlernten Anweisungen auftauchen kann, wenn man sich mal durchsetzt. Das kann auch passieren, wenn man nett und lieb das herbeiführt, was man eben verlangt hat. Ob der Kommunikationspartner schnell verunsichert ist, hängt von dessen Naturell, seiner Charaktere, also letztlich

von seiner Selbstsicherheit ab. Also: Immer nett werden, wenn Unsicherheit auftaucht, denn der Hund ist dann nicht mehr frech, wenn er das Kommandosignal nach einem Durchsetzen nicht sauber macht, sondern eben verunsichert.
Es ist also unablässig, die Intention, bzw. die Gefühlshaltung, seines Zöglings lesen zu lernen. Wenn man sich selbst nicht sicher ist, was im Schützling los ist, dann wird man immer nett. Lieber einmal mehr nett sein, als einmal tyrannisch. Die Hauptsache ist aber immer, zu handeln, wenn das Signal zwar gehört und verstanden wurde, aber nicht befolgt wird. Dann gibt es nur die zwei Möglichkeiten: Lieb, also erklärend werden oder herbeiführen, also sich durchsetzen. Aber es wird gehandelt, wenn das Signal gehört und verstanden wurde, ohne sich unnötig zu wiederholen. Immer. Das Wie ergibt sich aus der Intention, bzw. der Gedanken- und Gefühlshaltung des Hundes – es ergibt sich daraus, warum er das gehörte und verstandene Signal nicht beantwortet.

Wichtiger Abschluss zum Herbeiführen

Am Anfang dieses Kapitels wurden die drei Voraussetzungen für ein Herbeiführen geklärt, welche unabdingbar sind. Nur dann ist es eine bewusste Ignoranz des Zöglings.
Nun ist es aber ebenso wichtig zu verstehen, dass ein jegliches Herbeiführen in der Erziehung, also ein jegliches Handeln, um sich als Familienoberhaupt durchzusetzen, so schnell als möglich weniger werden muss. Ansonsten, wenn ein Stoppen von Ignoranz nicht weniger wird, stimmt etwas nicht. Man bewegt sich auf zwei Standbeinen: Einerseits der Persönlichkeitsabgrenzung (Grundrespekt), andererseits der Klärung aller zukünftig unmissverständlichen Signale (die, landläufig als Kommandos bezeichneten Worte).
Lässt das Herbeiführen beziehungsweise Durchsetzen nicht nach, dann stimmt mindestens eines der Standbeine nicht. Anders ausgedrückt kann man sagen, dass die beiden Standbeine umso besser fundamentiert sind, je schneller ein Durchsetzen nachlässt. Vor allem wenn das erste Standbein sehr gut etabliert ist, dann wird ein Durchsetzen nicht notwendig werden, da der Zögling dann selbst bei Unklarheiten auf seinen Familienvorstand reagieren wird, wenn er sich angesprochen fühlt. Dann muss lediglich beigebracht werden. Je unmissverständlicher die Persönlichkeitsabgrenzung hinsichtlich der Entscheidungsgewalten innerhalb der Familie etabliert ist,

umso eher akzeptiert derjenige, der in dieser Sozialstruktur weniger Entscheidungsgewalt hat, aber mitleben möchte, die vom Entscheidungsträger empfangenen Signale. Je schlechter die Klärung der Entscheidungsgewalten, umso mehr gibt es Theater, wenn man versucht, etwas zu verlangen. Allenthalben nimmt der Zögling dann die Erziehungsversuche seines Menschen als Missstand seines Lebens hin, aber er geht noch lange nicht darauf ein. Wird man also nicht ernst genommen, braucht man nicht versuchen, etwas zu verlangen. Dann sollte man zunächst einmal darüber nachdenken, warum man nicht respektiert wird. Dann findet man den Grund dafür, warum man nicht ernst genommen wird, in seinem eigenen, alltäglichen Verhalten. Beleuchtet man sich selbst, kann man oft erkennen, wie man im Alltag seinem Schatz hinterherläuft, ihn umgarnt, unnütz auf ihn einredet, man ständig seine Wünsche erfüllt und so weiter. Derjenige, der unsere erwachsene Gesellschaft und unser Staatsgeschehen nicht durchschaut, muss schon den Entschluss fassen: „Der taugt was. Das ist eine Persönlichkeit, die weiß, was sie will. Mit diesem liebevollen, aber unbeirrbaren Menschen möchte ich leben, weil der weiß, wie's läuft." Bei einem Kumpel denkt sich der Ausgelieferte eher etwas, wie: „Schön, dass der da ist, wenn ich Lust auf ihn habe." Schafft man es nicht, eine selbstsichere und positive Persönlichkeit zu sein, dann gibt es auch keine Repressalien zu verteilen. Man würde ansonsten nur dafür „strafen", dass man sich selbst als unglaubhaft darstellt – man würde misshandeln.
Andererseits muss natürlich immer klar sein, was man gerade möchte. Die klaren Signale, also die Kommandoworte, müssen nett, liebevoll, spaßig, aber unmissverständlich und eindeutig geklärt und erklärt worden sein. Der Prozess des Beibringens muss also entspannt und ohne jeden Zweifel abgeschlossen sein. Auf die Frage hin, ob der Hund das jeweilige Wort kann, darf keine Überlegung im Raume stehen. Erst wenn hierauf mit aller Objektivität selbstsicher mit einem klaren Ja geantwortet werden kann, ist das Standbein der Klarheit in diesem überdachten Signal abgehakt.

Heißt also, dass ein jedes indirektes Herbeiführen, wie zum Beispiel mal die Leine zu Füßen des Ignoranten plumpsen zu lassen, so schnell als möglich in der Häufigkeit des Einsatzes nachlässt. In der ersten Woche wirft man fünf Mal, in der zweiten drei Mal, in der dritten ein Mal und in der vierten Woche hat man die Leine nur noch zur Vorsicht zusammengeknüllt in der Hand, während man eine vernünftige Anweisung nett oder neutral unmissverständlich ausspricht. Und irgendwann denkt man nicht mehr daran sich durchsetzen zu müssen, da der bedürfnisbefriedigte Zögling bei allem

Kuscheln und Spielen dennoch akzeptiert, wenn der liebevolle Familienvorstand mal was verlangt.

Beim direkten Durchsetzen hingegen lässt so schnell als möglich die Intensität nach. Heißt also, dass man sich beim direkten Herbeiführen immer weniger bemühen muss, die Akzeptanz zu erreichen. Der Zögling macht das Verlangte immer mehr selbst. Anfangs hat er einfach keine Lust auf das Signal. Schnuppert er z. B. drei Meter weiter gemütlich an einer besonderen Stelle, während Jogger des Weges kommen, dann ist es durchaus sinnvoll, seinen Schatz heran zu rufen. Wenn er dann aber keine Lust hat seine Schnupperstelle aufzugeben, dann kann man ruhig hin gehen und ihn mitnehmen, dorthin wo man sagte, dass er herkommen soll. Es genügt sanft und ohne Eile am Halsband zu ziehen, wobei er versteht, wer das macht und er weiß worum es geht, da man ohne Zeitverzögerung handelte, sobald man die Ignoranz erkannte. Dort angekommen, wo man ihn ursprünglich gerufen hatte, lässt man augenblicklich wieder los und man kann sogar lobend werden, falls er nun etwas verunsichert wäre. Wenn die Jogger vorbei sind, wird er nach der erfolgten Akzeptanz einfach wieder aus der Anweisung entlassen. Sollte er beim nächsten Herrufen noch einmal die Frechheit haben, das gehörte und verstandene Signal furchtlos ignorieren zu wollen, macht man sich wieder auf den Weg, um herbeizuführen. Wenn er einen respektiert, dann kommt er einem plötzlich auf halber Strecke entgegen. Dann fasst man ihn gar nicht mehr an, sondern geht mit ihm zusammen dahin, wo man es gesagt hatte. Ist er tatsächlich ein drittes Mal so frech, dann wird man sehen, wie er einem entgegen eilt, sobald man sich anschickt, den ersten Schritt auf ihn zuzugehen, um herbeizuführen. Und beim vierten Mal genügt der Blickkontakt, wenn er sich versichert, ob man es wirklich ernst meint, woraufhin er sich auch schon in Bewegung setzt. Ein fünftes Mal gibt es dann nicht.

Je höher der Grundrespekt ist, umso weniger muss also etwas herbeigeführt werden. Beziehungsweise lässt ein Herbeiführen so schnell nach, wie der Grundrespekt hoch ist. Die Klarheit der beigebrachten Signalworte hat dabei von Anfang an hundertprozentig zu sein.

Bei diesen Gedankengängen sieht man auch, dass eine Ignoranz bereits vorbei ist, wenn der Zögling mit dem aufhört, was er eben machte, sobald man ihn ansteuert. Im obigen Beispiel schnupperte der Schützling an einer Stelle, als man ihn, aufgrund der Jogger, zu sich rief. Kann sein, dass man ihn bei Ignoranz einmal gänzlich zu sich holt. Kann auch sein, dass er bereitwillig mitgeht, sobald man ihn sanft nur zwanzig Zentimeter in die Richtung zog, in die er freiwillig hätte kommen sollen, womit man dann aufhört zu ziehen, denn er ist dann nicht mehr ignorant. Beim nächsten Mal kann es ein, dass

er aufhört zu schnuppern und er einen anschaut, wenn man sich auf ihn zu bewegt, um herbei zu führen. Dann ist er nicht mehr ignorant. Kommt er einem dann nicht sogleich entgegen, sondern sieht einen einfach nur an, dann kann man in etwa von folgendem Gedanken ausgehen: „Kacke, der lässt sich das nicht gefallen!“ Dann ist er gedanklich bereits bei seinem Menschen, womit er nicht mehr ignorant, aber verunsichert ist. Man geht dann nicht weiter auf ihn zu, sondern man hat dann anleitend zu werden, indem man mit netten Worten signalisiert, dass alles gut ist, wenn er einen nicht ignoriert. Er wird sich dann getrauen, das Verlangte zu machen, wobei er auch gelernt hat, dass Ignoranz nicht geduldet wird.
Man sieht hier auch wieder, dass immer Qualität die Rolle spielt und nicht Quantität.

Je mehr man ignoriert wird, umso mehr sollte man aufhören sich durchsetzten zu wollen. Dann setzt man sich Zuhause hin und überdenkt den Grundrespekt und die Klarheit in den Signalen. Dabei findet man bei sich selbst mindestens in einem der beiden Standbeine einen Fehler oder ein verbesserungswürdiges Verhalten. Im Umkehrschluss heißt das auch, dass ein jedes Durchsetzen verschwindet, wenn beide Standbeine sinnvoll etabliert sind, der Zögling ein liebevoll familiäres, bedürfnisbefriedigtes Leben führt und kein Krankheitsbild gegeben ist.

Eine selbstbewusste Ignoranz lässt man sich also, ganz souverän, nicht gefallen. Man führt, im Rahmen der drei Tabus und unter dem Bewusstsein der drei Voraussetzungen, das herbei, was man sagte, ohne sich zu wiederholen. Wenn die Voraussetzung der Klarheit gegeben ist, dann ist dabei der Grundrespekt das Maß dessen, in wieweit, wie oft und wie intensiv etwas herbei geführt werden muss. Lässt es nicht nach und scheint es ohne Schmerz und Aggression nicht zu werden, dann hat man nichts herbei zu führen. Denn dann ist man für seinen Hund leider nur ein unumgängliches Übel, der Kumpel oder der dumme August, oder er kann nicht verstehen, was man von ihm möchte. Es kann auch sein, dass weder der Grundrespekt noch die Klarheit in den Signalworten stimmt, oder er hat sogar Angst. Im schlimmsten Fall ist sogar ein pathologischer Grund gegeben. Der Zögling hat also niemals Schuld, wenn der Erziehungsberechtigte sich ständig durchsetzen muss oder wenn derjenige, der gern Familienoberhaupt sein möchte, meint, derb sein zu müssen. Der Ausgelieferte erkennt sein Gegenüber immer richtig, und zwar so, wie derjenige ist. Dabei interessiert es nicht, wer derjenige, der sich den Ausgelieferten angeeignet hat, gerne sein möchte.

Ergebnis

Der Indikator für die Beziehung innerhalb verschiedener Entscheidungspositionen ist die Häufigkeit der Ignoranz, die dem Entscheidungsträger in gewünschten Interaktionen oder in Begegnungen entgegengebracht wird. Hier sieht man immer denselben Indikator: Wie oft muss der Entscheidungsträger Ignoranz stoppen? Wird ein eventuelles Durchsetzen in ignoranten Situationen furchtlos weniger, ist man letztendlich zu recht der Entscheidungsträger und nicht nur der Möchtegern.
Kurz gesagt müssen Situationen, in denen man als Familienoberhaupt ignoriert werden möchte, so schnell als möglich weniger werden und letztlich verschwinden. Der klare, bedachte, ausgeglichene und sinnvolle Interaktionswunsch ist dabei natürlich ebenso maßgeblich, wie die unbeirrbare, sanfte und ausgeglichene Persönlichkeit desjenigen, der die Interaktion wünscht. Wenn Ignoranz im Interaktionswunsch furchtlos verschwindet und der Zögling in seinem Alltag Bedürfnisbefriedigung, Ausgeglichenheit, Fröhlichkeit und Zuneigung empfindet, weiß man, dass man es richtig macht.

Welche Verbalsignale sind wichtig?

Angenommen man geht im Badeoutfit, einerseits mit dem Handtuch unterm Arm und andererseits mit einem Sandwich in der Hand, um den See und der Hund ist ohne Leine dabei. Irgendein Equipment ist mangels Hosen- oder Jackentaschen nicht greifbar, zumal man ohnehin keine Hand frei hat. Oder man belädt das Auto, während der Hund in der Einfahrt herum steht, bzw. schnuppert und der Nachbarshund oder Kater taucht, eventuell noch auf der anderen Straßenseite, auf. Oder noch banaler ist es, wenn man spazieren geht und der Hund befindet sich, mit Blick auf die entgegenkommenden Spaziergänger, vor einem. Was muss man denn in solchen Alltagssituationen signalisieren können, wenn man seinen Hund vernünftig lenken können möchte? Bei dieser Überlegung bedenkt man auch nochmal, worum es geht: Man möchte nicht gesellschaftlich anecken und man sollte seinen Schützling aus Gefahren heraushalten können. Auf diese Frage, welche Signale denn nun wichtig sind, kommen nach einigem Überlegen oft die üblichen Antworten: „Sitz", „Platz" und manchmal auch „Fuß" und dazu noch eher schwammig angebotene Sachen wie, „dass er herkommt oder dableibt". Ein Signal, auf welches hin der Hund eine bestimmte Körperhaltung einnehmen sollte, braucht man in diesen Situationen nicht. Im Alltag kann so etwas gelegentlich erleichternd sein, doch ist es kein Muss. Außerdem genügt meist auch eines dieser typischen, statischen Kommandos, wie etwa das ganz gewöhnliche „Sitz", wenn man eines haben möchte. Da braucht es meist nicht mehrere, außer man möchte irgendwelche Prüfungen laufen. Und ein Fuß braucht es auch nicht, wenn der Hund auf das entsprechende Signal dableiben kann, außer wiederum, man möchte Prüfungen laufen. Aber im alltäglichen Einerlei, wie in den obigen Bespielen, braucht man nur vier klare Signale, mit welchen man den gesamten Alltag bewältigen kann: Ein Signal zur Aufmerksamkeit, eines, um eine Unterlassung anzuweisen, ein Daseinskommando und aus dem Dasein eine Entlassung. Wenn auf diese vier Dinge Verlass ist, kann man jede Situation meistern. Nicht falsch verstehen, man kann und darf so manches beibringen. So lange Klarheit herrscht, darf man beibringen was immer man will. Hauptsache, die einzelnen Signale sind für den Zögling unmissverständlich. Doch um so schnell als möglich einen alltagstauglichen und gesellschaftsfähigen Begleithund bei sich zu haben, sollten erstmal die elementaren Vier erfolgreich erarbeitet werden.

Um die Notwendigkeit der Vier zu verstehen, werden sie im Folgenden genauer beleuchtet:

Das Daseinskommando.

Man sollte den Hund zu sich heran rufen können. Dafür gibt es zwei Gründe.
Angenommen der Hund liegt in der Sonne und es kommt ein Auto heran gefahren und möchte genau dort parken, wo der Hund liegt. Weiterhin angenommen, der Hund fürchtet sich nicht, obgleich hinterm Steuer gehupt und gezetert wird. Der Hund macht gerade nichts. Er liegt nur in der Sonne. Es wäre unsinnig, seinem Zögling nun eine Unterlassung zu signalisieren. Wenn er einen respektiert, dann würde Verunsicherung die Folge sein, wenn zu ihm „Nein" gesagt werden würde, da er soeben ja gar nichts macht. Seine Gedanken sähen dann in etwa so aus: „Oh je, was soll ich denn gerade sein lassen? Ich mach doch gar nichts!" Andererseits kann man sich mit einer Ansprache, die auf Motivation beruht, kaum verständlich machen. Ein Satz, wie: „Geh mal einen Meter beiseite.", wäre also auch nicht sinnvoll. Das versteht er doch nicht und man kann per emotionalem Ansprechen keine genaue Verhaltensweise anweisen. Also, was bleibt übrig? Man ruft ihn mit dem entsprechend beigebrachten Signal, wie zum Beispiel „Hier", zu sich. Hält der Hund sich also jemals wo auf, wo er gar nichts macht, er aber aufgrund der Örtlichkeit dort stört, so bleibt einem nichts anderes übrig, als ihn heran zu rufen. Dann ist er jedes Mal weg von dort, wo er sich eben noch ungünstiger Weise aufgehalten hatte. Und sei es nur, dass er hinter der Ladentüre steht und auf die Fußgängerzone schaut. Entweder der nächste Kunde würde sich angesichts des Hundes nicht herein trauen, oder der nächste, der durch die Türe tritt, quetscht dem Hund die Nägel oder Zehen unter den Türspalt. Also ruft man ihn heran, dann ist er nicht mehr dort. Darf er dann wieder gehen und er steuert wieder die Türe an, dann kann man immer noch das Unterlassungssignal aussprechen, da er sodann ein klares Ziel in seinen Gedanken hätte.
Der zweite Grund, um einen Hund heranrufen zu können, ist dahingehen wichtiger, da diese Situation wesentlich häufiger vorkommt. Es ist das Gesellschaftsprinzip. So manche Menschen mögen keine Hunde oder sie fürchten sich vor ihnen. Dabei ist es bei manchen Menschen tatsächlich gleichgültig, wie jung, alt, klein oder groß der Hund ist. Und dies geht einen selbst auch gar nichts an. Warum auch immer mein Gegenüber keinen

Kontakt mit meinem Hund möchte, ich habe es zu respektieren. Steht man also irgendwo und der Hund hält sich nicht eng bei einem auf, genügt dies mitunter, dass so mancher Mensch sich nicht mehr wohl fühlt, spätestens wenn er einen passieren möchte. Und wenn der Hund auch nur drei Meter weiter völlig entspannt am Wegesrand schnuppert oder einfach nur in der Gegend herum steht, der Wanderer, Radfahrer oder Jogger traut sich mitunter nicht vorbei. Es kann auch sein, dass sich jemand einfach nur in seiner Annahme der „Verantwortungslosigkeit“ von dem Feindbild des Hundebesitzers bestätigt fühlt. Dementsprechend ruft man seinen Hund einfach heran, sobald sich jemand gezwungen sieht, den Hund passieren zu müssen. Zumindest macht man das dann, wenn man nicht deutlich die Entspannung seines Gegenübers erkennen kann.

Dann sieht dieser Mensch drei Dinge. Einerseits wird erkennbar, dass der Hundebesitzer seine Pflicht hinsichtlich der Gesellschaft wahr nimmt. Andererseits ist zu sehen, dass zu diesem Hund nur ein Signal auf entspannte Weise gesagt werden muss, und er kommt zu seinem Menschen. Es wird also erkennbar, dass dieser Hund folgt. Schlussendlich sieht dieser Mensch dann auch, dass der Hundebesitzer seinem Hund wieder habhaft ist. So mancher bedankt sich dann sogar, was ich vor allem bei Joggern schon häufig erlebt habe, oder man bekommt sogar ein nettes Feedback wie: „Das ist aber ein gut erzogener Hund.“ Damit kann man also auch der Hundefeindlichkeit entgegen wirken, welche mancherorts seit einigen Jahren vordergründig geworden ist. Die Gesellschaft sollte einfach mal wieder erfahren, dass es auch erzogene Hunde gibt.

Letztendlich braucht man also ein Signal, auf welches der Hund zu einem kommt, damit man sich in der Gesellschaft vernünftig bewegen kann.

Damit die Aufgliederung in diesem Kapitel nicht verwirrend wird, lasse ich das hier nun mal so stehen. Beim, später in diesem Kapitel aufgeführten Signal, welches eine Anweisung beendet, wird dieses „Herrufen“ noch einmal aufgegriffen und weiterhin durchschaubar.

Das Unterlassungskommando.

Würde man nur ein Kommandosignal haben dürfen, so wäre das Unterlassungssignal die beste Wahl. Nebst zwei großen Vorteilen beinhaltet es viel Natürlichkeit. Der eine Vorteil bezieht sich auf einen wichtigen Umstand, um innere Ausgeglichenheit und Besonnenheit zu entwickeln: Die Entscheidungsfreiheit. Je mehr man eingesperrt ist (die Leine, der Gartenzaun, das Ausführungskommando, usw.) umso weniger kann man Ausgeglichenheit oder Besonnenheit empfinden. Schaut man sich die Hunde an, welche viel an der Leine sein müssen oder welche nur hinter dem Zaun leben, dann sind das meist auch die besonders lauten und unruhigen Hunde. Erst im Alter werden sie dann mitunter ruhig, was dann aber nur aufgrund eines Abstumpfens passiert ist. Das Signal für eine Unterlassung ist natürlich auch keine reine Entscheidungsfreiheit, doch zielt es in die richtige Richtung. Angenommen man befindet sich auf dem Spaziergang und begegnet dabei jemandem, mit dem man sich zu unterhalten beginnt. Fortan verweilt man dort mit demjenigen. Währenddessen kann der Hund doch in der Gegend herum schnuppern, sich sonnen, sich zu seinem Menschen gesellen oder sonst etwas machen, was nicht unerwünscht wäre. Warum denn nicht? Er muss und soll doch leben. Nun findet er aber etwas. Mitunter ist man sich nicht einmal sicher was, doch könnte es etwas sein, womit man nicht einverstanden ist. Wenn es eine Mausleiche ist, so muss man wieder entwurmen, falls er sie isst, wenn es Kot ist, kann man dasselbe Problem haben oder man hat keine Lust mehr, seinen Hund zu berühren, wenn er den Haufen essen sollte - man ekelt sich dann, wobei der Hund kein Problem damit hat. Oder es ist sogar ein Giftköder, je nachdem, wo man sich befindet. Situationsbedingt möchte der Mensch nun handeln, doch wie genau? Da viele Hundebesitzer es nicht besser wissen, wird der Hund dann oft her gerufen. Und da er nicht da bleiben kann, wird er dann meist in ein Sitz-Kommando beordert oder an die Leine genommen. Jetzt sollte man sich aber mal die Situation verdeutlichen: Ab jetzt ist dem Hund sein Leben schon wieder vorbei, denn er ist ab jetzt wieder aller Entscheidungsfreiheit enthoben. Aus und vorbei, mit den Sinneseindrücken auf dem Spaziergang, da dort etwas liegt, was dem Menschen nicht behagt. Ein einfaches Unterlassungssignal, wie zum Beispiel ein beigebrachtes „Nein", sollte doch genügen. Wenn die Handlung, welche der Schützling gerade unternimmt, dem Familienvorstand nicht gefällt, so wird das Unterlassungssignal geäußert und der Kommunikationspartner hat dahingehend seine eben noch unternommene Handlung zu unterlassen. Aber eben die gerade unternommene Handlung, deshalb ist doch noch lange nicht das Leben vorbei. Er hat hier und jetzt seine Handlung zu unterlassen, wenn das Familienoberhaupt es sagt, was in Bezug auf das obige Beispiel bedeutet, dass er sich mit diesem Gegenstand augenblicklich nicht mehr zu befassen hat. Er wendet sich daraufhin von dem Gegenstand ab, kann anschließend aber alles andere machen. Sich sonnen, anderweitig herumschnuppern, spielen gehen, den nächsten Busch markieren, sich zu seinem Menschen gesellen oder sonstiges, was eben nicht durch das Unterlassungskommando untersagt worden war.

Die meisten Menschen sagen ihren Hunden laufend was sie tun sollen, anstatt dass der Hund einfach, in Korrespondenz mit seinem Menschen, sein Leben genießen darf. Natürlich gibt es Situationen, in welchen man eine bestimmte Handlung anweisen muss, damit man gesellschaftlich nicht aneckt oder der Zögling in Gefahr gerät. Doch wenn man mal kurz darüber nachdenkt, so ist es meist die Handlung vom Zögling, welche stört, nicht dessen Gegenwart. Und diese unerwünschte Handlung sollte man mit dem Unterlassungssignal unterbinden können, anstatt seinen Sozialpartner ständig in bestimmte Köperhaltungen oder an bestimmte Örtlichkeiten zu befehligen. Es ist sogar empfehlenswert, dieses Grundprinzip in Anlehnung an den Indikator für die gute Beziehung, immer mehr in den Vordergrund treten zu lassen. Je mehr man also erlebt, dass man von seinem Schützling nicht ignoriert wird, wenn man eine Interaktion startet, umso mehr ist zu bevorzugen, etwas zu unterbinden, anstatt unnötig häufig anzuweisen, was der Zögling machen soll. Immer nur in Körperhaltungen und an Örtlichkeiten zu befehligen ist irgendwann keine schöne Beziehung mehr. Man darf nicht unterjochen, benutzen oder unterdrücken, was man erst recht nicht macht, wenn ohnehin schon akzeptiert wird, wer hier das Familienoberhaupt ist. Derjenige, der weniger Entscheidungsgewalt hat, ist also derjenige, der sich an das halten sollte, was das Familienoberhaupt verlangt. Wenn dieses Familienoberhaupt dann ständig sagt, was derjenige zu tun hat, dann ist es eine Art Sklavenverhältnis. Wenn aber nur dann gesagt wird, was getan werden sollte, wenn es unumgänglich ist und ansonsten nur gesagt wird, was soeben stört, also unterlassen werden sollte, dann ist es ein Miteinander unterschiedlicher Entscheidungspositionen. Derjenige, mit weniger Entscheidungsgewalt, also das Kind, der Angestellte, der Hund, o. ä., empfindet dann innerhalb dieser Sozialstruktur dennoch eine, auf sein Leben bezogene Entscheidungsgewalt. Eben in Form von: „Na, wenn das gerade stört, dann mach ich halt was anderes." Anstatt ständig das: „Jetzt muss ich schon wieder nach seiner Pfeife tanzen." zu empfinden.

Ein weiterer Vorteil des Unterlassungssignals ist schneller abgehandelt. Bei einer Anweisung etwas zu unterlassen, übersetzt man eigentlich den Brummler aus der Natur, welcher bedeutet, dass die Handlung des Gegenübers einem gerade missfällt. In Anlehnung an die Erklärungen zur Höhe des Rangunterschieds sollte auch klar sein, dass man das „Nein" nicht laut oder gar aggressiv äußern muss, damit es befolgt wird, ansonsten stimmt die Höhe des angestrebten Rangunterschieds wieder nicht. Wenn man im Französischen lernt, dass voiture Auto heißt, dann muss es einem auch nicht ins Gesicht gebrüllt werden, damit man es versteht. Wenn man seinem Hund erklärt hat was „Nein" heißt, verhält es sich nicht anders. Und da das, was stört, meist die Handlung vom Hund ist, welche stört und nicht sein bloßes Zugegensein, ist der große Vorteil des Unterlassungssignals schnell erkannt, denn man kann damit jede Handlung unterbinden. Zu jeder klaren Handlung kann man „Nein" sagen, sei es, dass der Schützling einen Radfahrer oder Wanderer behelligen möchte, sei es, dass er zu dem anderen Hund gehen möchte oder er an die falsche Stelle markieren möchte, usw. Oder er macht sich auf den Weg zu einem Busch oder sonst etwas, was einem einfach zu weit entfernt ist, oder es wäre einem unangenehm, wenn er den Kopf in die abgestellte Einkaufstüte steckt. Oder man möchte nicht, dass der Schützling irgendeinen dargebotenen Mist von irgendeinem Spaziergänger isst. Was auch immer, man kann die klare Handlung mit einem ganz normal ausgesprochenen „Nein" belegen, um die Handlung zu beenden, und sei es nur, wenn man sich zu Besuch bei Freunden befindet und der Hund beschließt: „Au ja, ich schau mal, was die so in der Küche haben." Er fällt den Entschluss und macht sich auf den Weg. Dann kommt das „Milli-Nein" und der Zögling verlässt jetzt nicht mehr den Raum, beziehungsweise betritt nicht die Küche, je nachdem wann man es gesagt hat. Wichtig ist nur, dass es sich um eine klar erkannte Handlung dreht. Man erkennt deutlich, was der Hund gerade für einen Entschluss gefällt hat, was man dann auch verbieten kann. Zu einem Blick ist es nicht empfehlenswert, das Unterlassungssignal zu äußern, was leider nur allzu oft von manchen Hundebesitzern gemacht wird. Der Hund starrt in den Wald und man muss eventuell gerechtfertigter weise damit rechnen, dass er sogleich los rennt. Aber im Augenblick starrt er nur. Das ist Grund genug zu handeln, doch nicht mit dem Unterlassungssignal, denn man weiß doch gar nicht, was er denkt. Denkt er: „Sobald ich erkenne, wo die Beute ist, versuche ich sie zu erjagen." oder denkt er: „Da wäre wieder was, aber ich darf da sowieso wieder nicht hin." Im ersten Fall wäre ein Unterlassungssignal nicht schlecht, doch im zweiten Fall wäre es ganz schlecht. Man weiß nicht, was genau er denkt, somit kann man zu einem Blick auch nicht sinnvoll die Anweisung zur Unterlassung äußern, zumal man nach dem Unterlassungssignal auch nicht weiß, was er denkt. Oder erwartet man tatsächlich, dass der Hund weg schaut, wenn man „Nein" zu einem Blick sagt? Das wäre wirklich der Gipfel an Gehorsam, doch bestehen bei vielen Hundebesitzern genug Probleme, eine Lautäußerung ihres Hundes mit der

Unterlassung zu unterbinden, da braucht man es bei einem Starren erst gar nicht versuchen. Man gerät durch solche Dinge, wie einen Blick mit einer Unterlassung unterbinden zu wollen, schnell auf den Holzpfad. Denn, man verlangt nicht, dass er zu einem hersieht, wenn man die Unterlassung äußert, doch wenn der Hund starkes Interesse an etwas hat, wo soll er denn dann hinsehen? Soll er so tun, als wäre nichts, wenn in ihm gerade alles auf die Situation brennt und man zu dem Blick „Nein“ sagt? Das ist zu viel verlangt, vor allem wenn er noch jung ist. Im Fall des Starrens, ist eine Anweisung zu einer Handlung also besser. Und idealerweise das Signal zum Dasein oder, wenn die Beziehung schon besser läuft, das Aufmerksamkeitssignal, bei welchem er sich jeweils von dem, was er anstarrt, abwenden muss und sich einem zuwenden muss. Und zwar jetzt und nicht gleich oder vielleicht.

Des Weiteren gibt es noch etwas Erwähnenswertes zum Unterlassungssignal, was nicht unbedingt ein Vorteil ist, man es aber wissen sollte. Die weitaus meisten Dinge, welche die Menschen ihren Hunden beibringen, haben keine Naturbezogenheit. Es sind immer sogenannte Ausführungskommandos, bei welchen der Hund eine gewisse Körperhaltung einzunehmen hat oder er eine gewisse Örtlichkeit aufzusuchen hat, und sei es sein Mensch. Das alles gibt es in der Natur nicht. Kein Hund sagt zum anderen „Sitz“ oder gar „Fuß“. Es gibt dort nicht einmal das Heranrufen eines Einzelnen. Selbst wenn nur zwei Hunde zugegen sind und sie sich sogar kennen und obendrein ein großer Rangunterschied besteht, so kann keiner den anderen zu sich beordern. Der Hund kann höchstens auf sich aufmerksam machen, doch nicht sagen: „Komm mal her.“ All diese Ausführungskommandos haben wir Menschen frei ersonnen, und wir bemühen uns, es unseren Hunden beizubringen. Das Unterlassungssignal hingegen ist das einzig Natürliche. Es gibt hier und da Anlehnungen an die Natur (Unterwerfung oder Hinter einem gehen), doch das rein Natürliche ist das Unterlassungssignal. Das ist das Einzige, was ein Hund dem anderen, auch verbal, eindeutig anweisen kann, mit der Bedeutung: „Lass das sein.“ Das zeigt also auch wieder klar und deutlich, dass der Angewiesene gerade dabei ist, etwas zu tun, was missfällt. Es handelt sich also nicht um ein Abstraktum, sondern um eine konkrete Handlung. Doch wie sieht das Ganze in der Natur aus? Angenommen, ein ranghoher Hund liegt in der Sonne und döst. Ein rangniederer kommt jetzt heran und schaut mal, was der Chef denn da macht oder hat. Der Selbstsichere fühlt sich gestört und will seine Ruhe. Also brummelt er. Dabei muss er nicht einmal den Kopf heben, laut werden oder gar aufstehen; bei entsprechendem Unterschied in den Entscheidungsgewalten reicht einfach die ruhige, aber klare Äußerung. Er sagt auch nicht: „Versteh bitte, dass ich hier gerade dösen möchte, da ich einen harten Tag hatte. Also spiel bitte woanders, das wäre echt lieb.", wie es in unserer Menschenwelt gerne angestrebt wird. Nein, in der Natur heißt es einfach: „Hau ab." Den anderen geht es gerade einen Dreck an, was der Entscheidungsgewaltigere soeben macht. Dieser sagt einfach, dass er sich gestört fühlt und fertig. Aber was macht dann der Kleine? Na, er geht und lässt das Familienoberhaupt in Ruhe. Er möchte nicht, dass der Souverän sauer wird, und das wird er, wenn er sich noch mal bemühen muss. Doch was macht dann im Gegensatz das Familienoberhaupt, wenn der Kleine sich jetzt schleicht? Ganz klar: Er bleibt liegen und sonnt sich weiter. Die Sache ist erledigt. Die Erkenntnis ist hier, dass das Familienoberhaupt doch nie auf die Idee kommen würde, dem Kleinen jetzt hinterher zu rufen: „Danke, dass du mich in Ruhe gelassen hast." Damit würde er sich ja geradezu lächerlich machen. Doch die Menschen loben immer deutlich, mitunter sogar derart blumig, dass sie sich regelrecht bedanken, wenn der Hund mal auf ein Unterlassungskommando gefolgt hat. Von der Natur lernt man, was die verwöhnte Menschheit verlernt hat. Entweder man ist Familienoberhaupt oder nicht. Und wenn man gerade „Nein." gesagt hat, dann ist das jetzt eben so. Punkt. Der Angewiesene muss jetzt nichts tun, sondern etwas unterlassen. Die darin beinhaltet Natürlichkeit verhindert auch irgendwelche potentielle Irrtümer, wenn man darauf achtet, auch lediglich ganz klare Handlungen zu unterbinden. Nur konkrete Handlungen und keine abstrusen Interpretationen kann man mit einem Unterlassungssignal belegen, dann kann sich der Schützling auch nie irren und alles läuft im natürlichen Rahmen ab, weshalb hier auch nicht gelobt werden muss, ansonsten sagt man „Danke" dafür, dass man gerade als Entscheidungsträger auftreten durfte. Das sollte nicht geschehen, da man dadurch schnell an Position verliert. Nein ist Nein. Da gibt es nichts zu rütteln. Wenn man eine Anweisung zu einer Handlung (Hier, Sitz, Leg-dich, Fuß oder was sonst so beigebracht wird) auch nach erfolgtem Beibringen gelegentlich lobt, ist das nicht gleich schlimm. Dieses Lob äußert man dann in Situationen, in welchen der Hund eventuell mal eine Unsicherheit verspüren könnte oder wenn man es noch beibringen muss, was ja ausschließlich in einer entspannten und freundlichen Atmosphäre gemacht wird - das sind ja die Gründe zum Loben. Oder die Positionen werden eindeutig akzeptiert. Der Hund ignoriert einen also nicht mehr, egal wann was signalisiert wird. Dann in den Ausführungssignalen auch mal sagen, dass er lieb ist, trägt nur zur liebevolleren Beziehung bei. Dies alles wurde beim Thema Lob besprochen. Doch ein Nein, ist immer ein Nein. Da wird grundsätzlich nicht gelobt.

Das Aufmerksamkeitssignal.

Angenommen, man hat von einem Dutzend Freunden und Bekannten Besuch. Man selbst steht dabei in der Speisekammer und wünscht Hilfe beim Hinaustragen der Torte. Wenn man nun in die Räumlichkeiten ruft: „Komm mal eben und hilf mir.", wer kommt dann? Einer, zwei oder drei der Freunde? Oder keiner? Wer fühlt sich angesprochen? Das hat also weder Hand noch Fuß. Man ruft eher: „Stefan, komm doch mal." Dann ist für jeden da draußen klar, wer gerade mit was gemeint ist. Ob der Stefan dann kommt, ist noch mal was anderes, doch herrscht für alle Klarheit. Dem Hund ergeht es nicht anders. Er hat es oft sogar noch schwerer, da er unserer Sprache nicht mächtig ist. Wenn man mit der Familie unterwegs auf dem Spaziergang ist, dann unterhält man sich oft auch, was den Hund meist herzlich wenig interessiert. Wenn man mal zu ihm hin sieht, während man sich unterhält, stellt man fest, dass er sich um eigene Angelegenheiten kümmert. Er kann mit den Verbalgeräuschen, welche die Menschen untereinander machen, nichts weiter anfangen. So geht man vor sich hin und redet miteinander, während der Hund sich für seine Dinge interessiert und das Gerede um ihn herum ebenso ein Hintergrundgeräusch ist wie Vogelgezwitscher oder Bachgeplätscher. Warum auch nicht, denn man interagiert ja eben nicht mit ihm.
Wenn jetzt aber eine Situation auftaucht, in welcher man seine Aufmerksamkeit möchte, beziehungsweise in welcher man ihn heran rufen möchte, dann kann es schwer werden, wenn man kein klares Signal für den Interaktionswunsch hat. Woher soll er denn wissen, dass jetzt plötzlich er mit den Verbalgeräuschen gemeint ist? Bisher hat er das ganze Reden gerechtfertigt ausgeblendet, und mit einem Mal gilt das Reden ihm. Spätestens aus seiner Sicht könnte der Mensch doch auch zu jedem anderen dieses „Hier" gesagt haben. Dieselbe Unklarheit kann sogar dann eintreten, wenn man mit dem Hund alleine unterwegs ist. Wenn er einen Tunnelblick in ein Gebüsch bekommt, da er dort etwas gehört hat, kann man sich nicht mehr sicher sein, dass er es auf sich bezieht, wenn man einfach ein „Hier" sagt, selbst wenn man nur einen Meter daneben steht. Und wenn man sich nicht sicher sein kann, dass der Zögling sich über den Interaktionswunsch bewusst ist, fehlt bereits die Voraussetzung für ein Herbeiführen.
Viele Hundebesitzer versuchen über Lautstärke und verbalem Nachdruck auf sich aufmerksam zu machen. Doch hierdurch jagt man seinen Hund gerne auf die Ablenkungssituation, anstatt ihn daraus heraus zu holen, da man durch das Lautwerden auf Motivationsebene das Gaspedal niederdrückt. Und bei all der plötzlichen Aufregung hat der Hund mitunter nicht

einmal verstanden, dass er mit einer Ansprache bedacht wurde. Er nimmt vordergründig die Aufregung wahr, wobei auch noch die eigene Unsicherheit durch die Lautstärke oder durch den Nachdruck signalisiert wird. Das klappt wesentlich schlechter, als mit selbstsicherer Ruhe unmissverständlich anzusprechen.
Damit ein unmissverständliches Ansprechen möglich wird, bedarf es eines Aufmerksamkeitssignals. Es muss dem Zögling also ein Wort beigebracht werden, bei welchem er weiß: „Wenn mein Mensch dieses Geräusch ausspricht, dann meint er niemand anderen als mich." Hierdurch kann man dann aus jeder Situation die Interaktion herstellen. Egal, was der Hund gerade macht, man kann durch das Aufmerksamkeitssignal klar machen, dass der Familienvorstand jetzt die Aufmerksamkeit von ihm und sonst niemandem verlangt. Es muss unmissverständlich klar sein, dass man bei der Aussprache dieses einen Aufmerksamkeitssignals mit niemandem sonst als seinem Hund redet. Da man sich nicht ignorieren lässt, wird er bei sinnvollem Grundrespekt auch darauf eingehen, beziehungsweise kann man dann auch mal gerechtfertigter weise handeln, wenn er es ignorieren möchte.

Wie das Wort heißt, welches man ihm als Aufmerksamkeitssignal beibringt, ist eigentlich gleichgültig. Ob es „Kontakt", „Schau", „Blick" oder sonst wie heißt, ist eigentlich einerlei. Allerdings empfehle ich immer den Namen. Denn es ist nur allzu menschlich, dass man personifiziert. Wenn der Freund zehn Meter weiter unbedacht auf die Straße tritt und dabei den herannahenden Fahrradfahrer übersieht, dann ruft man auch nicht einfach „Pass auf!" durch die anderen Passanten hindurch. Dann ruft man ganz automatisch: „Michael, pass auf!" Man personifiziert, ohne weiter darüber nachdenken zu müssen. Primär ist das der Grund für einen Namen, damit man die Interaktion beginnen kann, selbst, wenn man keinen Blickkontakt zueinander hat. Deshalb ist es empfehlenswert, den Namen des Hundes als Aufmerksamkeitssignal zu wählen. Wenn der Hund in der Gegend umher schnuppert und plötzlich die Ablenkungs- oder gar Schrecksituation um die Kurve kommt, dann muss man in dieser Überraschung nicht erst überlegen, wie das Aufmerksamkeitssignal denn nun lautet. Es ist völlig normal, dass man im Schrecken: „Lotte hier!" äußert. Über den Namen muss man hier nicht nachdenken. Wäre das Aufmerksamkeitssignal ein anderes Wort als der Name des Hundes, dann müssten die meisten von uns im Schreckmoment überlegen. Kommt aber mit einem Mal ein Auto um die Kurve, dann sollte man nicht überlegen müssen. Der Name fällt einem in diesem Moment geradezu automatisch aus dem Mund. Ist dieser Name dann auch das Aufmerksamkeitssignal, dann hat man jetzt bereits, auch wenn man nur reaktiv den Namen im Schrecken rief, die Aufmerksamkeit seines Schützlings. Man verschwendet hier also keine Zeit.

Viele Menschen sagen, dass das Ansprechen per Name ja logisch sei und sie den Namen entsprechend verwenden würden. Leider haben die Menschen hierhingehend aber grundsätzlich ein anderes Problem. Denn die Menschen zerstören in der Alltagssituation den Sinn des Namens ihres Hundes. Zur Veranschaulichung nimmt man das obige Beispiel „Lotte hier." Was hat in dieser Situation dieses Geräusch „Lotte" für den Hund für eine Bedeutung zu haben? Eigentlich den, dass der Kommunikationspartner Hund nun von seinem Menschen angesprochen ist. Das sollte unmissverständlich sein, ansonsten hinkt es wieder an der Klarheit. Und was machen die meisten Menschen im Alltag? Sie äußern Sätze wie: „Na, Lotte, willst du raus?" Schlimmer ist es noch, wenn im Gespräch mit anderen der Name des Hundes verwendet wird. Die Leute reden über den Hund mit Sätzen, wie: „Stell dir vor, Lotte hat vorhin..." oder: „Lotte sollte etwas abnehmen." oder: „Mit Lotte müssen wir mal wieder zum Impfen.". Ständig wird also der Name des Hundes in irgendwelchen, für den Hund sinnlosen Sätzen, geäußert, wobei dabei meist nicht einmal mit dem Hund interagiert wird. Da kann man alsbald jedes andere Wort zu dem Hund sagen, das bedeutet ihm dann auch nicht mehr. Das Wort Lotte ist für den besagten Hund dann einfach eines der Millionen Worte, welche die Menschen täglich von sich geben. Oder der Zögling schaltet einfach ab, da er lernt, dass man mal wieder über ihn spricht, was ihn aber noch lange nicht betreffen muss. Oftmals kann man hier also erkennen, dass die meisten Hunde tatsächlich das Geräusch ihres Namens kennen. Doch besteht bei derart unklarem Umgang mit diesem Wort dennoch ein Problem, indem der Hund einfach nicht mehr weiß, wann er denn nun wirklich gemeint ist. Dadurch ist man also weit davon entfernt, die Aufmerksamkeit verlangen zu können. Man weiß gar nicht mehr, wann der Hund seinen Namen interpretiert und wann nicht. Man kann also unmöglich erkennen, ob man gerade bewusst ignoriert wird oder ob der Hund seinen Namen gerade nicht wahr genommen hat, weil er dieses Geräusch schon oft genug gerechtfertigter weise ausgeblendet hat. Der Name ist aber ein Muss. Der tierische Kommunikationspartner soll doch wissen, dass, wenn dieses Geräusch vom Entscheidungsträger geäußert wird, dann die Aufmerksamkeit gefordert wird. Er muss wissen, dass bei diesem Geräusch ausschließlich er gemeint ist, niemand anderes sonst und das ganz bewusst. Erst dann weiß er doch, wann die Interaktion mit ihm begonnen

wird, falls kein Blickkontakt besteht. Er hat dann also auch die Kontaktaufnahme zu beantworten, denn der Entscheidungsträger lässt sich nicht ignorieren. Doch wie sollte er denn wissen, wann er gemeint ist, wenn die ranghohen Familienmitglieder und auch der Entscheidungsträger selbst ständig dieses Geräusch hin und her werfen, meist ohne dabei mit ihm in Interaktion zu treten?
Nun also ganz unmissverständlich: Der Name darf ausschließlich nur dann ausgesprochen werden, wenn der Hund auch gemeint ist. Es darf nicht von Betonung und Gestikulation abhängen, dass der Hund ungefähr weiß, wann er gemeint ist. Mit dem Namen stellt man die Interaktion her, wenn gerade kein Blickkontakt besteht. Hierdurch ergibt sich der Blickkontakt, indem der Hund, bei entsprechender Klarheit dieses Aufmerksamkeitssignals, per Blickkontaktaufnahme nachfragt: „Ja bitte?" Der Name als solcher kann also genannt werden, was den Hund dann zu veranlassen hat, per Blickkontakt nachzufragen. Der Name hat also eines unserer klaren Signale zu sein. Der Name hat ein landläufig als Kommando tituliertes Signal zu sein. Der Name allein hat also eine unmissverständliche Bedeutung, in Form von, dass man nun die Aufmerksamkeit wünscht.

Um weiterhin ganz normal miteinander über den Hund reden zu können und, um auch ganz normal mit ihm rangunabhängig interaktiv werden zu können oder auch mal anderweitig motivierend zu sein, bedient man sich vielerlei verschiedener Kose- und Spitznamen. Dann können die Menschen miteinander reden, zum Beispiel in Form von: „Stell dir vor, unser Dicker hat heut..." Man kann dann auch in der schmusenden Interaktion etwas Liebevolles sagen, in Form von: „Hallo Mäusle. Na, wie geht dir´s denn." Oder anderweitig motivierend, in Form von: „Na los, Kleines, nur Mut." Wichtig ist nur, dass man sich nicht den Namen versaut, wenn man mit den Mitmenschen über den Hund redet und man eine klare Interaktion mit dem Hund hat, wenn man sie hat. Dabei achtet man auf die Klarheit in der Form, dass man entweder emotional, also motivierend wirkt, oder man eine klare Anweisung, also ein beigebrachtes Signal ausspricht. Also wird bei einem unbestimmten Spitznamen nichts Genaues verlangt. Hierbei ist vor allem der bereits stattfindende Blickkontakt ausschlaggebend oder eben das Tätscheln, Streicheln oder Spielen. Bei dem Namen spricht man aber das Aufmerksamkeitssignal aus, was bedeutet, dass man hier und jetzt die Interaktion verlangt. Wenn man dabei nur den Namen ausgesprochen hat, also ohne weiteres Kommandosignal, dann verlangt man als Antwort auf diese Ansprache den klaren Blickkontakt. Der Zögling hat also nachzufragen, was sein Familienvorstand möchte. Wenn dann nichts weiter angewiesen wird, dann war dieses Nachfragen das, was man wollte: Eine Erhöhung der Aufmerksamkeit. Bei fehlendem Blickkontakt wird also mit dem Namen, also dem Aufmerksamkeitssignal begonnen, wenn man etwas verlangt. Anders gesagt, ist das Aufmerksamkeitssignal bereits eine klare Anweisung.

Damit der Name als Aufmerksamkeitssignal klar wird, kann man eine Vorübung machen. Irgendwann am Tage liegt der Hund gelangweilt in der Wohnung und wartet darauf, dass wieder etwas Interessantes passiert. Er schläft also nicht, isst und spielt auch nicht. Er langweilt sich. Dann begibt man sich in denselben Raum und hält sich da stumm auf. Einfach in eine Zeitschrift sehen und ansonsten einfach still im Raum verweilen, natürlich ohne den Hund anzustarren. Nach einer halben oder ganzen Minute schaut man plötzlich zu ihm und sagt gleichzeitig seinen Namen. In diesem Augenblick könnte man jedes beliebige Wort sagen, in der Langeweile geht er interessiert auf jede Ansprache ein. Sofort, wenn er hersieht, wird gelobt. Nicht übertreiben, sondern loben, um beizubringen. Freundlich ein Lob von sich geben und gut. Mehr braucht es nicht. Er soll ja nur lernen, was bei diesem Geräusch des Aufmerksamkeitssignals verlangt wird: Blickkontakt aufnehmen oder anders gesagt, die gestartete Interaktion beantworten. Also, nur kurz loben und dann wieder wegsehen. Nicht beibringen, dass er herkommen soll, was heißt, dass nur kurz der Blick gelobt wird und man sich wieder wortlos abwendet, wenn er herkommt. Auch nicht den Weg loben, den er zurücklegt, falls er herkommen möchte, sondern nur den Blick. Man lobt das, was man beibringen möchte, nicht darüber hinaus, ansonsten bringt man mehr bei, als einem lieb ist. Es genügt, diese Übung in drei Tagen einmal täglich zu machen, mehr könnte schnell verwirrend wirken. Dann sagt man es mal, wenn der Hund gerade gelangweilt von einem Liegeplatz woanders hingeht, und dann auch mal im Garten. Dann hat sich das Ganze schon etabliert.
Der Name unterliegt keiner zeitlichen Begrenzung. Es wird also nur kurz der Blick gelobt, dann ist die Sache erledigt. Bei den Erklärungen des folgenden Entlassungssignals wird hierauf noch einmal eingegangen.

Das Entlassungssignal.

Bei den meisten Mensch-Hund-Teams bestehen auch dann Probleme, wenn der Hund auf die Ansprache seines Menschen zuverlässig reagiert. Allerdings wird das nicht erkannt, ansonsten wären folgende Erklärungen nicht erforderlich. Nur mal das Beispiel des Herrufens: Angenommen es heißt „Hier". Was soll der Hund denken, was er tun soll, wenn er dieses Signal gesagt bekommt? So gut wie alle Menschen antworten: „Dass er zu mir herkommen soll." Und genau das wird den Hunden auch immer gelehrt, wenn nicht dieses im Alltag völlig unnütze Vorsitz-Kommando beigebracht wird. Mit der inneren Haltung wird gelehrt, was bedeutet, dass wenn man selbst denkt, dass er bei dem Wort „Hier" herkommen soll, dann wird auch genau das beigebracht. Oder es wird das Vorsitzen beigebracht, was im Alltag meist gar nicht verlangt wird und auch unnötig ist. In diesem Fall wird also auf dem Hundeplatz anders mit dem „Hier" umgegangen als im Alltag. Und was ist dann, wenn dem Hund dieses Herkommen erklärt wurde und er auf Zuruf zu einem gekommen ist? Na, dann hat er es gemacht und die Sache ist erledigt. Die Handlung des Herkommens ist dann abgeschlossen und er geht wieder. Dann hat man also eine Art „Hier"-Jo-Jo, indem man es immer wieder sagen muss, sobald der Hund da war, oder der Hund wird in ein Sitz beordert, wenn er dann da ist, damit er auch da bleibt. Daraufhin lernt er die Reihenfolge, und er setzt sich meistens hin, sobald man ihn herruft. Wenn er sich selbst hinsetzt oder man es ihm anordnet, sobald er auf das Signal zum Herkommen bei einem angelangt ist, dann sitzt der Zögling. Er ist in seiner Gedankenhaltung also nicht bei seinem Menschen sondern sitzt auf Anweisung. Also kann man sich mit ihm nun nicht wegbewegen, da er ja sitzt, anstatt bei einem zu sein. Diese Menschen lehren ihren Hunden dann mitunter ein „Fuß" damit er auch mal dableibt, wenn man sich bewegt. Doch wenn man nun vor der Pommesbude steht und man nur noch rückwärts weggehen kann, oder wenn man etwas Sperriges beidhändig zum Auto trägt, kann der Hund das „Fuß" nicht mehr sauber befolgen. Oder wenn er auf der linken Seite, welche er im Fuß-Kommando einnehmen muss, vor etwas Angst bekommt, hat er dennoch dort zu bleiben, womit man ihn ausliefert. Und falls man Sitz zu ihm gesagt hat, damit er in dem „Hier" mal dableibt, bringt einem das herzlich wenig, wenn man einen Schritt zur Seite macht, damit das Auto vorbei kann, der Hund aber weiterhin sein „Sitz" auf dem Weg ausführt.

Also ist es empfehlenswert und auch wichtig, dem Hund beizubringen, dass das „Hier" nicht heißt: „Komm her." sondern: „Sei bei mir." Dabei macht man auch bitte nicht wieder lang herum, indem man denkt, dass der Hund herkommen und dann da bleiben soll oder ähnlich ausschweifende Gedanken. Es heißt einfach: „Sei bei mir." Um bei einem zu sein muss sich der Zögling selbstverständlich auch zu einem her bewegen. Bei diesem Kommandosignal hat sich der Hund also in die Verfügungsgewalt seines Familienoberhauptes zu begeben. Also hat er sich nach der Signalisierung zu einem zu begeben und innerhalb der gemütlichen Armeslänge seines Menschen zu bleiben. Ein gut beigebrachtes Signal zum Dasein kann ein Fuß-Kommando ersetzen. Doch ein gutes Fuß-Kommando ersetzt kein Daseinskommando. Der Hund sollte also einfach nur nahe bei einem sein können, ohne dabei eine bestimmte Seite oder Körperhaltung einnehmen zu müssen. Ob er dabei neben, hinter oder vor einem steht, sitzt oder liegt, ist also gleichgültig. Er hat nur innerhalb der Armeslänge da zu sein. Das bedeutet natürlich auch, dass er sich mit seinem Familienoberhaupt mit zu bewegen hat, wenn man nicht stehen bleibt. Denn er hat ja bei einem zu sein, sobald man es angeordnet hat. Letztlich ist es also gleichgültig, ob man auf dem Fahrrad oder dem Pferd sitzt, ob man geht steht oder sitzt: Wenn man das Signal zum Dasein vernünftig beigebracht hat, dann wird der Schützling nahe bei einem bleiben, sobald man es ihm gesagt hat.

Man möchte seiner Umwelt signalisieren, dass man seinem Hund habhaft ist, und man möchte sich in jede Richtung mit ihm wegbewegen können, ohne auf eine bestimmte Körperseite oder auf eine Grundstellung achten zu müssen, wie es beim Fuß-Kommando notwendig wäre. In dem Signal, das für ihn bedeutet, bei seinem Menschen sein zu müssen, kann man sich durch jede erdenkliche Situation bewegen. Wenn man vorwärts, seitwärts oder rückwärts gehen muss oder wenn sich links von einem Dinge befinden, vor denen sich der Hund fürchtet, kann man dennoch fair und entspannt ein Dasein anordnen. Nachdem in der Familie der eine oder andere Hund gelebt hat und hatte und ich mir entsprechende Gedanken gemacht hatte, entwickelte ich bereits 1986 dieses Daseinskommando, als ich in meiner Jugend meinen ersten eigenen Hund bekam. Mit einem Kontrollschritt, der entgegen der Ablenkungssituation führt (z. B. kommt ein anderer Hundebesitzer mit seinem Hund entgegen), kann man mit diesem Daseinskommando seinen Zögling auch gedanklich bei einem behalten, wodurch er sich erst gar nicht derart auf die Ablenkung „eindenken" kann, dass er die Anweisung bricht. Im anschließenden Kapitel, wenn es darum geht, dem Zögling zu erklären, dass er das Verlangte so lange machen soll, bis der Familienvorstand beendet, wird hierauf noch einmal genauer eingegangen (Aufmerksamkeitskuchen).

Bei diesen Überlegungen zeigt sich nun aber das grundsätzliche Problem, weshalb oft derartige Schwierigkeiten bestehen, dass die Menschen ein „Fuß" oder das Vorsitzen beibringen. Denn wann ist denn eine Anordnung vorbei? Die Menschen bringen oft Kommandos bei, die man als oberflächlich bezeichnen kann. Dann bringen sie Kommandos bei, die besonders akkurat und geradezu militärisch sind, damit sie besser funktionieren. Das ist für den Zögling schwer und verwirrend, wenn er sich aussuchen muss, ob etwas wirklich ernst gemeint ist. Kurz gesagt, muss man seine Anordnungen beenden können. Wenn man nicht eindeutig und unmissverständlich sagen kann, wann eine Anordnung nicht mehr gilt, kann man unmöglich konsequent sein. Wenn man gesagt hat, was soeben getan werden soll, dann muss man auch sagen, wann es nicht mehr getan werden muss. Dann gibt es keine Unterscheidung mehr, ob es eine ernst zu nehmende Anweisung ist oder nicht. Dann, wenn man eine Anweisung zu einer Handlung unmissverständlich entlassen kann, gibt es nur noch ein Handeln, das auf Motivation begründet ist, also emotionale Interaktionen, wie Spielen oder Schmusen und andererseits klare Anordnungen. Der Schützling hat dann also größtmögliche Klarheit in den Interaktionen mit seiner Familie.

Oft wird ein Bleib-Kommando gegeben, welches von den jeweiligen Hundebesitzern dann erteilt wird, wenn der Hund in seinem Kommando bleiben soll. Das sieht dann zum Beispiel folgendermaßen aus: „Sitz", worauf der Hund dann hinsitzt, und dann wird „Bleib" gesagt, wenn der Mensch sich dann vom weiterhin sitzenden Hund entfernen möchte. Bei diesem Bleib-Kommando kann man dann drei typische Leistungsgruppen beobachten:
Da gibt es Hundebesitzer, welche nach dem „Bleib" rückwärts von ihrem Hund wegschleichen um ihm, untermalt von Handbewegungen, alle zwei, drei Sekunden das Bleib-Kommando erneut zu sagen, damit er sitzen bleibt. Aber, jetzt mal im Ernst, was hat man denn von so etwas? Wenn man seinen Hund unablässig beschwören muss, damit er sitzen bleibt, dann kann man sich doch nicht abwenden, um währenddessen etwas anderes zu machen. Dann kann man nicht in die Bäckerei, während der Hund davor sitzt. Außerdem könnte man da genau so gut alle zwei Sekunden „Sitz" anstatt „Bleib" sagen, das hätte denselben Effekt. Eine statische Anweisung hat doch nur Sinn, wenn man dem Schützling auch den Rücken kehren kann, um etwas anderes zu machen, während man weiß, wo er ist. Wenn man zum Beispiel einen weit verstreuten Scherbenhaufen zusammenfegen möchte, sollte der Zögling nicht hinein treten. Also kann es sinnvoll sein, ihn in Sicherheitsdistanz abzusetzen, damit man sich beidhändig und konzentriert der Misere

widmen kann. In so einem Fall hat eine Anordnung zu einer statischen Körperhaltung tatsächlich auch mal Sinn. Wie sollte man das aber tun, wenn man ihn, mit Handzeichen untermalt, ständig besprechen müsste, damit er dort sitzen bleibt?
Die nächste Leistungsgruppe des Bleib-Kommandos kann besser agieren. Da wird nur einmal das Bleib gesagt, nachdem der Hund zum Beispiel in das Sitz beordert wurde. Dann können sich diese Hundebesitzer abwenden und der Hund bleibt sitzen. Doch wie endet dann diese Anweisung? Bei manchen ist dann das Lob, beziehungsweise das Tätscheln, die Beendigung des Kommandos. Dann kann man durch das Lob aber kaum noch beibringen, da dies immer das, was man soeben lehren möchte, beendet. Andererseits kann man seine Anweisung dann nicht auf Distanz beenden, wenn das Tätscheln das Aufheben der Anweisung wäre, sowie man das Sitzen seines Zöglings auch nicht aufheben könnte, wenn man die Hände voll hätte. Bei vielen ist auch das Herrufen des Hundes die Beendigung ihres Bleib-Kommandos. Da heißt es dann „Hier", der Hund läuft zu seinem Menschen und dort wird er dann gelobt, woraufhin er dann wieder machen kann, was er will. Doch es wurde eben ein „Hier" gesagt, warum ist es dann schon wieder so normal, dass er macht, was er will, wenn er sich sein Lob abgeholt hat? Bei diesen Menschen wird also mit einem Ausführungskommando ein Ausführungskommando entlassen. Eigentlich sollte er jetzt aber hier sein und nicht einfach mal vorbei kommen, um dann wieder zu machen, was er möchte – zumindest sollte das so sein, wenn das Hier-Wort einen alltagstauglichen Sinn haben soll. Eine Anweisung ist eine rangabhängige Interaktion. Man verlangt etwas. Wie kann es dann sein, dass der Zögling bestimmt, wann die Anweisung vorbei ist? Man hätte in diesem Beispiel also kein Signal zum Dasein beigebracht, wenn er nach dem Heranrufen machen kann, was er möchte. Also ist es nicht sinnvoll, eine dauerhafte Anweisung mit einem Lob oder einer anderen Anweisung einer Handlung zu beenden.
Dann gibt es noch die dritte Leistungsgruppe des Bleib-Kommandos, bei der tatsächlich entlassen wird. Dem Hund wird Sitz und Bleib gesagt, woraufhin sich der Mensch abwenden kann. Dann kann sich dieser Mensch seinem Hund wieder zuwenden und ihn mit einem beigebrachten Signal entlassen. Es gibt bei diesen Hundebesitzern also eine offizielle Entlassung, wie zum Beispiel „Spring", woraufhin die Anweisung zum Sitzenbleiben vorbei ist. Das ist gut. Doch fragt man sich dann, warum diese Menschen ein „Bleib" zu ihrem Hund sagen, wenn der Zögling ohnehin auf die Entlassung zu warten hat? Ein Entlassungssignal ist genau richtig. Man ordnet ein Ausführungssignal an, woraufhin man auch derjenige ist, der diese Aus-

führung wieder beenden kann. Der Entscheidungsträger sagt, wann was zu tun ist, wenn es die Situation erfordert und er ist es auch, der sagt, wann man das angeordnete nicht mehr machen muss. Es kann doch nicht sein, dass derjenige, der jetzt mal was machen muss, was der Familienvorstand anordnet, entscheidet, wann es genug damit ist. Man bringt also ein Signal bei, das bedeutet, dass der Zögling wieder machen kann, was er will. Warum sollte man dann also noch ein „Bleib" sagen? Es wurde doch bereits „Sitz" gesagt. Dann sollte man nicht durch irgendwelche Zusatzworte bitten müssen oder Nachdruck brauchen, damit diese Anordnung funktioniert.

Man hat darauf zu achten, dass es ersichtlich bleibt, wenn man etwas verlangt. Das erreicht man, indem man dem Zögling nicht die Option lässt, eine Anordnung selbst zu beenden. Wenn man gesagt hat, was getan werden soll, also ein Ausführungssignal, dann ist man auch der einzige auf diesem Planeten, der diese Anordnung wieder aufheben kann. Dabei darf im Zögling kein Empfindungsspielraum bestehen, in welchem er denken kann: „Hat er jetzt Bleib gesagt oder nicht?" Es gibt einfach keine Steigerung. Wenn man sagt, was zu tun ist, dann gibt es keinen Spielraum, indem man es mal lange machen muss und man sich mal aussuchen kann, wann es reicht mit der Ausführung. Man beendet immer mit dem Entlassungssignal, gleichgültig ob dies nach einer Sekunde oder nach einer Minute gesagt wird. Das Signal zur Entlassung ist das Ende eines Signals zu einer Ausführung. Es gilt unangefochten immer, dass jedes Ausführungssignal, im Rahmen von gehört, verstanden und Furchtlosigkeit so lange gemacht wird, bis der Entscheidungsträger sagt: „Jetzt kannst du wieder machen, was du willst." Dann herrscht immer unmissverständliche Klarheit in der Kommunikation, zumindest, wenn der Mensch derart diszipliniert und verantwortungsvoll ist, um es nie zu vergessen, wenn er seinem Zögling gesagt hat, was er jetzt eben mal tun soll.
Schöne Beispiele für eine Entlassung sind: „Lauf", „Jetzt" oder „Okay". Was auch immer, man sucht sich ein Wort aus und bringt es bei. Was man dabei beibringt, ist das Warten darauf, sobald man etwas anordnete, was der Zögling zu tun hat. Bei einem „Nein" muss er ja nichts tun, sondern etwas lassen, weshalb es hier auch nichts zu entlassen gibt. Nein ist Nein und gilt, solange die Situation anhält, zu der man eben sagte, dass der Zögling es lassen soll. Aber was auch immer man für Ausführungssignale beibringt, wie zum Beispiel „Hier", „Sitz", „Fuß", „Leg-Dich", „Hinten", „Bett" oder „Steh", hat man zeitgleich auch zu erklären, dass der Zögling erst wieder was anderes machen darf, wenn man das „Okay" gegeben hat. Hierbei zeigt sich auch,

dass das Aufmerksamkeitssignal auch hier oft wichtig ist, weshalb ich empfehle, es einfach immer dazuzusagen. Also heißt es grundsätzlich „Trevor Okay“ (wenn der Hund Trevor heißt), denn oft akzeptiert der Zögling, was man gesagt hat, was aber nicht heißt, dass er einen währenddessen anstarrt. Es ist halt eben da, wenn man das „Hier“ gesagt hat und wartet, bis er gehen darf, wobei er aber in die Gegend schaut. Also wird auch das Aufmerksamkeitssignal vor der Entlassung gesagt, damit Klarheit herrscht.
Jedenfalls muss der Zögling auf das Ende der Anordnung zu warten lernen. Die einzige Ausnahme liegt wieder in den Voraussetzungen von gehört, verstanden und Furchtlosigkeit. Wenn der Schützling also vor etwas Angst bekommt, während er eine Anweisung befolgt, dann kann und soll er sich natürlich an seinen Menschen wenden, der ihm sogleich hilft. Doch solange die Voraussetzungen gegeben sind, gibt es nichts anderes als darauf zu warten, dass der Familienvorstand sagt, man könne nun wieder machen, was man möchte.
Wie er auf das Ende der Anweisung zu warten lernt, wird im folgenden Kapitel besprochen. Hier soll nur verstanden werden, wie wichtig ein Entlassungssignal ist und was es bedeutet. Der Wortlaut selbst ist, wie bei jedem klaren Signal, gleichgültig. Hauptsache ist, wie bei allen Verbalsignalen, dass es sich mit anderen, beigebrachten Worten nicht reimt und dass man damit konform geht. Das heißt, dass man auch das meint, was man da sagt.

Es werden also alle Ausführungssignale, das heißt, alle Anweisungen etwas zu tun, entlassen. Bei einer Überkonsequenz würde das auch auf das Aufmerksamkeitssignal, also den Namen zutreffen, denn der Zögling hat daraufhin etwas zu tun, und zwar den Sichtkontakt herzustellen.
Wenn man jetzt aber mal annimmt, man würde dies so beibringen, dass er bei seinem Namen so lange herzusehen hat, bis er entlassen wird, dann kann man eine Problematik erkennen, wenn man sich die Situation vorstellt, dass er auf das Signal hin hersieht, er den Blick aber mal nicht hält. Etwas anderes interessiert ihn, wie zum Beispiel der vorbeigehende Hund, weshalb er zu diesem hinsieht, obgleich man ihn angewiesen hätte, herzusehen, bis man diese Anordnung entlässt. Wie würde man es dann herbeiführen, wenn er es genau weiß, er den Blickkontakt aber dennoch bricht? Würde man den Namen nochmal sagen, wäre man schon im Doppelkommando. Dann könnte man es gleich mehrmals sagen, das hat dann mit reibungslosem Funktionieren nichts mehr zu tun, sondern mit Diskussion. Geht man hin und fixiert den Kopf? Dann wäre man einerseits in einer verängstigenden und erniedrigenden Aggressionshandlung, und andererseits hätte man nicht, was man

wollte, nämlich einige Meter auseinander zu sein und sich anzusehen. Man kann es also nicht sinnvoll herbeiführen.
Außerdem kann es für den Schützling schnell unangenehm werden, wenn man den Namen mit der Entlassung in Verbindung bringen würde. Denn ein wortloses Anstarren gebiert schnell unangenehme Gedanken. Also zwingt man seinen Schützling nicht dazu, dass er einen bis zu einer Entlassung anstarren soll. Man arbeitet an einem positiven Respekt, welcher bei so etwas wie wortlosem Anstarren schnell in einen negativen Respekt umschlagen kann. Das wäre schlimmer als nicht respektiert zu werden. Also ist es empfehlenswert, das Aufmerksamkeitssignal, also den Namen, nicht zu entlassen. Es hat also keine zeitliche Begrenzung, womit es in dem Augenblick erledigt ist, wo der Blickkontakt per Name hergestellt wurde. Dennoch bleibt es eine klare Anweisung. Man spricht nicht umsonst an. Er hat bei seinem Namen also Blickkontakt herzustellen, was aber genügt, wenn er es getan hat, sofern man nur den Namen gesagt hat. Somit gibt es drei Arten von Anweisungen. Einerseits die Unterlassung. Da hat er nichts zu tun, sondern zu lassen. Dann gibt es die Ausführungssignale, die sich auf eine bestimmte Körperhaltung und/oder Örtlichkeit beziehen. Wenn man also an eine bestimmte Stelle, sei es das Hundebett oder man selbst, beziehungsweise, wenn man ein Hinsitzen, ein Hinliegen oder ein Stehenbleiben wünscht, dann wird das immer mit dem Entlassungssignal beendet. Zum dritten gibt es Signale, bei denen der Zögling zwar etwas zu tun hat, diese Handlung aber nichts mit einer Örtlichkeit oder Körperhaltung zu tun hat, was grundsätzlich heißt, dass es hier auch nichts zu entlassen gibt, da die Handlung immer abgeschlossen ist. Hierzu gehört das Aufmerksamkeitssignal, also der Name. Wie immer muss Klarheit herrschen, weshalb immer in dem Augenblick kurz gelobt wird, in welchem der Hund auf den Namen hin hersieht. Das sonstige Entlassungssignal wird also durch ein Lob ersetzt. Der Grund für ein Lob war immer eine Erklärung. Man erklärt, dass es richtig ist, was er gerade macht, um eine Verunsicherung zu beseitigen oder, um etwas Neues beizubringen. Bei dem Aufmerksamkeitssignal empfehle ich zeitlebens kurz zu loben, wenn der Zögling auf seinen Namen hin hersieht. Wie im entsprechenden Kapitel geklärt, muntert man seinen Schützling auf und lobt ihn, wenn er sich das richtige getraut, er aber unsicher ist oder war. Hier, bei dem Aufmerksamkeitssignal, geht es einen Schritt weiter, indem man durch ein Lob verhindert, dass eine Unsicherheit entsteht. Um das zu verstehen, versetzt man sich in seinen Schützling. Man entlässt jedes angeordnete Hinsitzen, Dasein oder was auch immer man für Ausführungssignale beigebracht hat. Wenn man dann die Aufmerksamkeit wünscht, indem man ihn beim

Namen nennt, wäre er doch verunsichert, wenn er nach seinem Blickkontakt weder ein weiteres Ausführungssignal noch eine Entlassung gesagt bekommen würde. Man kann nicht einfach schweigen, wenn man sagte „Beachte mich." und man daraufhin die Beachtung bekam. Also sagt man einfach „Brav", wenn der Name beantwortet wurde und man nichts weiter möchte als diese Aufmerksamkeit. Dann weiß der Schützling immer: „Alles in Ordnung, Papa/Mama ist zufrieden und will nichts weiter." Ansonsten, wenn man nach dem Namen einfach schweigt, wird man entweder erleben, dass der Zögling auf seinen Namen bald nicht mehr zuverlässig reagiert (mangelhafter Grundrespekt), oder man erlebt, wie er auf seinen Namen hin immer heran schleicht und vorsichtig nachfragt, ob er noch was machen soll oder ob alles in Ordnung ist.

Wenn der Schützling seinen Menschen (positiv) respektiert, würde er sich also schnell fragen, ob es auch wirklich in Ordnung war, wenn er auf seinen Namen hin hergesehen hat und man weder mit Entlassung noch mit Zufriedenheit darauf reagieren würde. Also wird beim Namen auch nach dem Beibringen ein kurzes Lob dran gelassen, auch wenn es vom Zögling bereits begriffen wurde. Dann tauchen keine Verunsicherungen auf, indem der Schützling empfindet, dass sein Mensch entspannt und zufrieden ist, wenn auf das Aufmerksamkeitssignal reagiert hat. Wichtig ist hier also, dass man nicht zum Anstarren zwingt und man aber auch keine Unsicherheiten aufkommen lässt. Das heißt, dass man unmittelbar nach der Reaktion auf den Namen kurz lobt, damit klar bleibt, dass diese Reaktion genügt und zufrieden stimmt. Andererseits ist es mindestens ebenso wichtig, nur kurz zu loben, und zwar in dem Moment, wo der Schützling mit Blickkontakt auf seinen Namen reagiert. Nur in diesem Moment und nur kurz! Ansonsten bringt man mehr bei, als man wollte. Denn der Hund sieht entweder wieder weg und wird hierfür auch gelobt, womit man ihm das Abwenden beibringt oder man sich anbiedernd verhält. Oder er kommt her und wird dabei gelobt, womit man dann die Handlung des Herkommens mit dem Aufmerksamkeitskommando verknüpfen würde. Das hat schlimmere Folgen als man zunächst denkt. Der Hund würde dann das Signal, auf das hin er bei seinem Menschen sein soll („Hier") und das Aufmerksamkeitssignal in eine Schublade stecken. Für ihn wäre dann kein erkennbarer Unterschied zwischen diesen beiden Anweisungen, da man jedes Mal das Herkommen loben würde. Und man bringt durch Lob ja bei. Wenn er einen dann wenig respektiert, geht er nach dem Herkommen aufgrund des Daseinskommandos wieder weg, so wie er es beim Namen auch dürfte. Und dann herbeiführen wäre unfair und würde ihn aus allen Wolken stürzen. Andererseits würde man bei

einem guten Grundrespekt erkennen, dass der Zögling sich nicht mehr von einem weggetrauen würde, wenn man bei dem „Hier" und bei dem Namen immer lobt, wenn er hergekommen ist. Er hat eben beides in eine Schublade gesteckt, da man durch Lob jedesmal beigebracht hätte, dass es richtig war, herzukommen.
Damit eine solche Verwirrung nicht auftaucht, wird beim Signal zur Aufmerksamkeit nur die Reaktion, also der Blick gelobt, nicht das Herkommen, und es wird auch nicht gelobt, wenn er sich auf den Weg macht. Einfach ein „Brav", sobald er sich auf das Aussprechen seines Namens einem zuwendet. Sobald man das Lob beim Blick freundlich ausgesprochen hat, sieht man weg und ignoriert alles Weitere. Wenn er sich also auch auf den Weg zu einem macht, ignoriert man das. Dann lernt er: „Aha, ich soll bei diesem Verbalsignal nur Blickkontakt aufnehmen. Weiter braucht es nichts." Während er beim Daseinskommando lernt: „Aha, jetzt habe ich in der Verfügungsgewalt von meinem Menschen zu sein, bis er sagt, dass ich nicht mehr da sein muss."

Weitere Verbalsignale.

Die vier angesprochenen Verbalsignale sind unersetzbar und können genügen, den Alltag zu bewältigen. Selbstverständlich können andere Verbalsignale zusätzlich beigebracht werden, was meist auch getan wird. Alleine schon das „Sitz" wird meist auch beigebracht, was verschiedene Alltagssituationen mitunter erleichtern kann. Eine andere statische Anordnung könnte dies ersetzten, wie etwa eine Anweisung zum Liegen oder eines zum Stehen. Allerdings ist es oft nicht gut, den Hund per Anweisung zum Liegen zu bewegen, da er sich nur allzu schnell ausgeliefert fühlt, wenn er anderen Menschen gegenüber nicht entspannt ist oder spätestens, wenn andere Hunde zugegen sind. Außerdem muss es bei kurzhaarigen Hunden gar nicht sein, wenn der Untergrund entsprechend mit Schnee oder kühlem Tau belegt ist. So etwas ist einfach nur fies und ein Machtmissbrauch. Eine Anweisung zum Hinliegen braucht man grundsätzlich nicht. Bei einem vernünftigen Grundrespekt benimmt sich der Hund auch im Restaurant, ohne dass er ins Liegen beordert werden muss. Er legt sich in Anlehnung seines Geborgenheit spendenden Menschen von alleine hin, wenn er merkt, dass er nicht der Mittelpunkt ist. Und bei mangelhaftem Grundrespekt ist es ohnehin sinnlos, sich mit einem „Platz-Kommando" rumzustreiten, wenn der Zögling unruhig ist. Da sollte zuerst am Grundrespekt gearbeitet werden, bevor man sich an einem Signal zu schaffen macht, auf welches sich der Zögling hinlegen soll. Und wenn der Grundrespekt stimmt, braucht man es nicht mehr. Eine Anweisung zum Stehen hingegen kann auch viel verlangt sein, wenn der Hund einige Minuten so verharren soll. Wenn man also ein statisches Verbalsignal beibringen möchte, so ist das „Sitz“ wohl das vielseitigste und sinnvollste, wobei ein Steh mitunter auch sinnvoll sein kann. Wenn man mit seinem jungen Zögling auf dem Spaziergang ist, dann will er oft mit Tatendrang Kreuzungen oder sonstige Örtlichkeiten, die er nur aus der Nähe überblicken kann, erreichen. Ihn jedesmal heranzurufen wäre richtig. Man geht gemeinsam in solche Situationen und läuft nicht einfach hinterher. Immerhin ist man hier der Familienvorstand. Geht man also nicht alleine vor, dann beordert man seinen Zögling zu sich, um Örtlichkeiten zu betreten, die man nicht schon von weitem übersah. Kommen aber einige Weggabelungen oder ähnliches hintereinander, dann stinkt es beiden, Zögling und Familienvorstand, bald, wenn man jedesmal herruft. Ein „Bully steh“ kann dann die Entspannung sein.

Die beschriebenen Vier sind also essentiell, wobei das Autosignal zum Ein- oder Aussteigen noch zum Hundewortschatz gehören muss, sowie ein statisches, vorzugsweise das „Sitz“, auch zu empfehlen ist. Mit diesen sechs ist man dann erst mal beschäftigt. Man lässt hierin freundlich Klarheit walten, wonach man dann gerne weitere Signale, wie Steh, Fuß oder Hinten beibringen kann. Bei diesem „Hinten“ darf er einen nicht mehr überholen. Hauptsache man überfordert nicht, bringt klar bei, hält die Signale klar auseinander und entlässt jedes Ausführungssignal bis auf den Namen (Aufmerksamkeitssignal).

Die Worte dürfen sich also nicht ähneln und es wird nur das gelobt, was man haben möchte. Das was man haben möchte, wird freundlich in die Wege geleitet, zum Beispiel mittels eines Leckerbissens, bis genug verstanden wurde, dass man den Leckerbissen und dann das Lob immer weniger braucht. Bis es eben letztendlich gänzlich und unmissverständlich begriffen wurde. Um die entsprechende Klarheit beizubringen, muss man sie also auch haben. Das heißt, dass man ein Verbalsignal erst dann beginnen kann beizubringen, wenn man sich selbst die jeweils angestrebte Handlung, in einem einfachen Satz formulieren kann. „Sitz“ heißt also: „Sei auf deinem Popes“. Es heißt nicht: „Geh mal kurz auf deinen Popes runter“. Beim Signal zum Dasein verlangt man ein „Sei bei mir.“, was auch Verfügungsgewalt, also innerhalb der gemütlichen Armeslänge des Familienvorstandes, bedeutet. Das Entlassungssignal heißt: „Mach wieder was du möchtest, mein Schatz.“ Das „mein Schatz“ habe ich deshalb angehängt, damit man die richtige Gefühlshaltung

hat, denn er hatte akzeptiert, was man verlangte, ansonsten hätte man nicht entlassen können. Der Name heißt einfach: „Beachte mich mal.", was dann auch erledigt ist, wenn der Zögling es tat. Das „Fuß" ist so ziemlich das komplizierteste Ausführungssignal, das man beibringen kann. Doch falls man es beibringen möchte, formuliert man sich auch das möglichst einfach, damit man selbst die nötige Klarheit besitzt. Wie etwa: „Sei auf Nackenhöhe parallel zu mir, nahe meiner linken Seite und setz dich, wenn ich stehe." Man kann es wohl nicht einfacher formulieren, was zeigt, wie kompliziert dieses Signal eigentlich ist. Doch ohne eigene Klarheit in den jeweils angestrebten Handlungen, kann man auch keine Klarheit vermitteln.
So sollte dieselbe Klarheit auch im Auseinanderhalten von Motivation, also emotionaler Interaktion und Anweisung, also geklärtem Verbalsignal bestehen. Im emotionalen Handeln kommt es auf Betonung und Körpersprache an, in welcher man seine Gefühlslage zum Ausdruck bringt. Im Kommandosignal kommt es rein auf das an, was man unter diesem Signal erklärt hat, womit das Signal, vorzugsweise das Verbalsignal, das unmissverständliche Zeichen zu sein hat. Doch in beiden Fällen lässt man sich nicht ignorieren. Im einen Fall verlangt man nur Beachtung, im anderen Fall verlangt man genau das, was man unter diesem Signal einst erklärt hat.

So haben wir einen Deckmantel von Interaktion gewünscht oder nicht. Schwarz – Weiß. Da gibt es keine Grauzonen. Unter diesem Deckmantel zeigt sich: Etwas Genaues, also Beigebrachtes ist verlangt, oder der zwar zu respektierende, aber liebevolle Familienvorstand hat einfach mal verschmust, bzw. spielerisch Zeit für seinen Zögling.

Auf das Ende der Ausführung zu warten lernen

Wie in allem Verlangten hat unmissverständliche Klarheit zu herrschen, welche man nett und fair erarbeitet. Der Mensch muss also vernünftig und entspannt auf eine Weise lehren, dass sein Zögling das Lernziel möglichst freudig erreicht. So hat auch das Entlassungssignal ebenso klar und unmissverständlich beigebracht zu werden, wie jedes andere Verbalsignal.
Damit der Hund begreift, so lange eine Örtlichkeit oder Körperhaltung einzuhalten, die sein Familienvorstand soeben wünscht, bis das Ende der Handlung signalisiert wird, macht man drei Lernschritte. In der Praxis zeigt sich, dass bei Stresssituationen Elemente aus dem ersten Schritt auch später noch ratsam sein können. Oder wenn der Schützling viel Tatendrang hat, dann zeigt sich mitunter, dass sich der erste und dritte Lernschritt miteinander vermengen können. In der Theorie zeige ich nun aber einfach mal die Reihenfolge auf, mit der der Zögling zu begreifen lernt.

Der erste Schritt ist recht einfach. Nachdem man seinem Schützling etwas gesagt hat, was er machen soll, beginnt man zu loben, sobald der Lehrling die Handlung ausführt. Ganz am Anfang bringt man ihn mittels Leckerbissen oder mit Motivation in die gewünschte Haltung oder an die Örtlichkeit, während man das anvisierte Verbalsignal ausspricht und woraufhin man unmittelbar zu loben beginnt. Aber: Loben, um beizubringen. Also nicht zu spielen beginnen, sondern sagen, dass man es gut findet, was der Schatz da macht, ansonsten braucht man sich nicht zu wundern oder ärgern, wenn der Lehrling bei diesem Spiel mitmacht, anstatt weiterhin z. B. seine Körperhaltung auszuführen. Bei diesem Loben gibt man dann auf liebe Weise das Verbalsignal (Kommando) freundlich betont mit ebenso freundlichen Lobworten umwickelt wieder. Man wiederholt sich nicht, sondern sagt das zukünftige Verbalsignal auf nette Weise mit den Lobworten verbunden. Wenn der Lehrling noch nie etwas von dem zu Erlernenden gehört hat, sieht das Beibringen des Signals zum Dasein anfangs beispielsweise so aus: Man geht plötzlich in die Hocke, was für den Schützling einen Reiz darstellt, um herzukommen. Bei seiner Reaktion zum Herkommen sagt man das zukünftige Verbalsignal für diese Handlung, wie zum Beispiel „Hier." Sobald der Zögling dann da ist, sagt man etwas wie: „Braves Hier, mein Schatz. So ein schönes Hier machst du. Ganz lieb machst du Hier, mein Braver." Dabei nicht derart herumhampeln, dass der Hund spielt, sondern liebevoll und nett erfreut betonen, damit der Lehrling das richtige versteht. Er soll begrei-

fen, dass er gerade ein „Hier“ macht, indem er jetzt bei einem ist, was man ihn auf diese Art und Weise erklärt. Also erklärt man, dass nicht das Herkommen das Hier ist, sondern das Dasein. Nachdem man zu ihm dann das Entlassungssignal, wie etwa: „Weiter“ gesagt hat, wendet man sich ab und der Lehrling erkennt, dass das Interesse nach diesem „Weiter“ nicht mehr ihm gilt.
Bei alledem hat man aber lieb und nett zu sein, weshalb man erfreut lobt und das Verbalsignal nicht anweisend betont. Das sieht man immer wieder in so manchen Hundeschulen, wenn der Hund ohnehin schon im Kommando ist, wird versucht ihn dort zu halten oder irgendwas beizubringen, indem ihm immer und immer wieder das Kommandowort streng gesagt wird, obwohl er es doch schon macht. Da heißt es dann beim Beibringen eines Fuß-Kommandos „Fuß! Fuß! Fuß!“ usw. obgleich der Hund in der Fuß-Position ist. Er ist doch schon da! Warum wird ihm dann nicht einfach gesagt, dass er es gut macht, um ihm den richtigen Schluss nahe zu legen? Im Vergleich kann man sich vorstellen, man wäre Arbeitnehmer und man hätte dort die Aufgabe den Boden zu fegen. Man befindet sich in den zu reinigenden Räumlichkeiten und fegt den Boden. Man ist also gerade dabei, seine Arbeit zu machen. Währenddessen betritt der Chef den Raum und befiehlt: „Feg den Boden!“ Was denkt man dann? Oder wie fühlt man sich dann? Es wird wohl so etwas sein wie: „Du blöder Depp! Ich fege doch!“ Oder man fühlt sich, bei weniger Selbstbewusstsein, einfach schlecht, unterjocht und unterdrückt. Wenn man aber gerade bei der Arbeit ist und der Chef betritt mit den Worten: „Das gefällt mir, dass du gerade das Zimmer fegst.“ den Raum, dann hat er was ganz anderes gesagt. Da fühlt man sich dann eher wohl als unwohl. Also, nicht das Kommandowort auf den Kopf des Hundes bellen, während er es doch sowieso schon macht, sondern es freundlich in lobende Betonungen verpacken, damit er bei diesem ersten Lehrschritt etwa folgende Empfindung hat: „Aha, ich mache gerade das, was dieses Hier heißen soll, und mein Mensch findet das gut.“
Das Auflösungswort wird dagegen immer dann gesagt, wenn er auch zugehört hat. Das heißt, der Zögling war in der zu lehrenden Situation und hat sich bemüht zuzuhören, woraufhin man die Entlassung sagt. Dann lernte er: „Aha, „Hier“ ist nicht zu ihm hingehen, sondern bei meinem Menschen sein.“ Oder „Aha, „Sitz“ heißt nicht einen Knicks zu machen, sondern sitzenzubleiben.“ Was auch immer, man bringt in allen verlangten Körperhaltungen oder angewiesenen Örtlichkeiten bei, auf das Ende zu warten. Dieses Beibringen sieht immer gleich aus, indem man das zukünftige Verbalsignal auf nette Weise in lobende Betonungen umwickelt, nachdem der Zögling

auf den entsprechenden Reiz (z. B. mit Leckerbissen wohin führen oder in die angestrebte Körperhaltung lenken) hin das Richtige macht. Man sagt also einmal das angestrebte Signal, wenn man auf nette Weise den Lehrling in das hinein lenkt, was man soeben beibringen möchte. Sodann lobt man sofort auf nette Weise, mitsamt dem beizubringenden Wort, bis man, anfangs gerne begeistert, daraus entlässt. Das sieht also, gleichgültig welche Ausführung man beibringen möchte, immer gleich aus.
Dieser erste Schritt ist schnell vorbei. Meist macht man das an einem Tag drei oder vier Mal, am zweiten Tag noch einmal, um dann in den nächsten Lernschritt überzugehen. Dabei dürfen die Übungen nicht lange sein. Es geht zunächst nur um das Begreifen, nicht, dass der Schützling es lange macht. Drei Sekunden können anfangs völlig genügen. Der Lehrling soll anfangs nur begreifen, dass am Ende immer eine Entlassung kommt. Hat er dahingehend etwas begriffen, dann kann man immer noch beginnen, Zeiten und gegebenenfalls Distanzen zu strecken.

Jedenfalls sieht der zweite Schritt dann derart aus, dass man einfach das Verbalsignal aus dem Loben heraus subtrahiert. Dann heißt es nicht mehr: „Feines Hier, braves Hier." sondern einfach nur noch loben. Etwa: „Brav machst du das; das ist ja ganz fein, meine Kleine." Man hat bei dem ersten Schritt schon erklärt, dass die Ausführung nicht dann vorbei ist, wenn man es gerade eingenommen hatte. Man hat also schon erklärt, dass das Familienoberhaupt das Verlangte auch beendet. Allerdings herrscht in diesem frühen Stadium noch nicht genug Klarheit hinsichtlich des Wortlautes der Entlassung. Der Lehrling hört zunächst nur einen freundlichen Wortschwall, aus dem er das Auflösungswort nicht gleich bewusst wahrnimmt. Damit es einfacher geht, lohnt es sich, das Auflösungswort immer mit Aufmerksamkeitssignal zu versehen, etwa: „Brav machst du das, ganz lieb, mein Schatz. Leo lauf!" Lauf wäre hier also das angestrebte Entlassungssignal, welches der Leo schneller bewusst wahrzunehmen lernt, wenn man ihn aus dem Loben heraus deutlich anspricht. So hört er also, dass man lieb mit ihm ist, dass man also erfreut über das ist, was er gerade macht. Durch die deutliche Ansprache wird ihm aber eher bewusst, dass nun ein klares Signal folgt, anstatt einfach eine liebevolle Betonung.
Jedenfalls führt man bei dem zweiten Schritt zum Beibringen der Entlassung einfach auf nette Weise die Unterhaltung fort, bis die Entlassung kommt. Allerdings hat er bei dem zweiten Lernschritt schon etwas erkannt, weshalb man das Ausführungssignal nicht mehr in das Loben einwickelt, sondern weglässt. Man erklärt durch sein Loben also, dass es weiterhin richtig ist, was

er macht. Dieses Loben ignoriert der Zögling nicht, wenn er einen positiv respektiert und man immer klar interagiert. Man sieht also, dass man selbst zum erfolgreichen Loben einen gewissen Respekt genießen sollte. Nur allzu viele Hunde wenden sich einfach ab, wenn der Mensch mit ihnen freundlich redet.

Dieser zweite Schritt zieht sich dann zwei oder drei Tage hin, an welchen man das jeweilige Verbalsignal je drei oder vier Mal über den Tag verteilt übt, um dann schon den dritten Schritt des Beibringens der Entlassung auszuführen. Dieser dritte Schritt zieht sich dann einen längeren Zeitraum derart hin, dass man beginnt Pausen in das Loben einzuführen, welche sich mit der Zeit immer mehr dehnen. Das bedeutet, man gibt wieder das Verbalsignal und lobt, sobald der Hund in seiner Körperhaltung oder Örtlichkeit angekommen ist. Allerdings lobt man nur einmal, um dann zwei oder drei Sekunden nichts zu sagen. Im Signal zum Dasein lohnt es sich, wenn man den Hund dabei noch ansieht, damit er weiß, dass noch Interaktion besteht, denn er soll sich ja auch mit einem bewegen, weshalb man im Beibringen des Daseins ruhig auch mal einige nicht rasche Schritte mit dem Hund zusammen gehen kann, während man mit ihm spricht. Er geht dann schon mit, wenn nett gelobt wird, wobei es mitunter helfen kann, wenn man sich mit der flachen Hand das eine oder andere Mal leicht auf den Oberschenkel tippt. Jedenfalls lobt man beim dritten Schritt des Beibringens der Entlassung kurz, um dann wenige Sekunden zu schweigen, um dann erst wieder zu loben. Dabei darf er die Ausführung natürlich nicht brechen, ansonsten beginnt man sogleich von vorne, denn man befindet sich ja im Lernen und er soll nicht das Falsche verinnerlichen. Damit das nicht passiert, genügt es anfangs, wenn man wirklich nur zwei oder drei Sekunden schweigt, um dann wieder ein Lob von sich zu geben. Dann schweigt man noch mal zwei oder drei Sekunden, um dann freundlich zu entlassen. Und schon war der Hund zwischen fünf und acht Sekunden in der Körperhaltung oder der Örtlichkeit, ohne dies zu brechen und ohne, dass unentwegt gelobt werden musste. Dabei hat er Wichtiges gelernt, ganz sanft und ohne dass was schief ging. Bald macht man auch schon mal vier oder gar fünf Sekunden Pause im Loben, während man im Signal zum Dasein auch beginnt, den Blick für die eine oder andere Sekunde abzuwenden, woraufhin man sagen kann, dass er es begriffen hat. In den Körperhaltungen, wie etwa dem „Sitz“ sollte man ohnehin nicht stumm und starr beobachten, ansonsten wird der Zögling eher unsicher.
Die Lob-Pausen werden während des Beibringens der Entlassung also im-

mer länger, was nicht heißt, dass er deshalb immer lange in der Ausführung bleiben muss. Aber wenn er dann schon bei fünf Sekunden Lob-Pause in seiner Ausführung bleiben kann, dann braucht man in diesem Zeitraum auch nicht mehr zu loben, denn er kann es. Muss er dann mal länger im Verlangten bleiben, kann man ruhig auch mal den ersten und dritten Schritt des Beibringens der Entlassung mischen. Dann heißt es halt nach fünfzehn Sekunden mal: „Braves Hier." damit er gewiss weiß, noch da sein zu müssen. Das ist allerdings kein Freibrief für Unaufmerksamkeit. Nur zeigt sich in der Praxis, dass vor allem Pubertierende schnell überfordert sein können. Und der Schützling ist in allem, auch im Beibringen und im Verlangen, von seinem Menschen abhängig. Also liebevoll und klar beibringen, erst dann kann auch verlangt werden.
Mit diesen drei Schritten bringt man entspannt und freundlich das Warten auf das Entlassungssignal bei.

Ignoranz während des Beibringens

Ein extra Thema in dem Beibringen der Entlassung ist es, wenn man ignoriert wird, während man gerade bemüht, sich zu erklären. Zunächst denkt man dann noch mal darüber nach, ob man respektiert wird, bzw. ob man im Alltag sinnlos und ohne Gegenreaktion auf den Hund einredet, also, ob man sich bereits zum Hintergrundgeräusch gemacht hat. Es ist hier auch ausdrücklich die Rede von Ignoranz. Nicht von Unsicherheit. Wenn der Schützling Kontakt aufnimmt, Beschwichtigungsgesten zeigt oder er gar das Weite sucht, dann überdenkt man die Beziehung und ob man wirklich sinnvoll und nett erklärt. Man wird schnell erkennen, dass man entweder nicht liebevoll oder nett zu seinem Zögling ist, man seinen Schützling schlicht überfordert oder man sich als sinnloser Schwätzer dargestellt hat. Wenn der Hund sich aber anderen Dingen, wie etwa dem Herumschnuppern, zuwendet, während man lobend auf ihn einredet, dann ignoriert er einen. Das duldet man auch im Beibringen nicht. Wenn man also gerade mit nettem Lob dabei ist, ihm begreiflich zu machen, dass er momentan das Richtige macht und diese Erklärung vom Entscheidungsträger ihn nicht interessiert, so hält man ihn kurz auf, um sogleich lobend weiter zu machen. Angenommen man hat sich dazu entschlossen, dass das Verbalsignal zum Dasein „Bei-mir" heißen soll und der Hund heißt Butch. Dann ist es nicht zu dulden, wenn man ihn mit einem Leckerbissen zu sich lenkte, man beim Herankommen das „Butch, Bei-mir" sagte und er sich nach dem Einverleiben des Leckerbissens einfach abwendet, während man im „Feines Bei-Mir, braves Bei-Mir"-reden ist. Sollte das so sein, dann fasst man Butch ruhig auch mal kurz an, indem man ihn etwa sanft aber bestimmt an der Hüfte nimmt, um ihn wieder nahe zu sich zu ziehen (nicht schnappen oder packen, sondern nehmen). Dort lässt man sogleich wieder los und redet mit „Brav Bei-Mir; gut machst du Bei-Mir" nett weiter, als ob er gar nicht weg gewesen wäre. Wenn er dann akzeptiert, das heißt, er ist gedanklich hier und nicht nur körperlich, dann entlässt man ihn sogleich auf nette Weise, z. B. mit „Butch, Lauf", falls man sich dazu entschlossen hat, dass das Entlassungssignal Lauf heißen soll.

Man lässt sich nicht ignorieren, was auch bei Erklärungen gilt. Wenn man bei diesem Thema die Voraussetzungen für ein Herbeiführen bedenkt, so scheinen sie hier nicht gegeben, da der Lehrling ja noch nicht weiß, was das zukünftige Signal bedeuten soll. Doch ist dies nur ein Anschein. Denn der Interaktionspartner weiß zwar noch nicht, was das Bei-Mir zukünftig bedeuten soll, doch weiß er, dass sich das Familienoberhaupt mit ihm befasst. Er kam ja her, nachdem man einen Reiz setzte und das Verbalsignal zum Herkommen zu ihm sagte, und man begann sogleich mit ihm zu reden, spätestens als er bei einem eintraf. Nun ist man also dabei, ihm zu erklären, dass das Heranrufen zukünftig auch heißt, dazubleiben und nicht nur, kurz vorbeizuschauen. Beschreitet man also einen sinnvollen Weg, so ist auch eine Ignoranz erkennbar, wenn der Zögling sich einfach anderen Dingen zuwendet, während man erklärend ist. Ein erkennbarer Weg einer Erklärung ist also eine Interaktion zwischen einem Erklärenden und einem Lernenden. Spätestens bei einer Abwendung von der Erklärung sind die drei Voraussetzungen gegeben, da der Lehrling die Ansprache gehört und auf sich bezogen hat, sowie er versteht, dass man sich mit ihm befasst und er dabei keine Furcht hat, da man auf nette Weise erklärend ist. Die Voraussetzung des Verständnisses hinsichtlich eines Herbeiführens bezieht sich hier also nicht auf das Verstehen des Inhaltes eines Signals, sondern auf das Verstehen der Hinwendung, also der Erklärung und somit des Interaktionswunsches des Familienoberhauptes. Und dieser Hinwendung wendet man sich als Zögling nicht ab. Nein, man hört zu, wodurch man lernt. Er braucht einen nicht anzustarren. Er braucht nicht einmal herzusehen, doch er soll zuhören. Wenn man also einen Schritt rückwärts macht, während man dafür, dass er da ist, lobend auf ihn einredet, dann sollte er einem folgen, ansonsten ist er nicht bei der Sache. Schaut er einem nach, dann geht es um erklären, denn er ist gedanklich da, weiß aber noch nicht, dass das Mitgehen gewünscht ist. Dann klopft man sich auf den Schenkel, während man aufmunternd betont und er geht mit, woraufhin man wieder lobt, dass er einem folgt, nachdem man „Butch, Bei-Mir" sagte. Dieser Kontrollschritt bleibt zeitlebens interessant. Es kann sein, dass der Zögling sein Signal zum Dasein perfekt gelehrt bekommen hat, man aber dennoch hier und da kontrollieren muss, ob er es auch akzeptiert. Wenn man nach einem erfolgreichen Beibringen seinem Schützling also signalisierte, dass er bei einem sein soll, dann ist es nicht ungewöhnlich oder frech, wenn er wo anders hin sieht, er aber dennoch das Dasein akzeptiert. Kommt etwa ein anderer Hund vorbei und man sagte, dass der Zögling nun bei einem sein soll, braucht man sich nicht zu wundern, wenn er zu dem Artgenossen hin sieht. In solch einem Moment macht man einen Schritt rückwärts. Geht er diesen Schritt mit, dann akzeptiert er noch immer das Dasein. Geht er nicht mit, sollte ein Räusperer genügen, damit der Zögling sich ertappt fühlt. Braucht es mehr, um sich durchzusetzen, dann nimmt man auch mal an der Hüfte und zieht in wieder zu sich heran, woraufhin man wieder sein „Braves hier" sagt, um die aufkeimende Diskussion bzw. Verunsicherung im Zögling zu neutralisieren. Handelt man früh genug, dann weiß der Schützling noch, um was es eben ging. Wartet man zu lange, dann ist er gedanklich bereits abgedriftet und es gäbe nichts mehr durchzusetzen, da man die Ignoranz bereits duldete und der Schützling nicht mehr weiß, worum es ging. Also lässt man seinen Unmutsräusperer bereits hören, wenn man merkt, dass der Schützling dabei ist, gedanklich abzuschweifen. Wenn es mehr braucht, dann nimmt man auch mal an der Hüfte und stoppt die Ignoranz (nehmen, nicht packen und gegebenenfalls etwas ziehen und nicht reißen). Doch wenn man anfassen muss, um Ignoranz zu beenden, dann überdenkt man sogleich auch nochmal den Grundrespekt.

Eine Zwischenerkenntnis: Der Aufmerksamkeitskuchen

Um das eben beschriebene besser zu verstehen, stellt man sich das Bewusstsein seines Zöglings in einem graphischen Kuchen vor. Wo ist er gedanklich? Wenn man sich einen solchen Aufmerksamkeitskuchen bildlich vorstellt, erkennt man, dass niemand mit seiner Aufmerksamkeit zu hundert Prozent in einer Unterhaltung ist. Man hat immer Nebengedanken. Steht man etwa auf dem Waldweg und unterhält sich mit jemandem, dann denkt man gleichzeitig zu einem gewissen Teil auch, wo der Hund ist und was er macht, oder man hat etwas Aufmerksamkeit für die Umgebung. Dem Hund geht es ebenso. Wenn man also seinem Zögling etwas signalisiert hat, dann ist er mit seiner Aufmerksamkeit deshalb noch lange nicht zu hundert Prozent im Verlangten. Wichtig ist nur, dass er mit mehr als der Hälfte seiner Aufmerksamkeit bei einem ist, denn dann macht und akzeptiert er es auch. Hierbei sieht man, dass jede körperliche Handlung eine Ausgeburt der Emotionen, beziehungsweise Gedanken eines Individuums ist. Das ist beim Hund nicht anders als beim Menschen. Lässt man seinen Zögling also gedanklich abschweifen, dann wird er sich sogleich damit beschäftigen, wo er mit dem Großteil seines Bewusstseins angelangt ist. Beginnt er also während des Daseins merklich an etwas anderes zu denken, dann unternimmt man sogleich etwas, um den Großteil seines Bewusstseins in dem Verlangten zu halten. Deshalb ist der Kontrollschritt, den man nach einem erfolgreichen Beibringen des Signals zum Dasein, immer unternimmt, wenn man sich nicht mehr sicher ist, ob er mit den Großteil seiner Gedanken noch immer das Dasein akzeptiert, zeitlebens wichtig. Droht der Zögling also gedanklich abzuschweifen, während er sich noch bewusst in einem Daseinssignal befindet, geht man einen Schritt in die entgegengesetzte Richtung dessen, was den Zögling interessiert. Geht er mit, ist er noch oder wieder mit dem Großteil seines Bewusstseins mit dem Daseinssignal einverstanden und akzeptiert es. Wo er dabei hinsieht ist einerlei. Die Hauptsache ist, dass er bei einem bleibt, dann weiß man auch um die Akzeptanz. Das heißt, dass man mit dem Aufmerksamkeitskuchen etwas Jonglieren muss, wenn den Zögling etwas interessiert, man aber dabei ist, etwas von ihm zu verlangen. Und wie sollte man damit arbeiten, wenn man ein statisches Signal, wie etwa einem „Lisa, sitz“, verlangte? Dann sitzt Lisa halt. Wenn man aber das Dasein verlangte, dann kann man immer wieder, mit einem einfachen Schritt in die entgegengesetzte Richtung des aufkeimenden Interesses, kontrollieren, ob der Zögling noch einverstanden ist, beziehungsweise kann man mit diesem einfachen Kontrollschritt den Zögling dazu veranlassen, die Aufmerksamkeit trotz eines Interesses für etwas anderes, mehr in dem zu haben, was vom Familienoberhaupt verlangt wurde. Falls man noch im Beibringen des Daseinssignals ist, dann geht man auch mal hier und da einen Schritt rückwärst, doch redet man dabei lobend oder auffordernd, je nachdem, in wieweit der Zögling mitdenkt und selbstbewusst ist. Scheint es schwierig, dann klapst man sich dabei ein wenig auf den Schenkel und der Zögling geht interessiert mit, während man ihm verbal (loben) erklärt, dass er es prima macht.

Betrachtet man mit diesem Wissen das Gesamtbild, erkennt man auch wieder, dass ein Durchsetzen während des Beibringens nicht auf das erlernte bezogen ist, sondern auf die Hinwendung des Erklärenden. Hierzu kann man sich als Beispiel ein Kind vorstellen, welches die Hausaufgaben nicht versteht. Dann setzt man sich nett dazu und erklärt. Das Kind kann es nicht! Nicht können und nicht wollen sind grundverschiedene Begebenheiten. Also hat man hier nicht sauer oder streng zu sein, sondern nett zu erklären, ansonsten wäre man kein Hinwendungsort, sondern ein notwendiges Übel. Jetzt stellt man sich vor, dass man gerade neben dem Kind sitzt und ihm die Aufgaben erklärt. Wenn das Kind gedanklich bemüht ist, aber nicht versteht, gibt es nichts sauer zu werden, sondern zu hinterfragen, ob man sinnvoll erklärt. Aber wenn das Kind während der Erklärungen die Fernbedienung greift und durch die Fernsehprogramme schaltet, dann hat es mit Verständnisschwierigkeiten nichts zu tun, sondern mit Ignoranz. Und das sollte man sich nicht gefallen lassen. Da ist man gerade dabei nett zu erklären, und der Zögling pfeift darauf. Genau dasselbe geschieht, wenn man gerade das „Braves Bei-Mir mein Schatz." erklärt und der Kommunikationspartner Hund sich einfach dem Schnuppern oder anderen Dingen zuwendet. Er braucht einem nicht ins Gesicht himmeln. Schön, wenn ein Hund so offen ist. Vielen Hunden kann man den langen und direkten Blick in die Augen aber nicht abverlangen. Er soll einfach zuhören und keine Distanz aufnehmen. Er soll also gedanklich da sein und den Erklärungen zuhören. Immerhin interagiert das Familienoberhaupt gerade mit ihm. Zwar rein nett und freundlich, doch ist Nettigkeit kein Grund, um zu ignorieren. Wie oben bereits angesprochen, macht man den einen oder anderen, ruhigen Schritt, anfangs gerne rückwärts, während man das Dasein lobt, um zu erkennen, ob der Zögling gedanklich in der Interaktion ist. Der eine oder andere Schritt heißt aber nicht, dass man hektisch oder spielerisch herum eilt.

Damit er in der Interaktion bleibt, sollte aber keine Berührung notwendig sein, es sei denn, man muss kurz einen Versuch der Ignoranz stoppen. Das geschieht natürlich immer unter den drei Voraussetzungen von gehört, verstanden und fürchtet sich nicht und unter den drei Tabus von ohne Schmerz, möglichst wenig Aggression und ohne Hektik. Doch wenn man den Fehler macht, die Hände zum Loben zu benutzen, dann sendet man ein Signal, das man nicht mehr entfernen kann. Es gibt drei Formen von Signalen: taktil, visuell und akustisch. Das taktile Signal ist stärker als ein visuelles Körpersignal. Wenn man beim Beibringen also durch Tätscheln oder Streicheln berührt, dann lernt der Hund das Verlangte so lange auszuführen, wie er eben getätschelt wird. Doch ist das kein alltagstauglicher Hund mehr, wenn man keinen Verlass auf ein Verbalsignal hat, sobald man mit der Linken telefoniert und man mit der Rechten den Autoschlüssel bedient.

Also, beim Beibringen nur mittels visuellen Signalen, also Körpersignalen und akustischen Signalen, also liebevollen Betonungen durch Lob arbeiten. Wenn es schwer läuft, dann kann man auch einen Leckerbissen anbieten, doch ist das ein Reiz, der das, was man erreichen möchte, ermöglicht und unterstützt. Die Persönlichkeit des Sozialpartners zeigt sich aber immer taktil, visuell oder akustisch.
Ein Körpersignal kann man mit der Zeit immer rudimentärer werden lassen. Es wird immer weniger intensiv gezeigt, womit man langsam auf das reine, klare Wort erzieht. Doch ein taktiles Signal kann man nie auf Null reduzieren. Man kann es weniger intensiv ausführen. Doch entweder man berührt, oder nicht. Also lässt man beim Beibringen am besten die Hände vom Zögling weg, damit man nicht Signale zum Lernprozess subsummiert, welche man dann nicht mehr weg bekommt.
Und noch mal: Am Ende jeden Signals, das das Aufsuchen einer Örtlichkeit oder das Einnehmen einer Körperhaltung bedeutet, wird entlassen. Auch wenn es nur eine Sekunde galt, ohne Entlassung darf es nicht enden, so lange nicht Furcht oder Überforderung der Grund für das Brechen der Anweisung war. In solchen Fällen, also bei Verunsicherung oder Überforderung, ist immer der Mensch schuld, und es gibt nichts herbeizuführen. Aber wenn verantwortungsbewusst und in einem liebevollen Familiengeschehen das Familienoberhaupt mal was will, dann wird das auch immer vom Familienoberhaupt beendet. Und es kann immer erst dann entlassen werden, wenn es unter den drei Voraussetzungen akzeptiert wurde. Das gilt auch, wenn man den Zögling mal zu sich rief, um ihn anzuleinen. Auch dann, an der Leine, wird entlassen, ansonsten hätte man nicht die Leine ran machen müssen, bzw. dürfte der Zögling dann so lange nicht den Meter Distanz der Leine einnehmen oder schnuppern, bis man ihn entlassen hätte.

Zwei sinnvolle Faustregeln beim Beibringen:

Einerseits wird sogleich entlassen, wenn das Signal prompt beantwortet wurde. Also kurz loben und dann schon freudig entlassen. Falls man zum Beispiel das Wort „Jetzt" als die Entlassung gewählt hat, könnte sich während des Beibringens ein Ausführungssignal folgendermaßen anhören: „Gustl Sitz,... Braves Sitz,... Gustl Jetzt!" Dabei sollte man anfangs das „Jetzt!" besonders freudig betont sagen, wobei man mit einem auffordernden Handwink zum Aufstehen motiviert, was sich dann mit der Zeit auf ein neutral ausgesprochenes „Gustl Jetzt." reduziert, denn der Schützling begreift es nach und

nach, womit man bei den Anweisungen nach und nach die Emotion heraus nimmt und auf die geklärten Verbalsignale reduziert.
Andererseits wird man so lange an dem, was man sagte, dran bleiben, bis der Zögling es akzeptiert hat, wenn er es nur ungenügend ausführen wollte. Bei Unsicherheiten auf liebevolle oder, je nach Hundecharakter, aufmunternde Weise dran bleiben und bei Desinteresse so lange fordernd und herbeiführend dran bleiben, bis der Lehrling es macht. Bis er also geistig bei der Sache ist und akzeptiert, dass es anders jetzt nicht läuft. Erst dann wird entlassen. Dadurch lernt er, dass wenn dieser Mensch ein Signal sendet, beziehungsweise eine Interaktion startet, er sich dann nicht ignorieren lässt. Dieser Mensch bleibt dran, bis es so war, wie er wollte.

Wenn man diesen Faustregeln folgt, wird der Zögling immer früher und bereitwilliger das jeweilige Signal beantworten, weil er einfach lernt, dass er einerseits nicht darum herum kommt und er andererseits auch lernt, dass der schnellste Weg, wieder machen zu können was man will, der ist, zu tun, was gesagt wurde.

Gestikulation im Beibringen und unnötige Kontrolle

Zum Beibringen darf man das Entlassungssignal anfangs also gerne mit einer netten Geste freundlich untermalen, während man es auch betont begeistert ausspricht, damit der Hund sich motiviert sieht, sich wieder anderweitig zu bewegen. Eine Geste zum Ausgelassen-Sein gibt es nicht, doch kann man gerne versuchen, Ungezwungenheit zu signalisieren. Ich mache das immer mit einer anfangs freudigen und später eher legeren Aufwärtsbewegung einer Hand. Je besser der Zögling es also kann, umso weniger ausgeprägt diese Eigenbewegung und auch weniger intensiv die begeisterte Betonung, bis auch hier das neutral ausgesprochene Signal übrig bleibt.

Wichtig ist noch, das Entlassungssignal richtig zu verstehen. Viele Menschen sprechen es aus und schauen dann, ob der Hund jetzt auch geht. Spätestens wenn er einen als Person respektiert, wäre es eine Frechheit, wenn er jetzt ginge, denn der Mensch interagiert immer noch mit ihm, indem er ihn anstarrt. Also wendet man sich nach dem anfangs freudigen Entlassungssignal einfach ab, damit der Hund lernt: „Aha, jetzt ist es vorbei." Man sagt also nett, auffordernd und motivierend das „Nobbel Jetzt!" und wendet sich dann ab (falls der Hund Nobbel heißt). Das Entlassungssignal ist also

so etwas wie eine Verabschiedung. Wenn man sich mit jemandem unterhält und man dann „Tschüss“ sagt, dann steht man auch nicht dran und starrt den anderen an, ob dieser nun geht. Der würde dann höchstens fragen, ob noch was sei oder er würde sich höchst verunsichert und mehrmals lächelnd, vorsichtig rückwärts entfernen. Also, fröhlich, aufmunternd und nett einmal deutlich das Entlassungssignal zu seinem Schatz sagen und dann nicht anstarren, damit der Schützling lernt, dass diese derartige Interaktion nun vorbei ist. Wenn man sich vorstellt, dass man irgendwo im Ausland aus dem Flugzeug steigt und der Zollbeamte von einem was will, dann bemüht man sich nicht anzuecken, indem man nicht ignoriert. Wenn der Mensch dann „Zastawa“ zu einem sagt und einen anstarrt, ist man ratlos. Sagt er aber „Zastawa“ und wendet sich ab, dann lernt man, dass das Tschüss heißt.
Zumindest bei dem Daseinskommando ist dieser Abbruch der Interaktion wichtig. Bei einer statischen Anweisung kann man anfangs noch nett tätscheln und loben, wenn das „Sitz“ bei der fröhlichen Entlassung aufgehoben wurde. Das, was man verlangte, ist ja vorbei und der Zögling macht es auf das „Kalle, Jetzt.“ hin nicht mehr (falls er Kalle heißt). Dann kann man auch tätscheln und sagen, dass alles gut ist, denn er macht das Verlangte nicht mehr, nachdem man es entließ. So kann man aber nicht im Dasein agieren, da man ihn dadurch, dass man ihn ansah und nett mit ihm redete, da behielt. Also könnte er nicht verstehen, dass er machen darf, was er will, wenn man ihn entlässt, um sodann mit ihm weiter zu reden. Dann ist er ja immer noch da und hört einem zu. Man kann also nur ein Entlassungssignal loben, wenn der Zögling auch mit dem aufgehört hat, was man verlangt hatte.

Die Orientierung auf dem Spaziergang

Wenn die Menschen mit ihren Hunden spazieren gehen, bemerken sie oft nicht, dass der Hund alleine unterwegs ist. Er achtet nur darauf, seinen Anschluss an das Zuhause und das Essen nicht zu verlieren, doch heißt das noch lange nicht, dass die Person des Menschen auf dem Spaziergang eine entscheidende Funktion für den Hund hätte. Gelegentlich sieht man dabei auch Hunde, die zwar selbständig vorgehen, dabei aber kein eklatantes Interesse an Fremden haben, weshalb diese Selbständigkeit nicht bemerkt wird. Diese Konstellation ist aber dennoch nicht in Ordnung, denn der Zögling nimmt eine Entscheidungsposition ein, während derjenige, der eigentlich das Familienoberhaupt sein sollte, hinterher geht. Das ist kein fruchtbarer Boden für ein funktionierendes Miteinander. Während viele Menschen diese Begebenheit nicht bemerken, erkennen es manche Hundebesitzer, zumindest wenn der Zögling mit Fremden Kontakt aufnimmt, doch wissen sie nicht, wie man dieses Abnabeln unterbindet.

Spätestens nach den bisherigen Kapiteln dieses Buches sollte jedem klar sein, dass es nichts mit dem angestrebten Familienbild von Geborgenheit und zuverlässiger Kommunikation zu tun hat, wenn man dem Schützling zur selbständigen Entscheidung das Feld überlässt. Doch sollte man sich zudem vor Augen führen, dass der Zögling kaum was davon hat, wenn er vorgeht. Damit einem das klar wird, stellt man sich das herrschende Bild einmal aus der Vogelperspektive vor. Da geht ein Mensch für seinen Hund einen Spazierweg entlang. Der Hund befindet sich etwa zwanzig Meter vor seinem Menschen und schnuppert oder markiert in einem Radius von etwa sieben Metern um sich herum. Wenn man sich jetzt das Gesamtgeschehen und das Bewegungspensum ansieht, fällt einem auf, dass der Hund sich nicht weniger bewegen würde, wenn er den ungefähren Sieben-Meter-Radius um seinen Menschen herum beschnuppern und markieren würde. Denn die zwanzig Meter, die der Hund sich vor seinem Menschen befindet, bleiben sich in etwa gleich, sowie sich auch der Radius des Interesses um den Hund herum sich in etwa gleich bleibt. Also ist das Vorausgehen nur ein Abnabeln. Oder anders gesagt, startet der Hund meist spontan seinen Spaziergang, wenn das Auto aufgemacht oder die Leine abgemacht wird. Der Mensch geht, spätestens ab dann, einfach hinterher und dient als eine Art Chauffeur. Wie kann das sein, wenn man doch das Familienoberhaupt sein möchte? Wenn der Mensch seinen Hund dann ruft, braucht er Nachdruck und Wiederholungen, damit er irgendwann, so Hund will, beachtet wird, da der Zögling bei seinen Machenschaften keinen Gedanken an seinen Menschen hegt. Da muss man dann erst mal wieder in die Gedankenwelt eindringen, wozu man dann einiges an Nachdruck braucht. Ohne Nachdruck geht es nur mit einem hohen Grundrespekt, was aber erst einmal erarbeitet werden muss. Doch wenn die Persönlichkeitsabgrenzung innerhalb der Familie vernünftig etabliert ist, dann wird ein Abnabeln des bedürfnisbefriedigten Zöglings nicht mehr passieren, womit man einmal mehr sieht, dass diese Themen von Grundrespekt, Kommunikation, Geborgenheit und Orientierung Hand in Hand gehen.

Der Zögling sollte also mit seinem Familienoberhaupt mitgehen, anstatt dass sich das Möchtegern-Familienoberhaupt bemüht, an seinem Zögling dran zu bleiben. Bei meiner Kundschaft habe ich nach dem theoretischen Besprechen des Nötigen schon oft erlebt, wie sogleich hinterher geeilt wird, sobald in der praxisbezogenen Arbeit die Leine abgemacht wird und der Hund beginnt, sich zu bewegen. Die Menschen sind oft regelrecht stressgeplagt bemüht den Anschluss nicht zu verlieren, bzw. den Hund bei seiner Selbständigkeit irgendwie vom Schlimmsten abzuhalten oder wieder einzufangen, bevor er unter die Räder kommt.
Um die entsprechende Geisteshaltung innerhalb der Familie zu erreichen, sollte man also darauf aus sein, dass sich der Schützling auf dem Spaziergang so circa in einem fünf bis sieben Meter Radius aufhält, zumindest solange man sich ihm gegenüber noch seine soziale Stellung als Familienoberhaupt erarbeiten muss. Man muss schon zeigen, dass man noch immer das Familienoberhaupt ist, auch wenn man das Kernterritorium, also den heimeligen Herd, verlassen hat. Man ist immer das Familienoberhaupt, was sich aber gerade in der Fremde zeigt. Deshalb kann es nicht sein, dass der Zögling das jeweilige Umfeld beherrscht, weshalb man also eine gewisse Orientierung und Nähe erwarten kann. Das Wort Nähe bezieht sich dabei vor allem auf die gedankliche Anbindung, was die weiteren Erklärungen zeigen werden. Allerdings hat dieser relativ kleine räumliche Umkreis von fünf bis sieben Meter zudem noch einen rein pragmatischen Grund, denn anfangs wird man hier und da eine Ignoranz stoppen müssen, wenn man eine Interaktion wünscht. Wenn der Hund, während man noch dabei ist sich zu klären, einmal ein gehörtes und verstandenes Signal seines Familienoberhauptes furchtlos, also bewusst ignorieren möchte, dann muss man schmerzfrei, möglichst aggressionslos und ohne Hektik handeln können, um diese Ignoranz zu unterbinden. Selbst aus fünf Metern kann es da manchmal etwas an-

strengend werden, doch alles was über etwa zehn Meter hinaus geht, macht es fast schon unmöglich sinnvoll zu handeln, spätestens wenn der Zögling in einen plötzlichen Galopp verfällt. Dann wird nur wieder hilflos gebrüllt oder gar sich wiederholt. Also hat er auf dem Spaziergang in einem etwa fünf Meter Radius zu bleiben, was sich mit der Zeit immer mehr relativiert, je verlässlicher die Kommunikation funktioniert.

Für diesen nahen Radius gibt es zwei mögliche Ausnahmen. Die eine ist gegeben, falls der Hund gerne einige Meter weggeht, um sich zu erleichtern. Manche Hunde ziehen da die Privatsphäre vor, was in diesem Fall nichts mit Scham zu tun hat, sondern mit Folgsamkeit, welche hier von dem Erarbeiten der Stubenreinheit herrührt. Wenn der Zögling also die Distanz beim Toilettengang vorzieht, dann braucht man nicht dagegen zu wirken, wenn er danach gleich wieder kommt, anstatt sich nach seiner Erleichterung selbständig zu machen. Doch ein indiskutabler Grund, warum jeder Hund den nahen Umkreis verlassen darf, ist das Spiel. Er muss leben können. Und wenn er dann mal in heller Freude ordentlich Gas gibt, macht man besser mit, als ihn immer daran zu hindern. Es ist aber von eindeutigem Spiel die Rede und nicht von hektischem Umherirren oder gar von einem Suchen nach Beute, Rivalen oder anderem. Reines Spiel ist ihm natürlich vergönnt. Sollte er sich gerne aus dem Spiel heraus selbständig machen, dann kann man anfangs nicht überall spielen. Auch wenn er ständig nur herumtollen möchte, dann kommt man an Punkte, wo es eben nicht geht, da es an manchen Örtlichkeiten eben ungünstig ist. Also kann man ein beginnendes Spiel ruhig auch mal mit dem Unterlassungssignal unterbinden, wenn die Begebenheit oder Örtlichkeit ungünstig dafür ist, da die Situation ansonsten außer Kontrolle geraten könnte – sollte nicht gefolgt werden, muss man das Ende eben herbeiführen (z. B. mal die Leine zu Füßen des Zöglings plumpsen lassen). Falls es noch eine ganz junge oder schwierige Beziehung ist, sagt man nicht das Unterlassungssignal, sondern münzt das Ganze auf einen Leckerbissen um, wonach man dann auch kurz anleinen kann. An anderer Örtlichkeit kann man dann fröhlich ein Spiel beginnen, damit der Schatz sich auch mal austoben kann. Bedürfnisdefizite dürfen ebenso wenig bestehen, wie Ignoranz seitens des Zöglings, wenn man erkennbar eine Interaktion startet.
Somit gilt die Faustformel: Entweder spielt man gerade, oder man ist zusammen unterwegs.
Beim Spiel bleibt man also auf der jeweiligen Wiese, in dem jeweiligen Waldstück oder wo man sich während des Spiels eben befindet. Dort tollt man dann herum, rennt, rauft, zerrt, lacht und jagt sich den Gegenstand ab. Oder

man ist zusammen unterwegs. Da wird dann nicht geistlos herumgerannt oder sich abgenabelt. Beim Weitergehen bestimmt das Familienoberhaupt Richtung und Geschwindigkeit sowie ein Desinteresse oder ein eventuelles Interesse an Fremden. Dabei geht der Zögling einfach mit, während er sich umsieht, was beim Hund natürlich insbesondere Schnuppern bedeutet. Er soll, muss und darf sich für seine Umwelt interessieren. Er lebt ja, was genau das ist, was man liebt. Das Leben bedeutet Gefühle. Also hat er das auch zu tun, was auch bedeutet, dass es gleichgültig ist, wenn er einen Ast zernagt oder herumträgt, doch wenn die Spielerei ausgelassen wird, bleibt man stehen und feuert ihn von mir aus auch an, bis das Spiel wieder abflaut, woraufhin man wieder weitergehen kann. Aber er hat das jeweilige Habitat und die Fremden darin nicht zu bestimmen.

Denken Sie hierbei nochmal an das Bespiel mit unserem jugendlichen Gast aus Taiwan. Wir würden nicht dabei zusehen, wie er kopflos in der Gegend umher rennt, Spaziergängern an das Schienbein tritt, mit Gleichaltrigen Prügeleien anfängt, sowie wir auch nicht daneben stehen würden, wenn er von Fremden angegriffen würde und wir auch nicht zusehen würden, wenn er allen Fremden aufdringlich die Hände schüttelt und nachschaut, ob diese etwas Kleingeld in den Taschen haben.

Wie bleibt der Schützling in der Nähe und lernt die Orientierung?

Damit er im nahen Umkreis bleibt, muss man also dafür sorgen. Anfangs wird das vermutlich mit relativ vielen Verbalsignalen passieren. Das Unterlassungskommando, wenn er ein klares, aber zu weit entferntes Ziel ansteuert oder wenn er an ungünstiger Stelle spielen möchte. Das Signal zur Aufmerksamkeit (Name), wenn er verträumt vor sich hin trottet und den Entscheidungsträger zu vergessen droht. Das Daseinssignal, wenn er zu aufgeregt umher irrt und dabei seinen Menschen vergisst. Man könnte ihn grundsätzlich auch immer herrufen, doch würde das einem selbst alsbald aufstoßen. Gern auch mal nur etwas unterbinden, was gerade ungünstig wäre. Mitunter genügt es auch tatsächlich, lediglich die Aufmerksamkeit per Namenssignal zu sich zu erhöhen.

Hier zeigt sich auch wieder, wie wichtig es ist, die Beweggründe und Intentionen seines Hundes zu erkennen. Also denkt man wieder an den, im vorigen Kapitel besprochenen, Aufmerksamkeitskuchen. Wenn man sich die hundert Prozent der Aufmerksamkeit seines Hundes wieder in einem graphischen Kuchen vorstellt, dann kann man diesen Kuchen auf dem Spaziergang grob in zwei Unterteilungen auftrennen. Einerseits die Aufmerksamkeit für die Familie beziehungsweise den Sozialpartner. Andererseits den Teil an Aufmerksamkeit, welchen er für die Umgebung hat. Wenn man ihn nur wenige Sekunden beobachtet, dann stellt man meist fest, dass er mindestens achtzig Prozent seiner Aufmerksamkeit in der Umgebung hat. Zwanzig Prozent für denjenigen, der Entscheidungsträger sein möchte, sind aber zu wenig, wobei es oft sogar noch weniger ist. Hat er erst mal achtzig, neunzig Prozent der Aufmerksamkeit in der Umgebung, ist er weg, wenn dort ein interessanter Reiz auftaucht. Dann wieder in seine Gedankenwelt zu dringen ist fast unmöglich, solange die Positionen nicht geklärt sind. Also schaut man danach, dass er zumindest fünfzig Prozent seiner Aufmerksamkeit bei einem hat, dann kann man wesentlich erfolgreicher etwas signalisieren, wenn ein Reiz auftaucht. Außerdem erreicht man damit das obig Angesprochene noch besser, indem er merkt, wer hier die Richtung vorgibt, wer hier die Entscheidungen für den Sozialbund trifft. Wie viel Aufmerksamkeit er für einen hat, erkennt man an der Kontaktaufnahme. Jeder Hund schaut irgendwann mal, ob der Napf-Hinsteller noch in der Nähe ist. Ob er dies wörtlich mit einem Blick macht oder ob er nur mal in der Peripherie „schaut" bzw. lauscht ist zunächst mal gleichgültig. Manch anderer Hund kommt auf dem Spaziergang hier und da sogar zu seinem Menschen her. Dieses Sondieren, dieser Blick oder gar der Körperkontakt, sollte etwa alle sieben bis fünfzehn Sekunden erfolgen, dann weiß man, dass er noch an einen denkt. Wenn er nicht sinnlos und wirr herumirrt, kann auch der Blick aus der Peripherie, also aus dem Augenwinkel genügen, Hauptsache man erkennt, dass er sich einem anschließt. Bei diesem Thema braucht man auch kein schlechtes Gewissen zu haben. Er hat ja auch Aufmerksamkeit zur Umgebung. Man verbietet ihm nicht das Leben. Man verlangt nur, dass er sich nicht hinterher laufen lässt, sondern er einen als wichtigen Teil bei diesem Aufenthalt außerhalb des Kernterritoriums akzeptiert. Also hat er auch zu demjenigen in angemessener Weise aufmerksam zu sein. Auch hier kann man sich wieder ein Beispiel aus der Natur heran ziehen: Angenommen ein wild lebendes Rudel hat Hunger und macht sich mangels Wühlmäusen auf den Weg, Beute zu suchen. Jetzt erscheinen verschiedene Karibus, Rehe, Baumstachler oder andere potentielle Beute. Stürzt sich dann der nächstbeste auf das erstbeste Wild? Nein. Die Führungsebene entscheidet, wann versucht wird, welches Tier zu erbeuten. Das Ganze soll ja von Erfolg gekrönt sein, und der Entscheidungsträger lässt sich da nichts versauen. Er ist nicht umsonst derjenige, der die Entscheidungen trifft, denn er kann es, wodurch er auch die größte Selbstsicherheit hat, welche ihn zum Orientierungspunkt macht. Das muss man sich mal vor Augen halten: Die anderen, also diejenigen mit der geringeren Entscheidungsposition, haben also trotz Kohldampf und der potentiellen Beute vor Augen eine gewisse Aufmerksamkeit für den Chef, der hierhingehend nicht einmal etwas sagen muss. Und der wohlgenährte Hund hat auf dem ganz normalen Spaziergang nicht einmal einen Blick für seinen Menschen übrig? Allein daran sieht man schon, wie es meist in der Beziehung und der Abgrenzung der sozialen Stellungen innerhalb der Gemeinschaft von Hund und Mensch krankt. Meist ist es derart verschroben, dass es nicht einmal eine Familie ist. Es ist nicht selten so, dass der Hund den, zumindest auf dem Spaziergang, eher leidigen Umstand des Menschen einfach hinnimmt, um sein täglich Brot nicht zu verlieren.

Summa summarum wird also dafür gesorgt, dass der Hund auf dem Spaziergang in einem angemessenen Rahmen aufmerksam zu seinem Menschen ist. Er soll anfangs also in einem etwa fünf bis sieben Meter Umkreis sein und alle fünf bis zehn Sekunden zumindest die Ohren nach seinem Menschen richten, herschauen oder auch mal nahe zu einem kommen. Dies alles sollte letzten Endes ohne Signale, also ohne Kommandos ablaufen. Es sollte also eine Selbstverständlichkeit werden. Um dies zu erreichen, ist es unablässig, Ruhe und Position zu verkörpern, was man mit dem folgenden Dreischritt erreichen kann:
Der erste Schritt zur Orientierung des Hundes auf dem Spaziergang:
Man gibt den Weg vor. Das beginnt bereits beim Anleinen oder beim Hindurchgehen, durch die Haustüre oder beim Aussteigen aus dem Auto. Spättestens aber, wenn man die Meterleine vom Halsband löst. Bei all diesen Situationen macht man etwas. Man ist gerade mit der Leine, der Türe oder dem Auto beschäftigt, da lässt man sich nicht hineinpfuschen. Man lässt sich an der Türe nicht schubsen. Man lässt sich nicht hinterher zerren oder ignorieren, wenn man das Auto öffnet. Das wurde bereits besprochen, ist aber dafür unablässig, dass der Zögling sein Hirn einschaltet, anstatt kopflos und ignorant herumzuirren. Das Lösen der Leine ist dabei ein besonderer Augenblick. Man darf hier nicht hinterher laufen. Das erste, was geschieht, ist, dass man nach dem Lösen der Leine wortlos und in aller Ruhe stehen bleibt. Hierfür wird nichts kommandiert! Man denkt an den dritten Punkt des Grundrespektes, bei dem man doch bitte kein Kommando braucht, damit man es schafft, die Leine zu lösen. Man bückt sich also in aller Ruhe und entfernt den Karabiner vom Halsband, woraufhin man sich wieder aufrichtet, ohne den Hund anzustarren. Wa-

rum auch anstarren? Was soll er denn machen? Nichts weiter. Er ist einfach nur da und hat nun, nach dem Abmachen der Leine, mehr Spielraum. Er kann machen was er möchte, solange er einen nicht einfach vergisst. Genau das wird sich jetzt, nach dem Lösen der Leine, zeigen. Wenn er sogleich weitergeht, dann bleibt man beharrlich stehen. Wenn er dann, innerhalb eines sinnvollen Umkreises, Kontakt aufnimmt, er also herschaut, dann lobt man das, woraufhin man in aller Ruhe beginnt, weiter zu gehen. Er hat sich an einem orientiert, was richtig war. Um zu erklären, dass es das ist, was man wollte, lobt man diese Handlung der Kontaktaufnahme, woraufhin man weiter geht, da er sich ja angeschlossen hat. Interessiert den Zögling das Stehenbleiben seines Familienoberhauptes nicht und er erreicht die (etwa) fünf Meter Marke, dann kommt der zweite Schritt, um Orientierung auf dem Spaziergang her zu stellen:
Man signalisiert, dass man etwas möchte, und sei es nur eine Kontaktaufnahme mittels des Aufmerksamkeitssignals (Name). Reagiert er auf das Signal, dann verfährt man hinsichtlich des Verlangten, wie es eben nötig ist, je nachdem, was man gesagt hat – man lobt das Aufmerksamkeitssignal oder erarbeitet das Daseinssignal oder entlässt es einfach, wenn er es schon kann. Falls er das gehörte und verstandene Signal aber furchtlos ignorieren möchte, dann kommt der dritte Schritt, um Orientierung auf dem Spaziergang her zu stellen:
Man stoppt diese Ignoranz, indem man darauf reagiert. Sei es per Schleppleine, per Schreckmittel oder, im Notfall, mit einer leichten Form von Aggression, indem man ein Unmutsgeräusch von sich gibt („He!"). Also: Man setzt sich durch.

Man verlässt also das Gartentor, entlässt aus dem Auto oder löst die Meterleine, um sogleich einmal stehen zu bleiben. Bleibt der Zögling dann orientiert, er schnuppert oder lugt also in einem vernünftigen Umkreis (etwa fünf Meter) in Ruhe umher, wartet man einen Moment, bis er auf irgendeine Weise Kontakt aufnimmt. Wenn er das dann macht, lobt man, um dies beizubringen, woraufhin man weiter geht, da er gedanklich ja Anschluss hält. Kommt aber nichts, nachdem man stehen blieb, dann verlangt man etwas. Geht er selbstbewusst nicht auf das Verlangte ein, führt man es herbei.
Wenn man das dann erledigt hat, geht man weiter. Wird der Zögling dann schneller, wird man sogleich langsamer. Interessiert es den Hund nicht oder bemerkt er es nicht, dann ist man nicht zufrieden. Dann kommt wieder der zweite Schritt, um Orientierung herbei zu führen, und man ver-

langt etwas. Sollte das dann in aller Selbstsicherheit vom Hund ignoriert werden, setzt man sich wieder durch.
Wenn man diesen Dreischritt in Ruhe und überlegter Zielorientierung vollzieht, wird man bald feststellen, dass sich der Prozess umkehrt: Bald muss man weniger, bis hin zu gar nichts mehr herbeiführen oder durchsetzen. Der Hund hat gelernt, dass sich sein Mensch nicht von ihm ignorieren lässt. Daraufhin muss man bald weniger verlangen, da der Hund weiterhin lernt, dass wieder etwas von ihm verlangt wird, wenn er sich selbständig macht, womit die Ignoranz noch weiter abgenommen hat und sogleich ein stärker ausgeprägtes Miteinander statt findet. Letztendlich geht man spazieren, wobei der Hund mit geht und sein Leben in der Umgebung seines empfundenen Familienoberhauptes genießt und lebt, ohne dass man ständig etwas signalisieren muss. Wenn man jedoch dann mal etwas verlangen muss, da jetzt etwa ein sich fürchtender Jogger oder gar ein Auto auftaucht, dann wird dies vom Hund auch akzeptiert.

Bei dem passivem Weg, also dem Teil, bei dem man wortlos stehen bleibt oder einfach langsam wird, benützt man wieder das Lob, um beizubringen. Reagiert der Schützling auf das wortlose Vorgeben des Weges, indem er herschaut, wenn man langsam wird oder stehen bleibt, dann lobt man sogleich. Damit wird klar, dass man nicht sauer ist, sondern man damit zufrieden ist, wenn sich der Zögling an einem orientiert. Wortloses Anstarren würde eher signalisieren, dass man verärgert ist. Die ersten beiden Tage, wenn man versucht ist, die Positionen abzuklären, lohnt es sich, auf dem Spaziergang jeden Blickkontakt und jede Körperkontaktaufnahme zu loben. Dabei sind natürlich die Kontaktaufnahmen gemeint, welche der Hund von alleine, also ohne Ansprache seines Menschen macht. Der Schützling soll verstehen und lernen, dass dies gewünscht ist, weshalb man per Lob erklärt, dass es einem gefällt, wenn er sich an einem orientiert. Doch da es um ein Beibringen geht, wird mit dem Lob auch wieder nachgelassen. Dann wird nach einigen Tagen nur noch jeder zweite oder dritte Blickkontakt gelobt. Irgendwann wird es dann willkürlich. Wenn er begriffen hat, wer hier den Weg vorgibt, dann wird auch mehr und mehr verlangt, dass er es auch beachtet. Also kann auch hier das Lob nachgelassen werden. Da man hier aber passiv und nicht aktiv arbeitet, macht man sich selbst und dem Zögling auch keinen Druck, weshalb ich die Zeitangaben so diffus dargestellt habe. Bleiben Sie selbstsicher. Loben Sie selbständige Kontaktaufnahmen, also die nicht von Ihnen eingeforderte Orientierung, zunächst mal so lange Sie wollen. Ob nur die ersten Tage jede Kontaktaufnahme außerhalb des Kernterritoriums gelobt wird oder ein halbes Jahr lang, ist zunächst mal gleich. Wichtig ist, die Selbstsicherheit zu gewinnen, in deren Steigerung der jeweilige Mensch auch das Wissen um das Verständnis seines Zöglings hinsichtlich des Verlangten hat.

Die soziale Stellung durchschauen

Den Indikator für die positive, entspannte aber rangabhängige Beziehung ist immer derselbe: In wieweit wird selbstbewusst ignoriert. Zunächst geht es rein um Interaktionen, welche das Familienoberhaupt möchte. Ist man das Familienoberhaupt geworden, so wird sich auch daran orientiert. Und das, was begriffen wurde, wird dann auch verlangt. Man ist aber erst der aggressionslose, feste und Geborgenheit spendende Ruhepol des Familienoberhauptes, wenn das Verlangte auch stress- und sorglos akzeptiert wird. Das kann man in diesem Dreischritt wieder gut erkennen, ähnlich wie im Herbeiführen. Bei dem Thema des Herbeiführens, bzw. des Durchsetzens eines geklärten Signals wurde besprochen, dass dies deutlich weniger werden muss. Die Situationen, in denen man bemüht ist, Ignoranz zu stoppen, müssen verschwinden, ansonsten stimmt etwas nicht. Dann ist man der Kasper oder der Tyrann, aber nicht Mutter oder Vater. Das ist bei dem Dreischritt ebenso. Erst wird man noch ignoriert, wenn man etwas signalisieren musste, da sich der Zögling nicht orientierte, woraufhin man sich durchsetzt. Dann muss man nur noch Aufmerksamkeit verlangen, wenn sich der Zögling wieder mal vergisst, da ein Durchsetzten oder Herbeiführen nicht mehr nötig ist. Bis man letztendlich nichts mehr sagen muss und der Schützling sich somit ganz von selbst und mit entspannter Akzeptanz orientiert. Was man also machen muss, dass das, was man gerechtfertigter weise verlangen kann, akzeptiert wird, muss immer weniger werden – ohne Schmerz, möglichst ohne Aggression und ohne Hektik.
Die Anwesenheit des Entscheidungsträgers reicht letztendlich also dazu aus, dass man sich an ihm orientiert. Das kann und sollte so weit gehen, dass der Entscheidungsträger nichts mehr signalisieren muss, wenn ein Mensch, ein anderer Hund, ein Wild oder sonst ein Reiz auftaucht - der Schützling sollte in Bezug auf solche Reize keine eigenmächtige Entscheidung fällen. Natürlich schaut er hin. Es interessiert ihn und er lebt und soll leben. Doch soll er diesbezüglich keine Entscheidung fällen.

Nochmal in Kürze:

1. Passiv arbeiten. Man gibt wortlos den Weg vor. Wird der Hund schneller, wird man langsamer, bis hin zum Stehenbleiben, oder dass man sogar mal ein Stück in die Gegenrichtung geht. Dabei ist man aber keineswegs hektisch. Bemerkt der Zögling dieses ruhige, passive Arbeiten nicht oder will er es nicht beachten, dann kommt der zweite Schritt.
2. Man signalisiert etwas. Er kommt dann eben per Anordnung her oder unterlässt etwas, beziehungsweise gibt einem beim Namenssignal Aufmerksamkeit. Macht er es, dann ist alles gut und man beginnt wieder bei Schritt eins. Wenn er aber ohne Furcht dieses gehörte und verstandene Signal ignorieren möchte, kommt der dritte Schritt.
3. Man beharrt auf das Signalisierte. Das heißt, es passiert etwas auf den Entschluss des Zöglings, das gehörte und verstandene Signal zu ignorieren. Sei es, dass an der Schleppleine gezogen wird, man die Leine zu seinen Füßen plumpsen lässt, direkt handelt, indem man sich ruhig, aber gezielt nach ihm ausstreckt und berührt oder man ein Schreckmittel einsetzt. Im Notfall, wenn man also schlecht vorbereitet war oder sich plötzlich ein Busch zwischen Zögling und Mensch befindet, zeigt man halt auch mal Unmut, indem man mal die Stimme benützt, um die Ignoranz zu stoppen („He!").

Wenn man erfolgreich, in Ruhe und zielgerichtet arbeitet, wird sich die Gedankenhaltung des Zöglings ändern. Er wird aufmerksamer werden und „nachfragen" was man macht, wo es lang gehen soll oder ob alles in Ordnung ist, wenn man stehen bleibt. Bei diesen Blicken wird er gelobt, was wiederum zum gewünschten Lernen führt. In dieses Sozialgeschehen wird dann ein neues und auch entspanntes Bild einkehren, da der Hund Orientierung und Geborgenheit bei seinem Menschen findet, welcher sich als ein liebender Sozialpartner, aber unbedingt auch als souveräner Entscheidungsträger zeigt. Mehr und mehr wird man dann immer weniger Signale anordnen müssen, da der Hund eine gute Aufmerksamkeit für seinen Menschen erlernt hat. Letztendlich zeigt sich, dass die Distanz, welche der Hund auf dem Spaziergang einnimmt, mehr und mehr unwichtig wird, denn man hat immer mehr Verlass auf die sinngemäße Beantwortung der klaren Signale, da sich der Schützling gedanklich nicht abnabelt. So ist es einem alsbald einerlei, wenn es auch mal zehn Meter sind und einen weiteren Monat später sind auch mal zwanzig Meter einerlei, da der Zögling dennoch spätestens alle viertel Minute her schaut und er auf jeden Fall akzeptiert, wenn etwas signalisiert wird. Das heißt, der Zögling zeigt also Orientierung und stellt nicht in Frage, wenn etwas signalisiert wird. Der enge Umkreis, den man anfangs anstrebt, dient also dazu, mehr Orientierung herbei zu führen und klar zu machen, dass man sich nicht ignorieren lässt, spätestens, wenn man etwas signalisiert hat. Tritt die Akzeptanz ein, wenn man also Verlass auf seine Signale hat, dann ist auch meist schon Orientierung gegeben, da der Zögling einen als Familienoberhaupt zu akzeptieren gelernt hat. Damit wird der Umkreis als solcher nicht mehr so wichtig, denn die Situation als solche wurde geklärt. Und zwar in Form von: „Du rennst hier nicht kopflos herum und entscheidest nicht selbständig, während ich hinterherlaufe." Man hat dann folgendermaßen geklärt: „Wir sind zusammen unterwegs und ich entscheide." In diesem Rahmen lebt der Zögling. Das heißt, er schnuppert herum, markiert auch mal, interessiert sich für Außenreize, aber ohne dahingehend eine Entscheidung zu fällen. Und wenn er in einem geeigneten Gebiet mal zu spielen beginnt, kann man ruhig auch dazu lachen und ermuntern. Der Zögling lebt und soll leben. Man selbst lebt aber auch und man ist nicht der Kumpel der einfach hinterhergeht. Man sieht auch hier wieder, dass alles entspannter wird, wenn die Positionen zueinander geklärt und akzeptiert sind. Leben und leben lassen. Das kann innerhalb eines Sozialverbandes aber nur funktionieren, wenn jeder weiß und akzeptiert, wer hier welche Position hat. Dabei helfen keine Worte und Vorstellungen. Eine entscheidende soziale Stellung muss man haben, was man nur durch seine Persönlichkeit erreichen kann, nicht durch Meinungen und Wünsche. Ruhig besonnen und ohne Hektik wissen, wie man sich verhält und was man signalisiert.

Abschließende Themen

- Erweiterung zum Herbeiführen
- Das Spiel
- Der Tagesablauf
- Die Basis
- Akzeptanz und Intension
- Die wachsende Beziehung
- Schlusswort

Erweiterung zum Herbeiführen

Erweiterung zum direkten Handeln: Die Unterwerfungsgeste

Die Unterwerfungsgeste ist kein echtes Herbeiführen, denn es wird nicht die Akzeptanz des Signals erreicht. Damit wird nur Beachtung der Entscheidungskompetenzen herbeigeführt, wenn der Zögling auch während eines normalen Herbeiführens über die Strenge schlägt. Wichtig ist hier zu erkennen, dass ein ausreichender Grundrespekt fehlt, da eine Unterwerfungsgeste ansonsten nicht erforderlich wäre. Also ist eine derartige Repressalie eigentlich nicht notwendig, da ansonsten ein grundlegendes Problem in dieser Beziehung besteht. Da aber immer wieder gesehen wird, wie die Menschen auf geradezu grausame oder sinnlose Weise eine Unterwerfungsgeste versuchen, möchte ich hier erklären, wie eine solche Demutsgeste sinnvoll erreicht wird.

Zunächst die Voraussetzung für eine Unterwerfungsgeste: Man signalisiert etwas, was der Zögling gehört und verstanden hat. Des Weiteren hat er keine Unsicherheiten. Die Voraussetzungen für ein Herbeiführen sind also da, wenn er das Signal jetzt ignoriert. Dann möchte man auf geeignete Weise herbeiführen, was heißt: ohne Schmerz, ohne Aggression und ohne Hektik. Wenn sich der Zögling nun gegen dieses Herbeiführen wehrt, er also auch den Versuch seines Menschen sich Gehör zu verschaffen ignoriert und er sich dagegen sträubt, dann kann er auch mal in die Demutsgeste gebracht werden. Deutlich zu betonen ist hier, dass keinerlei Angst oder Furcht im Ausgelieferten zugegen sein darf. Auch bei großer Freude hinsichtlich geliebter Personen oder Gegenständen würde ich es niemals machen – so etwas wäre ein Verstören oder das Zerstören einer positiven Lebenssituation. Angesichts solcher Freude gibt es grundsätzlich ohnehin keinen Grund etwas zu verlangen. Falls in solchen Freude-Situationen etwas gelenkt werden müsste, dann würde ich es grundsätzlich emotional machen, anstatt mit einem verlangten Signal, zumindest solange nichts gefährlich wird.
Der Lehrling versucht also nicht nur das, was sein Mensch signalisiert hat, zu ignorieren, sondern er versucht sich dann auch noch dem, dass sich sein Mensch Gehör verschaffen möchte, zu entziehen. Er möchte also mit aller Macht seinen Dickkopf angesichts von vermeintlicher Beute, gefundener Nahrung, dem bloßen Schnuppern an interessanten Stellen oder ähnlichem durchsetzen, wobei die Signale seines Menschen nicht nur eindeutig und furchtlos verstanden wurden, sondern auch ein Bestehen darauf missachtet

wird. Man sieht hier auch, wie selten eine solche Geste der Unterwerfung ist, denn selbst mit einem eher geringen Grundrespekt kommt es kaum zu einer solchen aktiven Auflehnung.

Wie ist eine Demutsgeste erfolgreich?

Nun zur richtigen Vorgehensweise, für deren Erkenntnis man sich wieder ein Bild aus der Natur vor Augen führt. Was macht ein Hund, welcher einen anderen in der Demutsgeste unter sich hat? Gar nichts. Er steht über ihm und genießt seine Vormachtstellung, während der andere sich nicht traut, sich zu rühren. Hat er lange genug bewiesen wer er ist, geht er einfach wieder seiner Wege. Die Sache ist geklärt. Wenn er, während der andere vor ihm liegt, weiter an dem unteren agieren würde, dann ginge es nicht mehr um die Beachtung sozialer Stellungen, sondern um ein Beseitigen. Dann ist echte Wut im Spiel, und nicht selten geht es dann eben um das Töten und nicht um eine Klärung der Ränge. Und was machen oftmals die Menschen? Sie pressen ihre Hunde aktiv auf den Boden, um den Hund zu „Unterwerfen“. Das ist keine Klärung der Ränge, sondern ein Tötungsverhalten. Da wird einem positiven Miteinander mit Geborgenheitscharakter auf verwerfliche Weise entgegengewirkt. Die Hunde, welche hierbei panisch kreischen und sich wehren, machen nichts falsch. Im Gegenteil. Wieder ein vergleichbares Beispiel aus der Menschenwelt: Ein zweihundert Kilo Schlägertyp sagt zu einem: „Sei still.“ Situationsbedingt stellt man sich vor, man müsste mit allem rechnen, wenn man jetzt nicht still wäre. Egal wie erniedrigend und übel die Situation einem erscheinen würde, man wäre besser mal still. Kommt der Kerl aber dennoch heran und wird handgreiflich, dann wartet man doch nicht, bis er einen nach seinen Vorstellungen zu Ende misshandelt hat. Nein, man tritt ihm in die Weichteile, sticht ihm einen Finger ins Auge, zieht die Jacke aus, an welcher er einen hält und rennt zum Teufel. Egal was und wie, man handelt. Vermutlich in reiner Panik, aber man handelt um seine Gesundheit, sein Leben zu schützen. Dementsprechend wird der Hund nicht am Boden fixiert, ansonsten entsteht reine, berechtigte Panik, in welcher er sich nicht gegen eine Unterwerfung, sondern gegen einen Angriff auf sein Leben zur Wehr setzt. Darum geht es nicht. Darum darf es auch nicht gehen! Es geht um eine Abgrenzung der Persönlichkeiten, also um eine Abgrenzung der Entscheidungskompetenzen.
Jetzt gibt es aber einige Hunde, welche gänzlich behütet in der Menschenwelt aufgewachsen sind. Welche noch nie irgendeine negative Erfahrung in

der Menschenwelt gemacht haben oder welche schlicht ihren eigenen Menschen nichts weiter zutrauen. Da kann es geschehen, dass der Hund keine Panik bekommt, wenn er am Boden fixiert wird. Um hier den Fehler zu erkennen, stellt man sich wieder ein Beispiel aus der Menschenwelt vor: Man nehme an, man befindet sich als Arbeitnehmer im Flur des Bürokomplexes, wo man gerade gemütlich herumstehend eine Tasse Kaffee umrührt. Nun kommt der Chef und sagt: „Hör auf schon wieder Kaffee zu trinken und arbeite weiter." Man hat aber keine Lust dazu und signalisiert statt zu arbeiten, dass er einem den Buckel runterrutschen kann. Wenn dieser Chef einen daraufhin in das Büro schubst und hinter einem zuschließt, hat er dann gewonnen? Ich würde sagen nein. Dann steht man zwar im Büro, aber man arbeitet noch lange nicht weiter. Man denkt sich etwas, wie: „Wenn der wieder aufmacht, dann wasch ich dem Spinner mal gehörig den Kopf!" oder „Mir doch egal, dann hab ich eben meine Ruhe." Man ist eben nur aufgrund von mechanischen Umständen in diesem Büro. Man hat noch lange nicht akzeptiert, wer hier das Sagen hat, beziehungsweise, wen man hier als Entscheidungsträger akzeptieren muss, solange man hier seine Brötchen verdienen möchte. Anders wäre es aber, wenn er einen im Flur erwischt und sagt: „Morgen hast du deine Abmahnung auf dem Tisch, wenn du jetzt nicht weiter arbeitest." Dann hat man eine andere, wesentlich ernstere Situation vor Augen. Wenn man hier weiterhin sein Einkommen beziehen möchte, dann geht man in sein Büro und arbeitet weiter. Die Türe steht also offen und man sitzt an seiner Arbeit - und zwar ohne Kampf und ohne Diskussion. Erst dann hat der Chef gewonnen. Wenn der Zögling sich also auf dem Boden befindet und abwartet, bis man wieder los lässt, hat man nichts erreicht. Er muss schon freiwillig auf der Seite liegen bleiben, ohne fixiert zu werden. Ansonsten erreicht man nur Panik oder nichts.

Zu aller Anfang sollte klar sein, dass eine solche Interaktion nur die beiden Protagonisten etwas angeht. Niemand anderes hat dabei etwas zu suchen. Da sieht man immer wieder Hundeschulen, Trainer oder Hundebesitzer, die einen Hund zu Boden zwingen, während andere Leute mit anpacken oder Hunde an dem Ausgelieferten schnuppern und ihn inspizieren. Der Zögling wird keinesfalls gemeinschaftlich unterworfen, sondern der Entscheidungsträger regelt hier gerade etwas mit seinem Schützling. Da hat kein anderer Mensch mit anzupacken und schon gar nicht hat dabei irgendein anderer Hund ran zu schnuppern, gleichgültig ob diese anderen Familienmitglieder sind oder nicht. Alle anderen, welche eventuell zugegen sind, haben mindestens drei, besser fünf Meter weg zu bleiben. Besser noch, sollten eventuell Umstehende gar nicht hersehen, sondern die Begebenheit einfach ignorieren. Dann bringt man den Hund einfach von den Beinen. Auch hierbei muss es nicht aggressiv zugehen. In aller Ruhe in die Hocke gehen und die äußeren Beine des Hundes zu sich heran ziehen. Dann plumpst er bäuchlings zu einem zu Boden. Sodann möchte er natürlich sofort wieder aufspringen, denn immerhin versucht er gerade, einen aktiv zu ignorieren. Sowie er sich aber auf die Ellenbogen dreht um wieder aufzustehen, wird er an der Schulter wieder hinunter geschubst. Nicht hinunter pressen, sondern einfach hinunter schubsen. Wieder und wieder... Bis er liegen bleibt. Bei besonders schnellem Agieren des Hundes kann man auch mal ein, zwei Sekunden an der Schulter unten halten, doch dann wieder langsam los lassen und wieder schubsen, wenn er tatsächlich noch mal aufstehen möchte. So lange, bis er endlich akzeptiert und liegen bleibt. Man kann auch mal sanft das untere Vorderbein etwas lang ziehen, damit er daran gehindert wird, sich auf dem Ellenbogen aufzurichten. Wie auch immer, es zeigt sich, dass schmerzlos und möglichst aggressionslos und ohne Hektik daran herum gebastelt wird, dass er auf der Seite liegen bleibt. Falls sich Angst oder gar Panik im Hund entwickelt, macht man etwas falsch. Dann hört man sofort auf, denn die Situation wäre gekippt. Falls alles normal weiter läuft, der Hund möchte eben mit aller Macht erreichen was er will, dann bleibt man einfach mit dem Hinunterschubsen dran, sobald er sich aufrichten möchte, bis er endlich akzeptiert und liegen bleibt. Dann hat man das, was man wollte: Er beachtet einen. Zwar nicht in der Ausführung des Signals was man ursprünglich verlangt hatte, doch war dies ja nicht möglich, da er sich auch gegen das Herbeiführen wehrte. Also hat man eben eine andere Beachtung, in welcher er sich auch nicht wohl zu fühlen braucht. Immerhin hat er übertrieben. Das Signal seines Menschen zu ignorieren war schon schlimm genug. Dann auch noch das Herbeiführen brechen zu wollen ist zu viel an Frechheit. In solch einem Fall muss man einmal mehr den Grundrespekt ermahnen. Da muss dann was erarbeitet werden, damit es nicht derart derb werden muss.

Nach dem akzeptierten Liegenbleiben, angesichts des persönlichkeitsstarken Sozialpartners, ist ein solches Szenario aber noch nicht vorbei. Man bleibt einige Sekunden über ihn gebeugt, was er durch sein Liegenbleiben zu dulden hat. Er hat jetzt zu zeigen, dass er respektiert, was man mit seinem stummen und stoischen Schubsen und Hinunterverbringen erreicht hat. Nicht zu lange über ihn beugen, einige Sekunden reichen aus, ansonsten kann es sein, dass er sich gemütlich auf die Seite legt. Nein, er soll sich ruhig peinlich pikiert fühlen, immerhin hat er gerade eine Herausforderung hinsichtlich der Entscheidungskompetenzen innerhalb der Familie verloren. Dann richtet man sich ebenso wortlos wie bisher auf und geht in Ruhe weg. Wenn in dieser Beziehung eine Bindung besteht und die Voraussetzungen stimmten, dann kommt der Zögling hinterher und versucht gut Wetter zu machen. Bleibt er, womöglich auch noch hechelnd, liegen, dann hat man ihn verstört, was beweisen würde, dass die Voraussetzungen eben nicht stimmten. Doch wenn alles gut ging, dann sucht er jetzt Kontakt, wobei man sich zeigen lässt, dass er sich auch bemüht. Man kann einmal in aller Ruhe die Richtung wechseln oder man geht einfach fünft bis zehn Meter ruhig den Weg entlang, während der Schützling bemüht ist, den Kontakt zu finden. Er kommt also nahe heran oder schleicht dicht hinterher. Dann geht man weiterhin wortlos in die Hocke, wo dem Schützling dann die Möglichkeit gegeben wird, sich wieder einzuschmeicheln. Heißt, man lässt ihn an Mundwinkel und Ohren lecken, was er auch wollen wird, wenn er jetzt die Aufwartung macht. Ist er zu verschämt, dann setzt er sich vermutlich nur rücklings zwischen die Knie. Jetzt ist sehr wichtig, dass man nichts weiter dazu sagt. Man tätschelt nicht und kommentiert es nicht, sondern man nimmt es einfach hin. Einige Sekunden später richtet man sich einfach wieder auf und geht ins Tagesgeschehen über, als sei diese ganze Szenerie nie passiert.

Der Erfolg einer Demutsgeste

Folgendes ist geschehen: Der Hund meinte, dass er mindestens genau so viel zu sagen hat wie sein Mensch, ansonsten wäre es nicht soweit gekommen. Dann hat man geklärt, dass man mehr darstellt, als der Schützling bisher meinte. Jedenfalls hat der Zögling diesen Unterschied in den Entscheidungskompetenzen letztlich akzeptiert, ansonsten wäre er nicht berührungslos liegen geblieben, während sein Sozialpartner sich über ihn beugt. Auch wenn es einen Moment gedauert hat, hat er es letztlich akzeptiert. Das war auch genau richtig so, denn es soll nicht gekämpft werden, weshalb einfach ruhig und selbstsicher nicht locker gelassen wird, solange keine Angst oder gar Panik entsteht. Nun, nach dieser Akzeptanz, lässt man achtlos von ihm ab. Er kommt dann hinterher und versucht wieder Anschluss zu erhalten. Diese Möglichkeit gibt man ihm auch, was die Abgrenzung der sozialen Stellungen deutlich macht. Denn: Wer bemüht sich hier um wen? Er ist es, der für gut Wetter sorgt, womit er die Entscheidungsgewalten auch auf eine entschuldigende Weise akzeptiert. Damit ist man auch zufrieden, denn mehr braucht es nicht. Wenn man ihn hierbei aber tätschelt, dann bedankt man sich dafür, dass er Kontakt sucht, womit man die Gleichheit der sozia-

len Stellungen sogleich wieder hergestellt hat. Dann wäre also alles umsonst gewesen. Also denkt man daran, dass es hier um eine Klärung der Entscheidungskompetenzen geht und nicht um eine Schmusesituation, weshalb man die Entschuldigung einfach hinnimmt, anstatt sich dafür zu bedanken.
Doch auch eine solche derbe Klärung soll möglichst nicht mit Aggression ablaufen, sondern mit Selbstsicherheit. Ruhig und besonnen vorgehen und nicht wütend oder hektisch auf ihn einwirken oder umhereilen. Wobei, auch wenn es dem Leser schon zum Halse heraus hängt, bei ruhigem und selbstsicherem Vorgehen im Tagesablauf eine Unterwerfungsgeste ohnehin nicht nötig sein wird.

Erweiterung zum indirekten Handeln: Das Schreckmittel

Mitunter wird von verschiedenen Hundehaltern ein Schreckmittel, wie Metallplättchen, Kettenglieder oder eine klimpernde Dose eingesetzt, um den Hund an unerwünschtem Verhalten zu hindern. Doch meist wird dies dann falsch angewendet. Da wird dann entweder wortlos das Durchsetzungsmittel hingeworfen oder es wird geworfen und dann nochmals auf das Kommando bestanden oder einfach geschimpft.
Es gibt aber einen besseren Weg, ein solches Mittel einzusetzen. Dieser Hergang ist dann aber kein Herbeiführen dessen, was man angeordnet hatte, sondern nur ein Durchbrechen der Ignoranz sowie ein Lehren dessen, dass es nicht gut ist, seinen Menschen zu ignorieren.
Um die Herangehensweise zu verstehen, macht man sich ein Prinzip bewusst, indem man sich wieder mal eine Situation vorstellt: Angenommen jemand hat eine wirklich gute Beziehung mit seinem Zögling. Es besteht Orientierung vom Hund zu seinem Menschen und er fühlt sich bei diesem auch geborgen. Die Beiden gehen durch die Straßen und der Hund fürchtet sich vor einem plötzlich wahrgenommenen Mülleimer, welcher ungewöhnlich am Straßenrand geparkt wurde. Der Hund hat keine Panik, sondern nur dieses mit Furcht untermalte Vorsichtsdenken. Mittlerweile haben die Hundehalter generell verstanden, dass man in solchen Situationen keinen Trost spenden sollte, wie zum Beispiel, dass man den Hund angesichts seiner Furcht zärtlich streichelt und mit besorgter Stimme etwas sagt, wie: „Du brauchst doch keine Angst zu haben.“ Er versteht doch den Inhalt der Worte nicht. Nein, durch diese Art der Zuwendung erkennt der Hund nur die Besorgnis seines Menschen, der sich um den „armen Tropf“ kümmert. Doch warum sollte man sich jetzt um den Schatz sorgen müssen, wenn nicht

eine berechtigte Gefahr zugegen wäre? Aus Sicht des Hundes wird somit das eigenartige Objekt des Mülleimers auch von seinem Menschen aus als besorgniserregend empfunden, und der Mensch kümmert sich angesichts der Gefahr um seinen Zögling. Es wird ihm also signalisiert, dass er Recht hat, hier Furcht zu empfinden und vorsichtig zu sein. Also schürt man durch vorsichtiges Kümmern die Angst, anstatt sie zu nehmen. Über Vorsicht, Furcht, Angst und Panik kann man ein separates Buch schreiben. Grundsätzlich meidet man Paniksituationen und löst diese sofort auf, wenn eben Panik aufkommt. Bei unbegründeter Angst kann man auch mal was sagen, doch keinesfalls vorsichtig. Also nicht in tröstender Art und Weise, sondern in unbeschwerten Äußerungen oder ins Lächerliche ziehend, etwa in Form von: „Ach, Mäusle, jetzt komm schon.", damit der Schützling die Unbekümmertheit seines Menschen erkennen kann. Das Ganze möglichst auf lachende und lebendige Weise, ohne in Aufregung oder Ernsthaftigkeit zu verfallen. Doch das will gekonnt sein. Wer Schwierigkeiten hat, hier gelassen zu bleiben, der nimmt lieber einen Leckerbissen und versucht auf eine nette, die „Gefahrensituation" ignorierend und eventuell langsam, aber nicht vorsichtig rückwärst gehend die Aufmerksamkeit auf etwas Nettes, also den Leckerbissen, zu lenken, um sodann wieder entspannt vorwärts zu gehen, wenn der Schützling mit seinem Denken bei seinem Menschen mit dem Leckerbissen angekommen ist. Bei einfachem Furchtverhalten, also keiner starken Angst, ist es am besten, es von vorne herein zu ignorieren. Bei Orientierung wird der Hund dann am Verhalten seines Entscheidungsträgers erkennen, dass er sich gar nicht zu fürchten braucht. Denn dieser schenkt dem unbedenklichen Ding keine Beachtung. Also ist es für den Hund alsbald auch unbedenklich. Der Hund wird dann schnell den Schrecken verlieren. Im obigen Beispiel wird er am ersten Tag mit gestelltem Fell einen Bogen um den Mülleimer machen. Am zweiten Tag schnuppert er aus einem Meter Distanz daran, um am dritten Tag das Ding zu markieren oder unbedarft daran vorbei zu gehen. Er hat gelernt, dass es nicht schlimm ist, indem es niemand schlimm gemacht hat.

Jetzt zur Krux: Genau dieses Prinzip des Steigerns der Furcht durch besorgte Ansprache wird bei dem Schreckmittel gezielt angewandt. Das heißt, der Hund wird, nachdem ihm das Schreckmittel hingeklimpert wurde, gezielt in die Obhut genommen, sorgenvoll untersucht, und mit Anteilnahme wird seine Gesundheit kontrolliert. Dadurch erhält er die Meinung, dass eben etwas tatsächlich Gefährliches geschehen ist, womit er zukünftig die Situation vermeiden wird, in welcher dieses schreckliche Ereignis statt findet. Und wann findet es statt? Wenn man ein klares Signal vom Chef selbstbewusst

und furchtlos ignoriert. Zeitliche Verknüpfung ist dabei natürlich ebenso elementar wie die drei Voraussetzungen zum Herbeiführen. Wenn diese stimmen, dann wird das Schreckmittel in seine unmittelbare Nähe geworfen und sofort alarmiert und dann tröstend agiert. Man benimmt sich so, als sei eben der Blitz neben ihm eingeschlagen und man sorgt sich sehr um seinen Schützling. Dann entwickelt er die Meinung, der Blitz aus heiterem Himmel würde ihn heimsuchen, wenn er das Signal seines Menschen selbstbewusst ignoriert. Und die Rettung daraus ist dann immer sein Mensch. Das Interessante daran ist, dass man bei dieser Herangehensweise einmal mehr nicht zum Aggressor wird, sondern zur Geborgenheitsinsel.
Ein direktes Herbeiführen ist oft ratsam, damit der Schützling auch deutlich seinen Sozialpartner als Grenze erkennt und nicht ein Ding. Wenn aber Distanz ein aggressionsloses Herbeiführen kaum möglich macht, dann ist das Schreckmittel eine entspannte und einfache Möglichkeit. Man wirft auch nicht mit Wucht, sondern klimpert es einfach in seine Nähe. Das Trösten sorgt für die Gedankengänge im Hund, nicht irgendwelche derbe Wurfintensität. Diese Aggression, wenn man über den Kopf ausholt, bekäme er mit und das Prinzip würde zusammenbrechen.

Damit das Ganze funktioniert, hat man nebst der Voraussetzungen von zeitlicher Nähe und den drei allgegenwärtigen Faktoren von Gehört, Verstanden und Fürchtet sich bei seiner bewussten Ignoranz nicht, noch die im Folgenden beschriebenen Unsicherheitsfaktoren und die Art des Tröstens zu beachten. Zum zeitlichen Faktor noch ein Wort: Nicht gleichzeitig mit dem Aussprechen des Signals durchsetzten! Das ist Unsinn und keine Kommunikation. Das hat mit gehört und verstanden nichts zu tun. Andererseits auch nicht mehrere Sekunden Zeit geben, ansonsten gibt man Spielraum, welcher zukünftig immer ausgeschöpft werden würde oder der Zusammenhang zum Signal geht verloren. Etwa eine dreiviertel bis anderthalb Sekunden ist ein gutes Maß für gehört und verstanden, je nach Situationsintensität. Wobei es anders ist, als oberflächlich gedacht: Je mehr sich der Schützling für etwas interessiert, umso eher kann man bei klaren Situationen durchsetzen. Bei einem Interesse für etwas Außerfamiliäres ist er ohnehin schon aufmerksam. Diese Aufmerksamkeit kann er auch auf seinen Menschen umlegen, zumindest bedingt. Das heißt, die Tür ist offen. Die Frage ist nur, was hindurchtritt: Die Ablenkung oder das Signal seines Menschen. Das hat stark mit dem Gen- und vor allem dem Phänotyp zu tun, doch vor allem wieder mit Grundrespekt. Liegt er aber nur herum und genießt den Tag oder döst sogar, dann kann es auch sein, dass die Tür erst geöffnet werden muss, bevor man hindurch kommt. Das heißt, der Signalempfänger denkt im ersten Moment: „Wie? Was?“, bevor er denkt: „Ach so. Ja, ich mach.“ Also durchaus zeitnah, aber auch fair ein Herbeiführen oder Durchsetzen anwenden. Nicht zu früh, nicht zu spät. Man muss sich einfach immer über die drei Faktoren gewiss sein: Der Schützling hat es so gehört, dass er es auch auf sich bezogen hat. Er kann auch den Inhalt des Signals interpretieren, womit er es verstanden hat. Sowie er momentan kein gerechtfertigtes Problem damit hat, das Signal adäquat zu beantworten.

Wie wirkt ein Schreckmittel richtig

Es müssen Unsicherheitsfaktoren in den mechanischen Akt, der direkt mit dem Schreckmittel zu tun hat, eingeflochten werden. Man versucht den Hergang, also das Schreckmittel selbst, und den Herkunftsort für das Schreckmittel geheim oder zumindest im Unklaren zu halten. Hierbei helfen vier Verhaltensweisen, welche man beim Einsatz eines Schreckmittels beachtet.
1. Der Hund sollte möglichst nicht sehen, wenn geworfen wird. Das ist meist kein Problem, denn der Hund beschäftigt sich im Allgemeinen anderweitig, wenn er ein gehörtes und verstandenes Signal ignoriert. Hierzu gehört auch, nicht mit Aggression über den Kopf ausholen. Das sieht der Schützling in seinem erweiterten Blickwinkel und es würde die gesamte Situation kippen. Es klimpert doch und wir erklären ihm doch, dass dieses Klimpern etwas Bedrohliches ist, wenn er ein Signal seines Familienoberhauptes ausblendet. Also wird es einfach legere hingeklimpert, wenn er ein Signal furchtlos ignoriert. Da er es ignoriert, sieht er es auch nicht bewusst, wenn es legere hingeklimpert wird.
2. Es wird sofort mit der Theateraufführung begonnen. Nicht warten, ob er erschrocken ist oder nicht. Erst der Vorgang des In-Schutz-Nehmens schafft den gewünschten Effekt, dass der freche Hund in Zukunft denkt, dass dieses Ereignis schlimm wäre oder sein könnte. Bleibt man wortlos, erschreckt er die ersten Male. Bald schaut er sich den klimpernden Gegenstand an und ordnet es unter „unbedenklich“ ein. Es wäre dann wir bei der Mülltonne: Beim ersten Mal wäre er etwas besorgt. Beim nächsten Mal würde er es vorsichtig inspizieren. Und etwa beim dritten Mal wüsste er, dass das Klimperding sowieso nichts Schlimmes ist, womit er es ebenso wie das Signal ignorieren würde. Also, sofort wenn es bei ihm geklimpert hat alarmiert sein, um den gewünschten Effekt zu erzielen und, um zu verhindern, dass er das Schreckmittel inspiziert. Er erhält dann den angezielten Zusammen-

hang, da er durch die Alarmierung seines Familienoberhauptes erkennt, dass jetzt etwas Schlimmes geschehen ist, nachdem er ignoriert hat. Des Weiteren wird der Schützling nie erfahren, ob das unbekannt bleibende Ding wirklich gefährlich ist, da er nie dazu kommt, es zu inspiezieren.

3. Die Aktion des Tröstens als solche ist bereits ein Unsicherheitsfaktor. In der Menschenwelt gibt es mitunter so eigenartige Begebenheiten, wie dass ein Elternteil dem Kind eine an die Löffel gibt, um dann zu behaupten, dies hätte der Sanktionierungsperson selbst mehr weh getan als dem Kind. In der Natur fängt man eine oder nicht. Fertig. Das war dann auch verdient. Wendet man das Schreckmittel richtig an, dann denkt der Hund beim Trösten: „Das kann nicht mein Mensch gewesen sein, sonst würde er jetzt nicht nach mir schauen."

4. Wenn man das Schreckmittel wieder an sich nimmt, geht das Theaterstück weiter.

So mancher Hund schaut aus der Sicherheit des Entscheidungsträgers dabei zu, wie dieser sich um den eigenartigen Gegenstand kümmert. Dann lässt man nicht zu, dass er es anschaut. Man schauspielert wieder, indem man sich so benimmt, als würde man die Gefahr beseitigen. Man selbst ist hierfür mächtig genug. Geht der Schützling aber dran, könnte ihm etwas zustoßen. Zumindest benimmt man sich so. Man stellt hinsichtlich seines Schützlings also emotional etwas Besorgnis dar und man verhält sich so, als würde man den „gefährlichen" Gegenstand beiseite räumen. Möchte der Lehrling es im Rockzipfel von seinem Familienoberhaupt anschauen, hört es sich meist etwa so an: „Halt, Schatz! Auf keinen Fall." Während man ihn mit der Hand wegfuchtelt oder wegschubst, falls er schon zu Nahe ist. Dann geht es, wieder etwas besorgt, in das Beseitigen über, etwa in Form von: „Ich tu´s weg, Schatz, dann ist alles gut." Dabei geht man einfach einen Schritt in das Grün am Straßenrand, wo man sich bückt und so tut, als würde man den Gegenstand im Gras verbergen. Dabei hat man das Schreckmittel heimlich in der hohlen Hand behalten und geht dann weiter. Es ist nicht selten, dass der Schützling sodann die Stelle, an der man den „gefährlichen" Gegenstand „vergraben" hat untersuchen möchte. Das muss man dann auch wieder sofort unterbinden, was man einfach und unkompliziert per klarem Unterlassungssignal macht.

Durch die vier Unsicherheitsfaktoren hält man seinen Hund in der Schwebe. Würde man das Prozedere der Alarmierung und der Besorgnis nicht durchführen, wüsste der Zögling schnell, dass sein Mensch dieses Ding wirft. Zudem würde er alsbald, wie ober erklärt, das Ding zu untersuchen beginnen, womit er schnell abgehakt hätte, dass das ja gar nichts Schlimmes ist. Aber, durch die Alarmierung und emotionale Zuwendung nach diesem geschauspielertem Schadensereignis wird der Zögling hinsichtlich der Herkunft des Schreckmittels verunsichert. Er weiß dennoch zu etwa 85 % woher das Ding kommt. Jedoch reichen die restlichen Prozente, in welchen er sich unklar ist, aus, damit das Ganz funktioniert. Er denkt sich: „Das hat doch jetzt mein Mensch gemacht. Oder?“ Dieses „Oder?“ reicht aus, dass das natürliche Vorsichtsprinzip greift. Was man in der Natur nicht gänzlich einschätzen kann, wird immer mit äußerster Vorsicht und Abstand beäugt. Und wenn man sich nur ein Glöckchen an den Rucksack bindet, reicht dies schon aus, dass der fünfhundert Kilo Bär nicht näher kommt. Er traut dem Menschen bei aller körperlicher Überlegenheit einfach nicht, da dessen Fähigkeiten so undurchsichtig sind. Weiß er also wo dieser Mensch ist, so bleibt er gleich mal weg, obwohl er einen mit Leichtigkeit filetieren könnte. Und wer hat in freier Natur schon einmal einen Wolf gesehen? Diese Tiere sind noch vorsichtiger. Wenn der Hund das Schreckmittel nicht einschätzen kann und er einem die Besorgnis abkauft, wird es funktionieren. Er wird bemüht sein, dieses Ereignis zu vermeiden, indem er zukünftig einfach folgt, da es ansonsten über ihn herein bricht. Und er möchte es aus lauter Vorsicht vermeiden, wenn er nicht genau einschätzen kann, woher es kommt, was man mit den vier gerade beschriebenen Unsicherheitsfaktoren erreicht. Des Weiteren wird er es vermeiden wollen, wenn er einem abkauft, dass dieses Ereignis mit dem Klimperding etwas Besorgniserregendes ist, nachdem er die gewünschte Kommunikation mit seinem Menschen ignorierte.

Wie kauft der Schützling einem ab, dass das Schreckmittel besorgniserregend ist?

Damit einem die Besorgnis abgekauft wird, muss man überzeugend sein. Hier muss man die richtige Gefühlsebene in Form von Besorgnis darstellen. Sobald man erkannt hat, dass der Zögling ein gehörtes und verstandenes Signal, das man ihm soeben sagte, furchtlos ignoriert, klimpert man ihm das Schreckmittel hin, um sofort alarmiert zu sein. Man geht also in die Hocke und sagt oder ruft etwas auf alarmierte, also erschrockene Weise. In etwa: „Um Gottes Willen! Schatz! Schnell komm her!“ Der Schützling fühlt im Idealfall sodann die Alarmierung und ist dann ebenfalls erschrocken, weicht seitlich von dem Ding zurück und nimmt seinen Menschen zumindest im Blickwinkel wahr. Sodann geht man in die Hocke und spricht besorgt an, etwa in Form von: „Komm schnell, Schatz, ich pass auf dich auf." Der Schatz kommt dann in aller Regel her, woraufhin man beginnt, ihn besorgt zu untersuchen. Man macht dann eine ernste Stimme und tastet ihn besorgt ab, ob er irgendwo verletzt ist. Er soll in sich hinein lauschen und forschen, ob ihm tatsächlich was geschehen ist. Also vermeidet man typische Fehler, die ich bei meinen Unterrichten immer wieder sehe:

- **Nicht mit Wut werfen, um dann noch mal energisch das Kommando zu wiederholen.** Das wäre grundsätzlich am Sinn des Schreckmittels vorbei agiert.
- **Wenn der Hund dann da ist, wird er nicht gelobt.** Man ist besorgt, nicht erfreut. Er soll doch denken, dass eben etwas Schlimmes passiert ist, da er ignoriert hat. Er sollte nicht denken, dass er jetzt etwas gut macht, sondern dass auf seine selbstsichere Ignoranz etwas Besorgniserregendes geschehen ist. Also lobt man nicht, sondern man kümmert sich um ihn.
- **Es wird auch nicht mit geschürzten Lippen und Babystimme auf ihn eingeredet.** Er soll einem echte Besorgnis abkaufen. Babystimme kauft einem nicht einmal ein Baby als Besorgnis ab.
- **Nicht hektisch mit lauter Stimme auf ihn einreden.** Man möchte ihn besorgt untersuchen. Bei rascher, eventuell auch noch begeisterter Stimme hopst er sogar um einen herum, spielt und freut sich, wenn er es nicht einfach als ein Einschmeicheln seiner Menschen hält. Das wäre auch wieder nicht der gewünschte Effekt und ist der häufigste Fehler.

Demnach geht man also in die Hocke, ist geradezu entsetzt und bewegt den Hund mittels dieser Emotionalität zu sich. Dann redet man wenige Worte mit ERNSTER Stimme, während man LANGSAME, kontrollierende Abtastungen an ihm vornimmt, um zu sehen, ob seinem Familienmitglied etwas Ernsthaftes passiert ist. Man ist also besorgt, nicht ausgelassen, panisch oder lustig. Der Hund sollte dabei langsam in seinen Bewegungen und auch sorgenvoll in seiner Gefühlshaltung werden. Nach einigen Sekunden gibt man Entwarnung, indem man entspannter wird, sich dann auch wieder aufrichtet und das „gefährliche" Ding beseitigt. Ein, zwei nette, entwarnende Sätze wie: „Hast noch mal Glück gehabt, mein Schatz." oder „Keine Sorge, ist noch mal gut gegangen.", sollten mit entsprechend erleichterter emotionaler Betonung die Situation wieder entspannen.

Bei alledem kommt es natürlich auf die Darbietung, also Betonung und eventuell Körperhaltung, sprich Gestik an und nicht auf den Inhalt der Worte an. Wenn der Hund sich nach der Entwarnung dann abwendet, holt man das Schreckmittel oder, wenn er zusieht, muss man eben noch mal etwas schauspielern, wenn man die Gefahr „beseitigt".

Die Situation der Besorgnis, wenn also der Hund dann da ist, braucht auch nicht lange zu dauern. Sie sollte so lange andauern, bis der Hund zeigt, dass er jetzt in der Situation steckt. Er ist also gedanklich da. Wie viel Sorgen er dabei hat, ist sekundär. Je weniger er auf die Besorgnis seines Familienoberhauptes eingeht, umso mechanischer, also auch wortkarger ist das Familienoberhaupt bei der Durchsicht seines Zöglings. Je mehr der Hund eigene Sorgen entwickelt, umso eher kann man auch mit dem einen oder anderen Wort die eigene Besorgnis betonen. Doch man kann immer aufhören, wenn der Hund sich auf die Situation eingelassen hat, was bei einem funktionieren, also bei gelungener Besorgnis des Hundes, nur etwa fünf bis acht Sekunden dauert. Und je besorgter der Zögling war, umso eher betont man auch etwas Entwarnendes. Man wird dann also wieder entspannter, während man sich aufrichtet, da man ja festgestellt hat, dass seinem Schützling zum Glück nichts passiert ist, was man gerne verbal darstellen kann, etwa in einem Satz, wie: „Mann, Schatz, da hast du ja noch mal Glück gehabt." Ich mache nur deshalb Beispielsätze, damit man sich die richtige Betonung vorstellen kann. Der Inhalt ist natürlich gleichgültig. Man signalisiert gerade hier, im Zuge des Schreckmittels, die eigene Gefühlshaltung.

Stimmen die Voraussetzungen, kann man es anwenden

Wenn man den Hergang, der hier hinsichtlich eines Schreckmittels erklärt wurde, durchschaut, wird einem bewusst, dass man seinen Zögling in Furcht versetzt. Das ist hier auch das angezielte Ergebnis und man braucht bei den richtigen und vollständigen Voraussetzungen auch kein schlechtes Gewissen haben. Denn: Wenn der Zögling gehört und verstanden hat, was man eben signalisierte, sowie er auch keinerlei gerechtfertigte Probleme damit hatte, auf das Signal einzugehen, dann ist ihm der Zusammenhang mit dem „Schadensereignis" auch klar. Dann weiß der Zögling: „Oh jeh, wenn ich einen Interaktionswunsch meines Menschen einfach ignoriere, dann kann was passieren!" Bei einer solchen Klarheit, die durch ein gutes Beibringen und einem konsequenten Umgang mit der Kommunikation, sowie einem liebevollem und aggressionslosen familiären Miteinander erreicht wird, wird der Zögling auch keinerlei Lebensqualität einbüßen. Dann ist doch immer klar, warum es geklimpert hat. Er wird also, wenn die Voraussetzungen stimmen, keinesfalls schreckhaft oder furchtvoll hinsichtlich irgendwelcher Alltagssituationen. Er wird sich in Zukunft nur deutlicher überlegen, ob er einen Interaktionswunsch seines Menschen ignoriert.

Das erstmalige Erklären kann schief gehen

Angenommen, man setzt das Schreckmittel erstmals ein, dann braucht man nicht verwundert zu sein, falls der Zögling nicht erschreckt. Er muss ja lernen, dass dieses Ereignis besorgniserregend ist. Die Alarmierung erfolgt ja erst durch seinen Menschen, der sich entsprechend alarmiert und besorgt verhält. Wenn der Hund einerseits so unverfroren ist, das gehörte Signal zu ignorieren und er andererseits soviel Chuzpe hat, das plötzliche Klimpern bei ihm höchstens als interessant zu empfinden, muss man anfangs auch ernst werden. Falls er bei den ersten beiden Malen das Schreckmittel inspizieren möchte, so wird sofort ein deutliches, alarmiertes Unmutsgeräusch gerufen, zum Beispiel in Form von: „He!" Die Stimme als Durchsetzungsmittel ist ja nur eine Notlösung. Doch hier ist eine Notlösung angebracht, denn er soll das Schreckmittel nicht untersuchen, ansonsten verliert es allen potentiellen Schrecken.
Man kann dies wieder in einem Beispiel erkennen: Das Kind steht an der eingeschalteten Kreissäge, während man selbst ein paar Meter abseits ist. Das Kind fasst an das laufende Sägeblatt. Der Schnitt geschieht derart schnell, dass das Kind im ersten Augenblick keinen Schmerz verspürt. Man ist entsetzt und sieht, wie das Kind noch einmal hinfassen möchte. Was bleibt einem übrig, als jetzt einen Brüller von sich zu geben? Spätestens bei der erfolgenden Untersuchung und Versorgung realisiert das Kind den Schaden. In Zukunft würde es sofort zu Vater oder Mutter rennen, wenn es nur ansatzweise dem Sägeblatt zu nahe gekommen wäre. Begibt der Hund sich also spätestens nach der Unmutsäußerung zu seinem Menschen, die dann nötig wäre, wenn er anfangs keinerlei Furch vor diesem „Schadensereignis" hätte, verfährt man weiter wie oben. Falls nicht, dann liest man nochmal alles Vorhergehende in diesem Buch, da der Hund dann gar nicht auf seinen Menschen eingeht, was wiederum auch gar keinen Grundrespekt aufzeigt. Wenn man aber zwei bis drei Mal nach den ersten Klimpern aufgrund von selbstbewusster Ignoranz des Zöglings gut agiert hat, wird man Veränderungen bemerken. Der Schützling wird dann nicht mehr daran denken, das Schreckmittel ansehen zu wollen. Er glaubt einem so langsam, dass dieses Ereignis, auf seine Ignoranz hin, besorgniserregend ist. Er wird dann auch immer prompter und schneller herbeieilen, wenn es „passiert", und er wird in der Folge, bei guter Vorarbeit, Bindung und Klarheit, das jeweilige Signal nicht mehr ignorieren. Das passiert bei guter Herangehensweise und Umsetzung etwa nach minimal einem bis maximal sieben Mal in der ersten Woche. Danach ist es dann sporadisch noch mal ratsam, doch verliert sich die

grundsätzliche Frechheit schnell, wenn man ein Schreckmittel entspannt wirft und sodann gut schauspielert.

Wenn das Schreckmittel die ersten Male greift

Allerdings muss man auch acht geben, dass der Schützling nicht misshandelt wird. Es kann sein, dass er bereits nach den ersten beiden Malen eines erstmaligen Einsatzes eines Schreckmittels nicht folgt, weil er unsicher geworden wird. Dann wird natürlich angeleitet und nicht geworfen! Außerdem ist dann auch klar, dass das Schreckmittel von vorne herein nicht eingesetzt hätte werden dürfen, da entweder keine Bindung, also keine Beziehung da ist, oder der Zögling das Signal nicht kennt, bzw. einen berechtigten Grund hat, nicht darauf einzugehen. Es wären also die Voraussetzungen für ein Herbeiführen gar nicht gegeben. Also, auch wenn anfangs klare Frechheit zugegen ist, und man berechtigterweise ein Schreckmittel einsetzt, kann es geschehen, dass der Schützling auf ein Signal nicht eingeht, da er sich zu fürchten beginnt, sobald er ein Signal vernimmt. Dann darf auf keinen Umstand hin das Schreckmittel eingesetzt werden. Dann muss man sofort wieder nett, anleitend und erklärend werden. Und wer sich darin nicht sicher ist, seinen Zögling hinsichtlich seiner Gefühlswelt zu erkennen, der nimmt so lange eine Hosentasche voll Leckerbissen mit und ist erklärend, bis er die Intentionen, also die Absichten und innere Gefühlshaltungen, seines Schützlings lesen kann. Man muss sich dahingehend, was er momentan empfindet, immer sicher sein.
Außerdem kann, bei einem gerechtfertigten Einsatz eines Schreckmittels, immer die ganze Familie Besorgnis äußern, nicht nur derjenige, der das Signal aussprach, welches dann ignoriert wurde. Dem Schatz ist doch jetzt was „passiert", was ja wohl jedes Familienmitglied interessiert.

Das Signal ist nach einem Schreckmittel vergessen

Man kann erkennen, dass das Einsetzen eines Schreckmittels, wie die Unterwerfungsgeste auch, kein wirkliches Herbeiführen des Kommandosignals ist, sondern nur der Bruch der Ignoranz. Deshalb sollte man, sobald die Besorgnissituation vorbei ist, das gewünschte Signal möglichst nochmal neu aussprechen, was der Zögling dann sicherlich auch beantwortet. Bei einem Unterlassungssignal ist das kaum möglich, doch bei dem Namen oder dem

Daseinskommando sollte das gemacht werden, um einen schönen Abschluss für die Gesamtsituation und die Klarheit zu haben.
Bei dem Schreckmittel bemüht man sich Furcht zu implizieren. Man sollte sich also vor Augen führen, dass man seinen Zögling in Furcht versetzt. Allerdings nimmt man Abstand davon, ihm Furcht vor seinem Familienoberhaupt beizubringen, sondern vor dem Ereignis einer selbstbewussten Ignoranz. Man kann also nur werfen, wenn er das Signal seines Menschen gehört und verstanden hat, sowie er sich gerade keineswegs fürchtete. Der Zögling hat also selbstbewusst entschieden: „Du wartest jetzt mal. Ich habe gerade keine Lust auf eine Interaktion mit dir." Daraufhin ist etwas passiert, und zwar das Klimpern. Dieses Klimpern, das sich bei ihm aufgrund seiner selbstbewussten Ignoranz ereignete, stellen wir dann als etwas zumindest potentiell Gefährliches dar, womit der Zögling sich in dieser Situation zu fürchten beginnt. Da nun also Furcht gegeben ist, darf man nicht mehr davon ausgehen, dass der Zögling weiß, was man vor zehn oder fünfzehn Sekunden gesagt hatte. Das „Nemo hier." wird dann also nochmal neu gesagt, nachdem man besorgt nachgeschaut hatte, ob dem Schatz was passiert ist. Denn die Voraussetzungen zu einem Befolgen eines Signal sind nicht mehr gegeben, da man Furcht implizierte. Zudem hat man ja gerade anderes mit seinem Zögling gemacht, und zwar besorgt untersucht. Da ist das, was man vor dem Einsatz eines Schreckmittels sagte, im doppelten Sinn nicht mehr gültig, da man einerseits in eine andere Interaktion überging, und zwar das besorgte Untersuchen, und man andererseits Besorgnis oder Furcht im Zögling schuf. Also sagt man das Kommandosignal noch mal neu, nachdem man auf die besorgte Untersuchung erleichtert feststellte, dass dem Schatz von dem Klimperding nichts weiter zugestoßen ist. Erst daraufhin „beseitigt" man die Gefahr des Klimperdings.

Sinnvoller Einsatz

Man sollte in Bezug auf die Signalwahl sinnvoll mit dem Schreckmittel umgehen. Ignoriert der Zögling selbstbewusst und entschieden beim Herrufen, beim Unterlassungskommando oder beim Aufmerksamkeitskommando, dann ist es sinnvoll ein Schreckmittel einzusetzen, wenn eine Distanz zwischen Hund und Mensch ein direktes Herbeiführen erschweren würde. Bei statischen Signalen wie „Sitz", „Platt" oder „Steh", wäre es eher schlecht, ein Schreckmittel einzusetzen. Es könnte nur allzu leicht geschehen, dass der Schützling in Zukunft Kontakt und Nähe sucht, sobald man etwas Statisches verlangen möchte. Das wäre also kontraproduktiv. Bei statischen Signalen wird mit der Zeit, also mit Geduld und Ruhe, immer mehr die Distanz und Reizsituation erarbeitet, um Verlass darauf zu erreichen, es wird aber kein Schreckmittel eingesetzt. Und im Bedarfsfall, das heißt, auch wenn man mit Zeit und Geduld sinnvoll in den statischen Signalen arbeitet, dennoch mal ein solches Signal ignoriert werden möchte, dann wird man direkt. Man nimmt den Zögling sogleich zu der Stelle hin mit, wo er es gebrochen hat, und macht es neu, damit keine Misshandlung geschieht. Alles ohne Zeitverlust, aber auch ohne Schmerz, Aggression oder Hektik – Hauptsache, der Zögling kann nichts anderes machen, bevor er nicht die Entlassung seines Familienoberhauptes aus dem statischen Signal abgewartet hat. Und bei Akzeptanz wird dann auch nicht mehr lange herum gemacht, sondern entlassen. Aber ein Schreckmittel wird bei statischen Signalen nicht angewendet.

Was ist als Schreckmittel sinnvoll?

Als Schreckmittel eignet sich so manches, was gut in die Hosentasche passt und, auch bei versehentlichem Treffen nicht verletzen kann. Eine zum Beispiel mit Unterlegscheiben bereicherte Dose ist nicht so geeignet, da sie ständig klimpert. Dabei möchte man doch geheim halten oder zumindest in Unsicherheit, woher das Ding kommt. Bewährt haben sich Kettenglieder. Noch immer gibt es Ketten, die als Hundehalsband angeboten werden. Wer so etwas meint zu brauchen oder wer gar ein Stachel- oder Korallenhalsband verwendet, der ist ohnehin auf dem Holzweg. So etwas braucht man keinem Hund anzuziehen, wenn man eine gute Beziehung mit ihm hat, welche auch eine Persönlichkeitsabgrenzung und eine entspannte und liebevolle Klärung der Entscheidungskompetenzen innerhalb der Familie beinhaltet. Doch als Schreckmittel sind diese Ketten (natürlich ohne Stacheln) bestens geeignet. Sie rosten kaum, sind günstig und relativ leicht. Dabei sind die großen Kettenglieder gemeint, deren größter Vorteil das helle, wirksame Geräuschmuster ist, was auch zu hören ist, wenn es bei Schnee oder auf Wiesen einsetzt wird. Denn solche großen, dünnen Kettenglieder entwickeln bereits während der Flugphase Geräusche.
Man muss seinen Lehrling auch nicht treffen, sondern nur in die Nähe werfen, damit er erschreckt. Am Anfang gerne sehr nahe, wobei auch eine Berührung keinen Schaden macht. Dann genügt es bald in einem, etwa drei Meter Umkreis von ihm zu klimpern, wenn er nochmal ignorieren wollte, er aber vorsichtig hinsichtlich des Schreckmittels geworden ist. Wie sollte

er aber erschrecken, wenn der Gegenstand, welchen man als Schreckmittel einsetzen möchte, gar kein Geräuschmuster hat? Für wenig Geld kann man sich eine günstige Kette holen, drei Mal auseinander zwacken, und man hat vier Schreckmittel zu Hause, so dass man auch mal eines verlieren kann. Als Winteredition hat sich ein rotes Geschenkband bewährt, so dass man die Kettenglieder auch im Schnee wiederfindet.
Wichtig ist noch, dass ein häufiger Einsatz nicht nötig sein darf. Ich hatte schon manche Kunden die die restliche Ignoranz in Signal-Situationen beendeten, indem sie in der ersten Woche einmal ein Schreckmittel einsetzten, nachdem wir es im Unterricht dem Zögling erklärt hatten. Dadurch darf man sich nicht unter Druck gesetzt fühlen. Ein einzelnes Anwenden und alle Ignoranz in den Signalen ist vorbei, stellt natürlich den Gipfel an Erfolg hinsichtlich eines Schreckmittels dar, was aber auch eine perfekte Basis hinsichtlich familiärer Bindung, Klarheit in den Signalen und einem wunderbaren und glaubhaften, nicht hektischen Umgang mit dem Schreckmittel aufzeigt. Wenn man im Umkehrschluss aber nach zwei Wochen immer noch drei Mal täglich meint, ein Schreckmittel einsetzen zu müssen, dann stimmt was gar nicht und man sollte es lassen, um sich einmal mehr auf die Beziehung, die Bedürfnisbefriedigung seines Schützlings und die Klarheit der Kommunikation zu besinnen.

Das Spiel

Die rangunabhängigen Interaktionen sind insbesondere miteinander zu schmusen und miteinander zu spielen. Zumindest sind diese Interaktionen solange von der sozialen Stellung unabhängig, wie die Situation nicht kippt. Allerdings wird von so manchen Menschen aus nicht wirklich herzlich oder ausgelassen agiert. Beim Schmusen zeigt man liebevolle Nähe. Man lässt fühlen, dass man sein Familienmitglied lieb hat. Das fällt einigen Menschen schwer. Oft kann man sehen, wie das Schmusen ein halbes Spiel oder bei manchen Menschen sogar etwas Distanziertes oder Vorsichtiges ist. Es geht nicht darum, laut redend auf einen Hundekörper zu klopfen, und man darf auch weder Berührungsängste noch Ekelgefühle haben. Gleichgültig, wie die angestrebte Interaktion soeben aussieht, es geht immer um das Bewusstsein, also die Gedanken und Gefühlswelt und nicht um einen Körper. Gerade bei rangunabhängigen Interaktionen geht es eigentlich nur um Gefühle. Und wenn der Schatz dabei einem mal ein Busserl gibt, bzw. einem über den Mund schleckt, dann beantwortet er die liebevolle Zuwendung, was ausschließlich schön und lieb ist. Falls der Zögling „schmutzig" oder „übel riechend" sein sollte, dann ist man dafür selbst verantwortlich, indem man ihn nicht richtig ernährt oder man ihn in einer schmutzigen Umgebung leben lässt. Wenn man in einem Hundekörper liebevoll aktiv wird, kann man einfach nicht anders als an einem eine Fellpflege (mit den Vorderzähnen an seinem Partner knibbeln) zu vollführen oder an einem zu schlecken, um liebevoll zu agieren. Was sollte Hund denn auch machen, um seine Zuneigung zu zeigen? Soll er einen streicheln? Er kann einfach nicht anders als oral zu agieren. Man ist beim Schmusen also lieb und nicht berührungsempfindlich, vorsichtig oder spielend, und man empfängt dabei auch liebevolle Gesten, sofern der Schatz dies machen will.

Beim Spiel herrschen oft noch mehr Unklarheiten. Häufig ist es so, dass dem Hund etwas geworfen wird. Dabei gibt es zwei Probleme. Zum einen fehlt bei einem typischen Vorgehen, bei dem der Mensch statisch bleibt, die Abgrenzung, ob der Hund den Ball oder was immer auch geworfen wird, bringen soll oder bringen darf. Der Mensch wirft halt etwas und der Hund rennt hinterher. Entweder bringt er das Ding dann, oder er wird animiert es zu bringen. Im schlimmsten Fall wird ihm angeordnet es zu bringen. Wenn diesem Hund nun dreißig Mal der Gegenstand geworfen wird und er ihn das einunddreißigste Mal nicht bringt, dann denkt sich der Mensch, dass er jetzt halt keine Lust mehr hat zu spielen. Doch der Hund denkt sich mitunter: „Jetzt holst du dir dein Zeug mal selbst." Hat er wirklich keine Lust mehr oder meint er den Gegenstand bringen zu müssen, was er schließlich verweigert? Man weiß es nicht. Erstaunlich viele Menschen bringen mit Erwartungshaltung oder gar auf direktem Wege Verhaltensweisen bei, wovon sie selbst gar nichts wissen und sie diese anschließend nicht mehr überprüfen können. Andererseits, falls das Ganze tatsächlich spielerisch passiert, hat man an einem sinnvollen Spiel vorbeiagiert, indem der eine etwas wirft, während der andere spielt. Das ist keine sozial entspannte oder ausgelassene Interaktion, wenn der eine das Mittel zum Spiel ist, während der andere spielt. Es sollten schon beide ausgelassen sein, damit man auch die sozial entspannende, spaßige und heitere Situation des Zusammenspiels empfindet.

Der Sinn des Spielens

Zunächst beleuchtet man mal wieder das Spiel unter Sozialpartner in der Natur. Vorneweg gleich einmal eine Grundfeste: Kinder müssen spielen. Das ist zumindest bei allen Säugetieren so. Sie spielen mal alleine (der Welpe kriegt seinen Rappel und rennt lachend und ausgelassen um den Wohnzimmertisch) oder, noch wesentlich besser und sinnvoller, das Kind spielt zusammen mit einem oder mehreren anderen. Dieses unbedingte Muss, das Kinder hinsichtlich des Spielens empfinden, ist also ein natürlich angelegter Zwang und hat somit auch Sinn. Einerseits wird dabei der Körper ausgeformt. Durch die Bewegung werden Knochenbau, Bindegewebe, Sehnen, Bänder und Muskulatur geformt und stabilisiert. Ohne ein vernünftiges Maß an Bewegung kann der Körper eines Säugetieres nicht gesund oder gar leistungsstark werden. Weiterhin werden im Spiel die körperlichen Fähigkeiten von Koordination, Gleichgewicht und Steuerung kennengelernt und auch verbessert, was offensichtlich auch gehörig Freude macht. Weiterhin lernen die Kinder dabei auch etwas über das Leben in der Sozialgruppe. Dabei werden erste Schritte in der Kommunikation und auch Anfänge in der direkten Weise der sozialen Etablierung erfahren. Kurzum: Kinder spielen und müssen die Möglichkeit haben zu spielen, was nicht heißt, dass man dazu drängt oder dazu erzieht, dass immer nur gespielt wird. Man lässt die Kinder in einem klaren Sozialgefüge, in dem sie liebevoll und willkommen in einem ganz normalen und vernünftigen Rahmen leben, womit man mit ihnen immer mal wieder ausgelassen ist und man sie nicht daran hindert, untereinander ausgelassen zu sein.

Interessant ist aber, dass auch der Erwachsene mitunter spielt. Der eine mehr, der andere weniger, je nach Fasson. Der jeweilige Erwachsene war hinsichtlich Spiel in seiner Kindheit und seiner Jugend befriedigt und hat seinen Körper und seine Fähigkeiten ausgeformt, was zumindest in einem natürlichen Leben passiert. Und dennoch wird auch als Erwachsener noch gespielt. Bei nüchterner Betrachtung wirkt das, zumindest in einem natürlichen Leben, kontraproduktiv. Denn man hat dort im Alltag genug zu tun, dass man nicht auch noch spielen muss, um körperlich leistungsstark zu bleiben. Da hat man täglich seine Dutzende von Kilometern herunter zu spulen, zu flüchten, zu erjagen oder etwas auszugraben, um sein Dasein zu sichern – der Körper hat also keine Zeit, um Rost anzusetzen. Man hat auch keinen Grund zu üben, da man täglich die Praxis hat. Es scheint wiedersinnig, dass extra noch gespielt werden müsste, um in Form zu bleiben oder um Fähigkeiten zu üben. Außerdem weiß man in der Natur nicht, wann man das nächste Essen findet. Einfach Energien für ein Herumtollen zu verbraten scheint nicht sinnvoll.
Und obwohl diese Gründe bei den Erwachsenen eher gegen das Spielen sprechen, sieht man in den natürlichen Sozialgruppen immer wieder, dass auch mal gespielt wird. Also kann man davon ausgehen, dass es einen Sinn hat. Zumindest bei entsprechender Harmonie kann man auch mal ausgelassen sein, wenn die Ressourcen stimmen und man somit einfach ein gutes Lebensgefühl hat und man es sich auch leisten kann.
Schaut man aber mal näher hin, kann man bei den Erwachsenen einen tieferen Sinn im sozialen Spiel erkennen. Je nachdem, wie nahe sich die Protagonisten in ihren Stellungen sind, können sich mehr oder minder schnell Spannungsverhältnisse ergeben. Wenn der Unterschied in den Positionen groß ist, dann nimmt man fraglos hin, was der Überlegene hat oder möchte. Dann ist man aber auch wenig in Entscheidungsfindungen involviert, womit man ein Defizit an Bedürfnisbefriedigung verspüren kann, indem man sich eher als Randfigur fühlt. Diese nieder angesiedelte Wertigkeit kann man aber erhöhen, indem man als ein unsicheres, also rangniederes Familienmitglied auch etwas für die Gruppe macht, um mehr Akzeptanz und geliebte Zugehörigkeit zu erfahren. Dann zeigt dieses Familienmitglied sich als Spaßmacher, indem es einfach mal gute Laune verbreitet und mit seinen Possen oder seinem bereits laufenden Spiel andere zum Lachen oder Mitmachen animiert. Mitunter kann man sogar beobachten, wie ein verunsichertes Familienmitglied in einer angespannten Begegnung anfängt zu schmunzeln und spielerisch zu werden, um damit ein verärgertes, entscheidungsstarkes Familienmitglied zu beschwichtigen. Andererseits kann man auch eine

Problemsituation zwischen Familienmitgliedern sehen, die in ihren Entscheidungspositionen ähnlich sind. Sind die Entscheidungskompetenzen gleichgeschlechtlich und nahe zu einander, kann es zu Frust kommen. Dann kommt der Gedanke: „Warum hat der das und ich nicht?" wesentlich eher zustande - es kommt also Frust auf. Das bedeutet, dass dieses gefrustete Familienmitglied Verärgerung hinsichtlich des Familienmitgliedes verspürt, das Vorteile genießt.
Man kann also Gründe für Spannungsverhältnisse erkennen. Entweder durch große Unterschiede in Entscheidungskompetenzen, womit nur einer eine innere Verspannung verspürt, oder man kann Anspannungen erkennen, wenn zwei Protagonisten ähnliche Entscheidungskompetenzen haben. Diese Spannungsverhältnisse würden die Lebensqualität eines Individuums mindern (großer Unterschied in den Entscheidungskompetenzen der Sozialpartner), bzw. könnten sie sich früher oder später sogar in einer Prügelei lösen (kaum Unterschied in den Entscheidungskompetenzen der Sozialpartner). In einer natürlichen, funktionierenden Sozialgruppe wird aber nicht gewartet, bis sich ein Spannungszustand in einer Auseinandersetzung löst oder bis ein Individuum an Stärke verliert, da es sich ausgeschlossen oder gar fehl am Platze fühlt. Nein, es wird das Gegenteil gemacht, indem einfach mal gespielt wird. Das heißt, dass es einfach mal gleichgültig ist, wer hier welche Position hat. Es wird auf dieses ganze Ranggeschehen einfach mal gepfiffen, indem man ausgelassen miteinander lacht. Die Ränge einfach mal Wurst sein lassen und miteinander herumtollen, ist genau das, was bei fröhlichem und entspanntem Spiel der Effekt sein sollte. Das Spiel ist also die Reset-Taste, wenn es innerfamiliär mal klemmen sollte. Sich mal ausgelassen Luft verschaffen und uneingeschränkte Akzeptanz erfahren, auch wenn man ansonsten kaum Mitbestimmungsrechte hat oder wenn sich eine Verhärtung zwischen zwei Familienmitgliedern anbahnt, ist das fühlbare Ergebnis eines Spiels. Man kann einfach mal mit den Bestimmenden und Überlegenen oder mit denjenigen, zu denen man Spannungen durch Frust verspürt, ungezwungen und ausgelassen sein, wobei das negative Gefühl verschwindet und man Zuneigung zu demjenigen Empfindet, zu dem man sich gerade noch gefrustet fühlte oder man einfach liebevolle Nähe und Akzeptanz erfährt. Die sozialen Stellungen sind also einfach mal einerlei, und man lacht einfach mal ausgelassen miteinander und macht einfach nur ausgelassenen Schabernack. Danach sind alle eventuellen negativen Gefühle vom Tisch oder besser noch, sind erst gar keine entstanden.

Meist beginnen diejenigen mit dem Spiel, die sich die Zugehörigkeit sichern wollen, also diejenigen mit wenig Bestimmungsrechten, wobei die eventuell Gefrusteten mit einstimmen. Doch wer auch immer beginnt, danach ist alles gut. Fröhliche Gesichter und alles andere ist vergessen. Irgendwelche potentiellen Prügeleien werden also durch Spiel vermieden und erstaunlicherweise wurde diese Gefahr mit fröhlicher Ausgelassenheit gebannt.
Was machen aber viele Menschen? Sie werfen ihrem Hund Dinge. Wo ist da Ausgelassenheit? Wo ist da die fröhliche Interaktion? Besonders eigenartig wird es dann, wenn der Hund animiert wird, den Ball her zu bringen, woraufhin das „Aus“ befehligt wird, damit man dem Ball habhaft wird, um ihn daraufhin wieder zu werfen. Im Vergleich kann man sich vorstellen, man sitzt mit seiner Familie zusammen und spielt ein Brettspiel. Plötzlich sagt einer: „Fass die Würfel nicht an!“ Einige Sekunden später sagt er dann: „Jetzt kannst du weiter würfeln.“ Macht dieses Spiel Spaß? Eher nicht. Bei so einem Unsinn fehlt es an jeglicher Fröhlichkeit, um was es beim Spiel doch geht. Der Hund bringt den Ball nur, da er möchte, dass dieses „Spiel“ weiter geht, zumal er mit seinem Menschen kein anderes hat. Also nimmt er es eben hin, dass es mit dem so abläuft und nichts Besseres in Sachen Spiel zu kriegen ist. Das ist immerhin besser als nichts. Doch es liegt nicht im Sinne eines Spiels, da hierbei höchstens einer ausgelassen ist, während der andere nur das Spielmittel ist, welches dabei auch noch Befehle von sich gibt, womit es doch schon gar kein Spiel mehr ist.

Die Spielformen der Hunde

Natürliche Spiele sind am besten geeignet, um Ausgelassenheit zu zeigen, wobei einem bewusst sein sollte, dass Spiel immer das Leben simuliert. Spielen heißt einerseits dieses Reset und andererseits Übung und Training. Also wird das spielerisch gemacht, was man im Ernstfall braucht.
Bei Hunden sind natürliche Spiele die zwei gegenstandslosen Formen und die beiden, bei welchen es um einen Gegenstand geht:

Die fröhliche Rauferei ist die erste der gegenstandslosen Spielformen. Dabei wird einfach gerangelt. Es ist nicht empfehlenswert, diese Spielform aus dem Herumrennen heraus zu machen, da es ansonsten zu grob wird. Der Hund hat eben nur ein Werkzeug, um jemanden festzuhalten. Wenn er dieses aus dem Lauf heraus benützt, kann es dem Menschen schnell keinen Spaß mehr machen. Wer die Kratzer und Blessuren hinnehmen möchte, welche dabei entstehen würden, der kann das ja machen. Aber man sollte auch daran denken, dass der Hund eventuell auch mal mit jemand anderem derart spielt. Dann kann schnell die Aussage auftreten, dass dieser Hund beißen würde. Also bleibt man bei der spielerischen Rauferei auf ein, zwei Quadratmeter, damit es nicht zu sehr ausartet. Wir haben eben kein Fell, also wird eher zärtlich gerauft. Falls er dennoch zu derb wird, unterbricht man einfach das Spiel. Nach zehn Sekunden kann man dann sachte wieder anfangen und dann langsam auch wieder die gewünschte Intensität annehmen, was man gleich wieder unterbricht, wenn der Spielpartner wieder zu grob werden sollte. Dann lernt er schnell mit seinem Menschen etwas zärtlicher als mit seinen Artgenossen beim Rangeln zu sein, ansonsten hört das Spiel immer auf. Das fröhliche Raufen kann man mangels Fell nur schlecht ausleben. Wenn es gar nicht geht, da der Schützling zu viel Tatendrang hat, dann macht man mit einem Gegenstand weiter (s. u.).

Das nächste gegenstandslose Spiel ist das Rennspiel. Hier jagt man sich gegenseitig. Dieses Spiel ist meist das Häufigste, welches man bei Hunden untereinander sieht. Da wird mit Vollgas gerannt und versucht, den anderen einzuholen, womit man von einer Jagdsimulation reden kann. Falls man den anderen erreicht, gibt es kurz Körperkontakt, woraufhin sich eine spaßige Rangelei ergeben kann. Meist geht es aber wieder im Jagen weiter, wobei sich die Rollen tauschen können. Man kann da ein regelrechtes Fangen spielen, wobei man etwa versucht ist, sein Mädel oder Kerl an der Hüfte zu fassen zu kriegen oder einfach leicht und natürlich lachend zu schubsen, woraufhin man selbst auch gern mal wegrennen kann und der Hund sich bemüht, einen zu erreichen. Das hat sich natürlich schnell, doch kurz bevor er einen hat, kann man sich umdrehen und den lachenden Buhmann spielen, woraufhin sich alles wieder umkehrt und man selbst wieder der Jagende ist.

Die Simulation von dem Zerreißen einer Beute wäre ein Zerrspiel. Dies ist eines der Gegenstandsspiele. Das kennt jeder. Es wird einfach an einem Gegenstand gezerrt, womit jeder auf spielerische Weise versucht, dem Ding habhaft zu werden. Vor allem bei Welpen muss man darauf achten, keinen Milchzahn abzubrechen. Man sollte schon kräftig gegenhalten, vor allem, wenn das Gebiss gänzlich entwickelt ist, aber immer in einem fröhlichen Szenario, ohne dabei zu ruckartig zu sein. Hierbei kann man auch ruhig mal auf Kopfhöhe des Hundes herunterkommen, während man dabei spielerische Geräusche von sich geben kann. Es ist gar nicht schön, wenn die Menschen das alte Handtuch immer nach oben zerren, wobei es dem Zögling den Kopf in den Nacken wirft. Man hält den Gegenstand entweder auf Kopfhöhe oder man geht in die Hocke oder gänzlich auf die Knie. Ausgelassenheit! Also nicht nur rumstehen und halten. Ich habe auch schon Dinge zwischen den Zähnen gehalten, womit man Auge in Auge belustigt, aber sportlich und kräftig bemüht ist.

Aus dem Zerrspiel kann schnell die Königsdisziplin der Gegenstandsspiele werden, bei welchem versucht wird, dem anderen die Beute abzujagen. Wer beim Zerren gewinnt, der rennt damit davon, wobei so ein Spiel selbstverständlich auch ohne vorheriges Zerren beginnen kann. Jedenfalls ist der andere dabei nicht untätig - er versucht den Spielpartner zu erreichen und ihm den Gegenstand abzunehmen. Also rennt man auch dem Hund hinterher, wenn er mit dem Spielzeug davon hüpft. Der möchte ja, dass das Spiel weiter geht, weshalb viele Hunde animieren, dass ihr Mensch bitte endlich mal mitspielen soll, oder aber sie bringen den Gegenstand wieder, welchen die Menschen immer wegwerfen, damit wenigstens ein halbes Spiel weiter geht. Soll es aber ausgelassen und fröhlich sein, dann darf man gerne auch mal hinterher rennen, wenn er damit losrennt oder man den Gegenstand geworfen hat. Der Hund bleibt dann meist irgendwann Rute wedelnd stehen oder er lässt den Gegenstand fallen, um darum herum zu springen, als könne er ihn nicht mehr rechtzeitig aufnehmen. Denn er möchte ja zusammen weiter spielen und er merkt, dass der Mensch ihn nicht erreichen kann. Ist man angekommen, schnappt man unbeirrt den Gegenstand und rennt dann seinerseits davon. Da der Hund einen nach wenigen Schritten erreicht hat, sollte man jetzt handeln, damit das Spiel nicht langweilig wird. Nicht hoch halten oder gar darbieten. Das wäre unfair oder eben langweilig. Nein, man bewegt den Gegenstand lebendig um sich herum oder zwischen den Beinen durch. Man versucht in einem sinnvollen und fröhlichen Rahmen den Gegenstand vor zu enthalten, so dass der Hund das Spielzeug zwar erhaschen kann, aber nur, wenn er sich auch etwas Mühe gibt. Wenn er ihn dann hat, kann man wieder kurz zerren. Einer gewinnt und der andere versucht das Ding wieder zu erhaschen.

Individualität im Spiel

Falls der Hund mit wedelnder Rute stehen bleibt, wird das Spiel meist etwas langsamer, da die Individualität des Hundes dann in der Regel eher von Vorsicht geprägt ist. Dann nimmt man den Gegenstand und fängt in nicht so wilder Ausgelassenheit zu zerren an. Er wird mit der Zeit dann sicherlich entspannter. Eigene, entspannte Fröhlichkeit ist natürlich die Grundbasis, um die ausgelassene Lebensfreude bei seinem Schützling herbeizuführen.
Grundsätzlich darf man auch mal was werfen. Man hat nicht immer die passende Kleidung an, ist körperlich eingeschränkt, man hat gerade keine so große Lust sich mächtig anzustrengen oder der Hund ist derart sportlich und unbändig, dass ihm das Spiel mit seinem „trägen" Menschen nicht viel bringt. Doch auch wenn man wirft, sollte es dabei dennoch fröhlich und wenigstens relativ ausgelassen zugehen. Deshalb bewegt man sich auch, wenn man mal was geworfen hat. Entweder macht man ein Wettrennen zu dem Gegenstand oder man täuscht es wenigstens an. Oder man bewegt sich einfach auf wenigen Quadratmetern, bevor man wirft, um dabei fröhlich zu animieren und Spaß am Spiel zu zeigen. Der Hund rennt dann mit dem geworfenen Ding, welches er erhascht hat, an einem vorbei und man versucht ihn dabei zu erwischen, ohne dass man mit rennt. Zu versuchen ihn lachend zu berühren, wenn er vorbei rennt, kann auch schon reichen. Man beteiligt sich dann am Spiel, indem man fröhlich und animierend ist, während man sich zum Wurf vorbereitet oder man dem Spielzeug habhaft wird. Beziehungsweise kann man auch gerne animierend applaudieren, wenn der Zögling das Spielzeug sportlich erwischt hat.

Falls man den Gegenstand zum Werfen wieder haben möchte, bedient man sich dem Gaspedal, anstatt die Unterlassung zu verlangen. Das „Nein" würde ja das Spiel beenden oder zumindest in der Fröhlichkeit deutlich drücken. Und ein „Aus" ist dabei nicht besser und auch Unsinn, wie in den Kommandos/Verbalsignalen erklärt wurde - zwei verschiedene Unterlassungssignale braucht man nicht und es schwächt auch nicht die Wirkung ab, wenn man respektiert wird. Und es vermehrt auch keine Wirkung, wenn man nicht respektiert wird.
Sich dem Gaspedal zu bedienen heißt, die Intensität des Spiels anhand des Grades der Ausgelassenheit zu lenken. Man ist ausgelassen. Leicht in den Knien strengt man sich an. Man zerrt und macht ausgelassene Geräusche. Möchte man den Gegenstand haben, ohne das Spiel aufzuhören, gerade weil man vielleicht auch mal werfen möchte, dann geht man langsam aus der

Spielpose und wird dabei weniger intensiv. Man hält nur noch, zerrt aber kaum mehr. Die Geräusche, welche man von sich gibt, werden weniger ausgelassen, sondern eher lieb und sachte. Bei einem positiven Verhältnis geht der Hund einige Sekunden später darauf ein und wird ebenfalls weniger intensiv. Dann kann man den Gegenstand auf diese liebe Weise vollends an sich nehmen, um daraufhin die Intensität, also Geschwindigkeit und Ausgelassenheit, wieder anschwellen zu lassen. Man wird verbal und körperlich wieder aktionsreicher und kann dann den gewünschten Wurf oder ähnliches machen, was man vorhatte.
Man sieht also, dass man die Intensität der Ausgelassenheit lenken kann. Aber: Entweder ist man ausgelassen oder nicht. Alles, was keine gemeinsame Ausgelassenheit ist, ist auch kein gemeinsames Spiel.

Bevor das Spiel endet, kann man kurz in ein Schmusen übergehen. Einfach mit drei, vier lieben Streichlern ein paar liebe Worte von sich geben und signalisieren, dass man seinen Schützling mag. Man kann, Kraft seiner Position, das Spiel einfach wortlos nicht mehr mitspielen, doch wäre das etwas kalt. Also, einfach langsamer werden und ein kurzes Liebhaben signalisieren, bevor die rangunabhängige Interaktion endet. Dann geht das Alltagsgeschehen normal weiter. Wenn man dann also keine Interaktion mehr mit seinem Zögling hat, dann kann er machen was er will, solange es nichts Unerwünschtes ist. Er kann dann selbstverständlich auch alleine weiter spielen. Die Menschen sind dann oft bemüht, den Spielgegenstand wegzunehmen, bzw. dem Hund das weitere Spiel zu unterbinden. Warum denn? Man hat eine Interaktion oder nicht. Bei einer Interaktion zeigt man Gefühle oder man verlangt etwas. Ansonsten kann der Schützling doch machen, was er möchte.

Wie ein Spiel kippen kann

Grundsätzlich kann es nur drei Situationen geben, welche im Spiel mehr oder minder ernst werden können.
Angenommen, jemand fordert zum Spiel auf und der Aufgeforderte ignoriert ihn. Kann es viel peinlicher kommen? Das kann eine ganz hässliche Situation sein, wobei man hier mit dem Anderen nicht wirklich sauer sein kann. In der Natur fordert kaum mal ein Familienoberhaupt zum Spiel auf. Einerseits sind die Entscheidungsträger der respektierte Mittelpunkt, weshalb sie von den Kleinen oft genug umgarnt werden. Andererseits ist mögli-

che Erniedrigung durch Ignoranz, wenn man sich fröhlich zeigt, eine gar zu hässliche Angelegenheit.
Wenn man seinen Hund dementsprechend kennt, dass er freudig mitmacht, sobald man zu spielen beginnt, dann ist man dieser Sorge enthoben und beginnt zu spielen, wenn man möchte. Zumal in unserer Menschenwelt viel Langeweile und Hilflosigkeit hinsichtlich der Lebensbewältigung für den Hund zugegen sind. Wenn er dann warten muss, bis man für rangunabhängige Interaktionen Zeit hat, darf man ihn gern auch mal die Freude machen und ein Spiel beginnen.
Wenn man gelegentlich ausgelassen mit seinem Schützling sein möchte, die Gefahr aber gegeben ist, dass man bei Spielbeginn ignoriert wird, dann kann man tricksen. Dann fängt man einfach alleine an zu spielen, indem man ausgelassen herum rennt oder man einen Spielgegenstand hoch wirft und freudig fängt. Wenn der Zögling sich dann spielerisch dafür interessiert, lässt man ihn mitmachen, wodurch man dann ein Zusammenspiel erreicht hat. Interessiert er sich nicht, hört man einfach wieder auf, und er hat gar nicht bemerkt, dass man eigentlich mit ihm spielen wollte. Dabei muss man aber wieder die Gedankenwelt seines Schützlings erkennen. Falls er sich nicht getraut mit einem zu spielen, dann sollte man ihm auch nicht vorführen, was man für tolle Sachen hat, mit denen man so ausgelassen sein kann wie es ihm nicht möglich ist. Bei einem ängstlichen Hund, der sich nicht traut zu spielen, führt man also nett an die gemeinsame Ausgelassenheit heran, wenn er das Spiel in seinem Leben haben sollte. Hier ist meist das Rennspiel besonders geeignet, oder man wirft tatsächlich etwas und bringt sich über die nächsten Wochen immer mehr in Bewegung mit ein, wenn er es erhaschen möchte.

Die zweite ernste Situation im Spiel ist das Aufreiten. Dabei ist nicht das gelegentliche Hochhüpfen gemeint, sondern ein wirkliches Bedrängen oder gar Umklammern. Wenn der Hund also den Rücken oder ein Bein seines Menschen umklammert und festhält, dann sollte man sich das nicht gefallen lassen. In der Ausgelassenheit kann das vor allem bei jungen Individuen auch passieren, ohne dass der Zögling das durchdacht angestrebt hätte. Aber ob bewusst angestrebt oder passiert, das sollte man bei sich als Familienoberhaupt nicht dulden. Bevor man aber übertreibt, ist es wieder ratsam einen Blick in die Natur zu werfen. Schaut man miteinander befreundeten Hunden, vor allem Rüden, beim Spielen zu, dann kommt es manchmal vor, dass einer den anderen bereiten möchte. Deshalb wird es noch lange nicht derb. Der andere lässt es sich meist nicht gefallen, was ja durchaus in

Ordnung ist, wenn man nicht zum Eigentum werden möchte. Doch sagt er meist nur: „Lass das doch mal und komm weiter spielen." Man braucht also nicht durchzudrehen, wenn der Zögling in der Ausgelassenheit mal Besitzanspruch erheben möchte. Wenn man den Zögling einfach von sich herunter schiebt und, je nach Intensität des Versuchs seines Zöglings, eventuell mit etwas gesenkter Stimme Unmut bezeugt („He, Schatz? Das mag ich nicht!") oder man, bei wenig Intensität des Versuchs der In-Besitz-Nahme eher überrascht betont („Sag mal? Komm, lass uns weiter bubeln."), dann reicht das. Man hat es sich ja nicht gefallen lassen, was völlig genügt. Man muss dem Schützling nicht gleich den ganzen Tag versauen, nur weil er seinem natürlichen Drang gefolgt ist oder weil er in der Ausgelassenheit sich mal verirrt hat. Und unbedingt hat man ein dominierendes Aufreiten von ausgelassenem Hochhüpfen zu unterscheiden. Bei geklärtem Grundrespekt ist ein Hochhüpfen niemals etwas Schlimmes.

Die dritte Szenerie, welche im Spiel ernst werden kann, ist die In-Besitz-Nahme des Spielgegenstandes. Wenn einer der Spielpartner im Ernst äußert: „Mit dem spiele jetzt nur noch ich, und wehe, wenn sich dem jemand nähert." dann ist unmissverständlich Schluss mit lustig. Dabei ist es gleichgültig, ob es um einen Gegenstand oder einen anderen Spielpartner geht.
Man darf aber kein ausgelassenes Spielen mit dem Ernst verwechseln – im Spiel wird auch gebrummt, gebellt und gehüpft, was auch mit Körperkontakt passiert. Das sollte sich so mancher Mensch deutlich vor Augen führen: Spiel simuliert das Leben. Da werden allerlei Bell- und Brumm-Laute von sich gegeben und auch Mimik, wie etwa ein Fletschen. Allerdings ist dabei immer Ausgelassenheit erkennbar. Wenn ein Spiel je in ernst gemeinte Drohgebärden umschlägt, nimmt die Bewegung ab. Die Protagonisten werden dann steif. Das Herumhampeln, schnelle Wedeln, Hoch- und Tiefstellungen des Vorderkörpers und das Lachen hören auf und der Körper spannt sich an. Sind Brummlaute also Ernst, was zumindest im Spiel kaum ein Hund zu seinem Menschen je äußert, dann endet die Ausgelassenheit und man sollte souverän dem habhaft werden, was der Zögling verteidigen möchte. Ist man sich nicht sicher, ob der Zögling spielt oder ernst macht, dann lässt man das Gegenstandsspiel eben, bis man einen besseren Einblick in seinen Schützling hat. Dann sollten Rennspiele und eventuell langsame, spielerische Raufereien im Vordergrund stehen. Näher gehe ich hierauf nicht ein, da sicherlich praktischer Rat unumgänglich sein wird, wenn derartige Defizite in Verständnis oder Beziehung bestehen, dass der Mensch nicht erkennt, ob es ausgelassen oder ernst gemeint ist, was der Zögling von sich gibt.

Bei diesem Thema, wie ein Spiel kippen könnte, ist der Umkehrschluss das Wichtige: Alles andere, als die Peinlichkeit stehen gelassen zu werden, ein dominierendes Umklammern oder ein ernst aggressives Verteidigen eines Spielzeuges, ist unbedenklich, wenn man mit seinem Zögling spielt. Bei Hunden untereinander kann noch etwas Hässliches geschehen, indem mit einem Hund wie mit einem Gegenstand gespielt wird. Körperlich oder in der Selbstsicherheit ist einer derart unterlegen, dass ein anderer oder mehrere andere sich einen Spaß daraus machen, diesen Unterlegenen umzurennen, auf den Boden zu drücken oder ähnliches, wobei man deutlich erkennt, dass der Unterlegene keinerlei Spaß mehr empfindet. Dann ist dringend Zeit, einzuschreiten. Solche unsinnigen Aussagen, wie: „Das muss er jetzt auch lernen." oder: „Das machen die unter sich aus.", sind unprofessionell und zeugen davon, dass der Trainer nicht weiß, worum es geht. Im Spiel zwischen Mensch und Hund kann so etwas auch mal geschehen, indem der Zögling mit einem umgeht wie mit einem Gegenstand, doch ist es einerseits selten und andererseits ist für jemanden, der in dieser Thematik noch nicht sehr bewandert ist, kaum in Worte zu fassen, wie man so etwas erkennt und für einen Menschen, der so etwas erkennt, braucht man es nicht zu beschreiben. Aus diesen Gründen wird diese Begebenheit von mir hier nicht ausladend behandelt, zumal es bei weitem nicht so schlimm ist, als wenn dies unter Artgleichen geschehen würde.

Im Spiel zählt nur die Ausgelassenheit miteinander. Also alles Fröhliche, wie spaßige Lautäußerungen, geschauspielerte Mimik und lebendige Aktion, was allessamt in Unbeschwertheit miteinander unternommen wird, ist das Spiel. Folglich macht man sich auch keine Sorgen bei zwar heftigen, aber ausgelassenen und in Freude geäußerten Brummern, Bellern oder ähnlichem. Im Gegenteil, man macht ausgelassen mit, auch mit fröhlichen Lautäußerungen und Bewegungen, zum Beispiel in Form von: „Warte nur, Frechdachs, dich krieg ich!", während man darum bemüht ist, seinen lachenden Zögling zu erhaschen. Freudig betont zeigt so etwas nur, dass man auch spielt. Man bildet nicht Triebsteigerungen aus, indem man eine Prise Ernst in das Spiel streut, sondern man ist einfach mal ausgelassen miteinander, weshalb der Zögling die Freude und Ausgelassenheit seines Familienoberhauptes auch erleben soll, wenn gespielt wird, wodurch es ja erst ein Spiel wird. Falls einem irgendetwas im Spiel zu heftig wäre, dann entsinnt man sich dem Gaspedal, also der Spielgeschwindigkeit, die man selbst mitbestimmen kann. Ist also irgendwas in der Ausgelassenheit zu grob, wird man langsamer, aber nicht verärgert. Man nähert sich aus der Ausgelassenheit also dem Lieb-Sein an, um wieder schneller zu werden, wenn es wieder passt. Es gibt außerhalb der oben beschriebenen Situationen, die zum Kippen des Spielens führen können, keinen Grund ernst zu werden. Bei einem guten, ausgeformten, lieben und bedürfnisbefriedigtem Miteinander kommt sowieso kaum etwas von den möglichen Ernst-Situationen vor, die ein Spiel in die Nähe des Kippens bringen könnte. Und falls doch, dann kann man das auch, mit viel Souveränität, lächelnd oder neutral behandeln, um die Situation vernünftig zu klären.

Der Tagesablauf

Anscheinend wird in einigen Büchern sowie auch in manchen Hundeschulen empfohlen, dem Hund einen gewissen Tagesablauf zu bieten. Immer wieder wird so etwas an mich heran getragen, doch konnte mir auf die Frage, warum dies denn so sein soll, bisher keiner eine eindeutige Antwort geben. Was auch immer vorteilhaft daran sein soll, im Folgenden wird beschrieben, was daran schlecht ist. Es gibt drei gute Gründe, warum man dem Hund keinen gleichbleibenden Tagesablauf bieten sollte.

Beim ersten Grund geht es um die Gewöhnung. Der Mensch ist das einzige Tier, das sich eines Chronometers bedient. In der Natur läuft so etwas mit der „inneren Uhr" ab. Natürliche Lebensformen empfinden die Tageszeit. Auch bei uns modernen Menschen ist dies noch möglich, doch haben wir die Genauigkeit hierin weitgehend verloren. Ein natürliches Tier weiß, wann ein bestimmter Zeitpunkt stattfindet, an welchen es gewöhnt wurde. Wenn man seinem Hund nun beibringt, jeden Morgen um halb sieben pinkeln zu gehen, kann es geschehen, dass er dies dann irgendwann auch braucht. Dann ist es in den circa nächsten vierzehn Jahren 365 Tage im Jahr nötig, mit ihm um halb sieben vor die Tür zu gehen. Dabei ist es dem Hund gleichgültig, ob es Sonntag ist oder ob seine Menschen Urlaub haben. Besser gesagt, kann er nichts dagegen tun, wenn es ihm angewöhnt wurde. Beim Pinkeln gehen ist so etwas eher selten, doch beim Essen ist das fast heutzutage leider nicht mehr ungewöhnlich. Ich habe schon Hunde erlebt, welche sich gegen halb sieben Uhr abends erbrechen, wenn sie zu den gewohnten 18 Uhr nichts zu essen bekommen haben. Da wird also um 18 Uhr Magensäure ausgeschüttet, welche irgendwo hin muss, wenn der Verdauungstrakt dann wider Erwarten nichts zu tun hat.
Ist der Hund also auf einen bestimmten Tagesablauf konditioniert, dann sieht man sich auch gezwungen dem Genüge zu tun. Zumindest die Wochenenden und der Urlaub können dann deutlich eingeschränkt sein.

Beim zweiten Grund, der gegen einen gleichbleibenden Tagesablauf spricht, geht es um die Statuspositionen. Spätestens im Thema des Grundrespektes oder eher noch in der gesamten Thematik des ersten Standbeines (Persönlichkeitsabgrenzung) wird dem Zögling die Wichtigkeit seines Menschen klar. Es sollte ihm bewusst werden, wie entscheidungskompetent und wichtig dieser Mensch für ihn ist, womit er ihn dementsprechend auch nicht ignorieren sollte, wenn dieser eine Interaktion mit ihm startet. Er lernt also, in einem möglichst liebevollen Miteinander, von wem sein Lebensstandard abhängig ist, womit man zu einem Familienoberhaupt wird. Als Familienoberhaupt ist man liebevoll und auch mal ausgelassen. Man lässt den Schützling fühlen, dass er hier nicht nur gern gesehen ist, sondern er auch ein festes, nicht weg zu denkendes Familienmitglied ist. Doch soll er dennoch wissen, von wem dieser hohe Lebensstandard abhängt. Durch die im Grundrespekt beschriebene Einbahnstraße wird dem Sozialpartner bei aller Liebe klar, wer hier der unbeirrbare Manager des Tagesablaufes ist. Wenn er aber daran gewöhnt ist, dass um zehn Uhr morgens erstmals pro Tag das Essen in den Napf fällt, dann sieht er nicht mehr so bewusst, von wem dieses Essen kommt. Es hängt für ihn dann eher vom Zeitpunkt, als von seinem Menschen ab, wodurch man sich in der angestrebten Beziehungsfindung also selbst ein Bein stellt. Es sollte für den Hund schon ersichtlich sein, dass die Zuwendung seines Menschen von diesem bewusst und entschieden stattfindet.

Beim dritten Grund, welcher gegen einen gleichbleibenden Tagesablauf spricht, geht es um das Erleben und Empfinden des Schützlings. Man sollte sich das Leben seines Ausgelieferten vor Augen führen und sein Tagesgeschehen durchschauen. Er kann keine Freunde einladen, Kumpels anrufen, selbständig das Haus verlassen, Bücher oder Zeitschriften lesen oder das Fernsehprogramm genießen. Er kann sich nicht einmal selbst etwas zu Essen bereiten. Hat er dann auch noch einen vorprogrammierten und gleichbleibenden Tagesablauf, dann lebt er jeden Tag denselben Tag. Ein Tag ist dann wie der Andere, und man kann nicht mehr von einem ausgefüllten Dasein sprechen. Man versaut ihm ordentlich das Leben. Dann kann man nicht mehr von einem bunten, interessanten und erfüllten Leben sprechen, sondern höchstens noch von einem schwarz-weißen Abspulen und Abarbeiten.

Soll er glücklich sein, dann sollte er natürlich ein Sozialgeschehen und ausreichend Sinneseindrücke haben. Der letzte Schritt zu einem ausgefüllten Leben ist dann ein bunter, also nicht vorprogrammierter Tagesablauf. Die Tage gleichen sich nicht, sondern beinhalten auch mal Überraschungen, was sich nicht nur auf Zeitpunkte, sondern auch auf Örtlichkeiten bezieht. Manche Menschen spielen mit ihren Hunden immer auf derselben Wiese oder sie leinen immer an derselben Stelle ab, womit dann nicht die Tageszeit, sondern die Örtlichkeit die entsprechende Erwartungshaltung auslösen würde. Das kann schnell hässlich werden, wenn man heute mal keine Zeit dazu hätte oder ausnahmsweise der Traktor den Feldweg entlang kommt,

welchen der Schützling gerade überrennt, um schnell die typische Spielwiese zu erreichen.
Bei einer entspannten und bunten Weise, den Tagesablauf zu bewältigen, braucht man nicht zu übertreiben oder sich besonders Mühe zu geben. Wenn man es mal ein paar Tage gleich hält, passiert noch nichts. Auch, falls man tatsächlich ein bestimmtes Ritual hätte, das beiden, Mensch und Hund, Freude bereitet, ist dies nicht gleich was Schlechtes. Manche geben ihrem Zögling immer, wenn sie mit ihm wieder nach Hause kommen, einen Leckerbissen. Das muss nicht schlimm sein, denn dazu kommt man grundsätzlich und es birgt auch keine Gefahr. Doch der allgemeine Tag verläuft unvorhergesehen und vom Entscheidungsträger bestimmt.
Man versucht also in einem ganz vernünftigen, ungezwungenen Rahmen einen bunten Tagesablauf zu bieten. Das kommt beiden zu Gute. Als Mensch ist man dann nicht an bestimmte Uhrzeiten und Handlungsabläufe gebunden, welche man seinem Hund dann konditioniert hätte, und der Hund hat einen erlebnisreichen Tagesablauf.
Wenn man sich der Lage seines Schützlings bewusst ist, kann daraus auch nichts Negatives resultieren, denn dann denkt man oft genug daran, dass er jetzt auch mal wieder pinkeln können sollte oder dass er heute noch einen größeren Spaziergang, Schmusen und/oder Spielen genießen kann. Wenn man ihn lieb hat, dann wird er auch bedürfnisbefriedigt sein. Doch wann und wo dies passiert, hängt vom Familienvorstand ab. Dabei hat der Hund seinen Vorteil ganz einfach in der Freude. Etwa in Form von: „Oh super! Jetzt gehen wir raus!“ oder „Klasse! Jetzt gibt mir Mum was zu essen!“ oder „Spitze, heute sind wir schon das fünfte Mal eine Weile draußen!“ oder „Ach, schade, heute nur zwei mal kurz draußen. Aber dafür ein drittes Mal zwei Stunden!“. Wie auch immer der Tag aussieht, der Zögling wird bei solchen Situationsänderungen, Begebenheiten und Interaktionen auch ein Erlebnis verspüren. Er wird jedes Mal echte Freude empfinden und nicht einfach ein Programm herunter spulen.
Falls man in seinem Tagesablauf nur bestimmte Zeitfenster zur Verfügung hat, dann kann man auch hier darauf achten, dass es kein Einheitssumpf wird. Dann frühstückt man eben mal bevor man zum Pinkeln raus geht, sofern das Bedürfnis nicht zu dringend ist. Oder man steigt gleich ins Auto, um auf dem Weg ins Büro anzuhalten und dort fünf Minuten zu verweilen, damit der Zögling pinkeln und auch noch schnuppern kann. Falls also oft nur Zeitfenster zur Verfügung stehen, dann kann man auch hier etwas Leben bieten, indem man einfach Reihenfolgen verändert. Dabei macht man sich auch keinen Zwang. Wie oben schon gesagt: Falls es mal einige

Tage gleichbleibend ist, dann hat man eben eine stressgeplagte Zeit und der Zögling muss da mal mit durch. Man darf aber nicht darauf aus sein, einen vorgefertigten Tagesplan zu erstellen und abzuspulen. So etwas kann zu Schwierigkeiten in der Persönlichkeitsabgrenzung führen, es würde dem Schützling die Lebensqualität versauen und/oder es kann sogar Gefahrenherde schüren.

Die Basis

Das vorliegende Konzept dreht sich also um zwei Standbeine: 1. Persönlichkeitsabgrenzung und 2. Klarheit in der Kommunikation. Innerhalb dieser Standbeine geht es immer um eine erkennbare Interaktion oder ein Aufeinandertreffen, bei welchem selbstbewusste und furchtlos entschiedene Ignoranz der Angelpunkt darstellt. Hat man dies durchschaut, wird es relativ einfach, die funktionierende Sozialgemeinschaft sinnvoll zu etablieren. Wenn man seinen Zögling als sozialfähige Persönlichkeit erkannt, anerkannt, sowie ernst genommen hat, kann man auch ein liebevolles und glückliches Miteinander erreichen.
Den meisten Menschen fällt das Ernst-Nehmen des Tieres aber schwerer als sie selbst meinen. Bis man den entsprechenden Blick gefunden hat, kann es hier und da schwierig sein, die individuelle Situation unmissverständlich zu beurteilen. Dementsprechend wird in diesem Thema der Basis noch einmal ein einfaches, aber vollständiges Bild aufgebaut, an welchem man das Grundprinzip im Überblick ermessen und erkennen kann.

Der Genotyp

Basierend auf dem in diesem Buch erklärten Erziehungs- und Sozialisierungsschema kann man ein imaginäres Gebäude erstellen. Bei diesem Gebäude bildet der Genotyp das Fundament. Was das Individuum an Erbmaterial mitbringt, wird erst gar nicht versucht zu verändern. Ob das Individuum von Natur aus kontaktfreudig oder argwöhnisch ist, ob es Probleme eher mechanisch oder in der sozialen Interaktion oder in der Manipulation löst, ob es viel oder wenig spielt, ist einfach seine Sache, solange die Verhaltensweise angeboren ist. Das heißt ja nicht, dass der Hund Kraft seines Genotyps jemanden wegjagen darf, weil er dem Fremden nicht traut. Soll er doch argwöhnisch sein, er hat dennoch zu akzeptieren, dass sein Familienoberhaupt den Fremden zugegen sein lässt. Ein Fehler wäre es, wenn man versuchen würde, aus einem argwöhnischen Charakter einen kontaktfreudigen zu machen. Wenn man seinen argwöhnischen Hund dazu zwingen möchte, sich von Fremden streicheln zu lassen, wird der Argwohn nur noch schlimmer. Nein, man ist immer nur darum bemüht, selbst der Entscheidungsträger in dieser Sozialgemeinschaft zu sein, womit der Zögling auch zu akzeptieren hat, wenn ein Fremder des Weges kommt oder im Beisein seines Menschen

ins Haus tritt. Ist der Zögling hingegen kontaktfreudig, dann versucht man nicht, ihn zum Argwohn zu erziehen. Jemand, der von Geburt an einfach fröhlich, unbedarft und freundlich gegenüber anderen ist, zum Argwohn erziehen zu möchten, würde bedeuten, die Lebensqualität desjenigen eklatant zu mindern. Wer einen argwöhnischen Hund haben wollte, derjenige sich dann aber einen Retriever ins Haus holt, der sollte mit seiner Entscheidung zurecht kommen und nicht dem Hund für die Fehlentscheidung die Lebensqualität nehmen. Dann ist er halt so freundlich, was ja auch nur schön ist, doch braucht der Zögling auch nicht jeden zu behelligen. Will er zu irgendeinem Fremden Kontakt aufnehmen, wobei der Fremde diesen Kontakt nicht wünscht, dann signalisiert man seinem Schützling einfach, dass man das gerade nicht möchte, was er da macht, indem man ganz banal und entspannt das Unterlassungssignal zu ihm äußert. Dann kann er ja Rute wedelnd stehen bleiben und freundlich zu dem Menschen hinüber sehen, aber er hat ihn nicht zu behelligen, wenn das Familienoberhaupt gerade „Nein" zu ihm und seiner Handlung gesagt hatte. Aber man bemüht sich nicht, ihn zum Argwohn zu erziehen.
Kurz gesagt arbeitet man immer an einem entspannten, liebevollen, aber in der Entscheidungsgewalt klar abgegrenzten Familienbild, womit man sich immer selbst darzustellen hat und nicht darum bemüht ist, den Charakter seines Zöglings zu schmieden. Ist man selbst ein liebevolles, selbstbewusstes und vernünftiges Individuum, dann wird der Zögling ebenso vernünftig und selbstbewusst, wobei er aber deshalb noch lange nicht die Entscheidungen seines Familienoberhauptes ignorieren wird, was dann das Ergebnis einer guten Erziehung darstellt. Was er dabei für Erbanlagen mitbringt ist einerlei, und jeder Versuch, entgegen seiner Erbanlagen zu formen, ist eine Einschränkung der Lebensqualität und keine Erziehung.
Man darf in einem entspannten und liebevollen Miteinander vorhandene Erbanlagen mildern oder verstärken, doch kann und darf man nicht versuchen vorhandene Anlagen verschwinden zu lassen oder umzukehren. Das Schöne ist dabei, dass man sich hinsichtlich der Intensität von Verhaltensanlagen nicht wirklich Mühe geben muss. Die eigene, ausgeglichene, liebevolle, souveräne und selbstbewusste Persönlichkeit wird das Familienbild mit entsprechenden Attributen und Geborgenheit anreichern und formen. Ich kenne Hunde aus argwöhnischen Rassen, die freudig auf Fremde zugehen und ständig lächeln und fröhlich sind. Der angeborene Argwohn wurde durch ein liebevolles und dennoch strukturiertes Familienleben derart gedrosselt, dass ein ungeübtes Auge nicht auf die Idee käme, dass hier irgendein Argwohn gegeben sein könnte. Und dennoch hüpft ein derart liebevoll

lebendes Individuum mit einem argwöhnischen Genom an keinem hoch, schon gar nicht an einem Fremden. Da wird fröhlich um die Schenkel des netten und den Kontakt suchenden Fremden gestreift, doch nicht hoch gehüpft, gleichgültig wie ausgelassen die Situation ist. Ein entsprechend des Zuchtzieles von Natur aus kontaktfreudiger Rassetypus hingegen hüpft an einem Fremden bereits freudig hoch, wenn nur ein entspannter Blickkontakt stattfindet. Man sieht, dass bei ersterem Hund eine gewisse Vorsicht erhalten blieb, aber kein ungeübtes Auge das erkennen würde, da dieses Individuum mit entsprechend liebevoller und klarer Anlehnung aufgewachsen ist. Und leider kenne ich auch Hunde aus entsprechend arglosen Rassen, die sich nicht in die Nähe eines Fremden trauen, da sie in einem harten und missverstandenen Zuhause ihr Dasein fristen. Damit sieht man, dass es eine Grundfeste hinsichtlich des Genoms gibt, doch kann man hierin viel formen, vertiefen oder mildern. Der Phänotyp übernimmt also die Oberhand.

Der Phänotyp

Dieses imaginäre Gebäude, welches man mit dem Zusammenleben errichten kann und das im Folgenden dargestellt werden soll, ist auf dem Genotyp fundamentiert, doch befindet sich oben auf diesem imaginären Gebäude ein Dach, welches aus dem Phänotyp besteht. Also dem „Erfahrungstyp". Was das Individuum in seinem Leben erfahren hat und was es jetzt gerade für ein Leben führt, bildet seinen Phänotyp. Es ist also der Teil seiner Persönlichkeit, welcher sich durch Erfahrung gebildet hat. Dieser Phänotyp nimmt wesentlich mehr Raum in des Individuums Verhalten ein als der Genotyp. Man hat sich ganz banal einfach nur an das zu halten, was Erziehung ist: Die Grenzen hinsichtlich sich selbst aufzuzeigen. Die Grenze ist dabei immer die situativ, selbstbewusst und furchtlos entschiedene Ignoranz einem selbst gegenüber, wenn man gerade miteinander zu tun hat. Attribute wie Geborgenheit, Sozialisierung und Bedürfnisbefriedigung ergeben sich dabei von alleine, wenn man diese Grenze schmerzlos, möglichst aggressionslos und frei von Hektik darstellt.
Außerordentlich wichtig ist es also, zu verstehen, dass man auf den Phänotyp den Daumen drauf hat. Man selbst sorgt für diesen Erfahrungsschatz. Welchen Situationen setzt man seinen Schützling aus? Und insbesondere: Wie geht man mit ihm um? Das bildet ihn! Das formt ihn! Das ist es, was ihm letztendlich seine Persönlichkeit, seine Individualität und sein soziales Erscheinen verleiht, wie bei jedem anderen auch, der einem ausgeliefert ist

(Fohlen, Papagei, Kind, etc.). Der Hund wird das Resultat seines sozialen Umfeldes, wie jedes andere Individuum auch. Je enger man zusammen lebt, umso eher wird er geradezu ein Spiegel seiner Erziehungsberechtigten.
Man hat doch Vorstellungen, wenn man sich einen Hund anschafft. Meist kann man sich hier auf den Rassestandart verlassen, wobei es auch Ausnahmen in der Individualität geben kann. Doch ist der Rassecharakter ein guter Leitfaden, denn er stimmt grundsätzlich. Liest man sich etwas über die Rasse durch, für welche man sich interessiert, liegt es nur noch an den individuellen Eltern und dem züchterischen Umfeld, ob das, was man über diese Rasse erfahren hat, hundertprozentig oder weniger zutrifft. Den Phänotyp formt man dann selbst. Und gerade bei diesem Phänotyp hat man doch ein Ziel. Bei verantwortungsvollen Menschen, welche den Hund als Familienmitglied haben möchten, kann dieses Ziel nur der besonnene Hund mit Lebensfreude sein. Also ein Hund, der sein Leben einfach nur genießen kann. Ein Hund, der jeden Tag fröhlich und ausgeglichen lebt, dabei aber genug Besonnenheit besitzt, um auf seine Familienmitglieder einzugehen. Das heißt, dass er auf einen Interaktionswunsch seines Menschen eingehen sollte, auch wenn gerade die Katze den Weg kreuzt. Erst dann kann er auch sein Leben genießen, denn dann hat er einen sozialen Rückhalt und er braucht nicht mehr mittels Leine an den Menschen gefesselt zu werden, was schlussendlich bedeutet, dass er den ganzen Tag machen kann, was er möchte, bis sein Mensch etwas signalisiert. Dann gilt das immer jetzt und hier und nicht gleich oder vielleicht. Erreicht man das entspannt, dann wird sich zeigen, dass man nur in relevanten Situationen etwas signalisieren muss, da sich der Hund lebensfroh, ausgeglichen und bedürfnisbefriedigt an seinem Geborgenheit spendenden Familienoberhaupt orientiert. Außerhalb dieser Muss-Situationen lebt er einfach sein Leben, oder man hat mal ausgelassen oder verschmust Zeit füreinander.
In der aus der bisherigen Veranschaulichung hervorgegangenen Vorstellung hat man jetzt ein Fundament aus dem Genotyp und ein Dach, welches aus dem Phänotyp besteht. Dieses Dach liegt nicht einfach auf dem Fundament, sondern es ruht auf drei Säulen, welche auf dem Genotyp errichtet sind. Diese Säulen haben alle drei mit dem Menschen zu tun, welcher das Individuum in seine Welt integriert, beziehungsweise die Familie, welche den Ausgelieferten bei sich aufnimmt.

Die erste Säule ist die Beziehung.

Heutzutage braucht man hierzu zunächst nicht viele Worte. Der Hund lebt als Familienmitglied im Haus mit und wird dort auch nicht lange alleine gelassen. Wenn man seinen Hund dann auch noch als vollständiges Familienmitglied akzeptiert, kann man meist von einer vernünftigen, familiären Beziehung reden. Kettenhunde oder Zwingerhunde, wie es früher nicht selten war, leben ein isoliertes Leben, bei welchem sie ihrer Umwelt hilflos ausgeliefert sind. Da kann man nicht von einer Beziehung reden. Da würde jede Voraussetzung zu einer Klärung der Positionen innerhalb der Sozialgruppe fehlen, da eine Sozialgemeinschaft nicht gegeben ist. Also, man lebt zusammen, dann scheint eine der drei Säulen zum besonnenen Hund, welcher sein Leben genießen kann, zunächst gegeben.

Die zweite Säule ist die Persönlichkeitsabgrenzung.

Innerhalb des Zusammenlebens, also innerhalb der Beziehung, müssen die Entscheidungspositionen geklärt werden. Wer hat hier was zu entscheiden? Wer ist der selbstsichere Souverän in diesem Zusammenleben? Man zeigt mittels Grundrespekt aggressionslos, liebevoll und zielorientiert, dass man derjenige ist, der das Tagesgeschehen lenken kann und der sich in dieser Welt auskennt.

Die dritte Säule ist die Klarheit in den Signalen.

Der Zögling kann aber nicht in exakter Weise auf seinen Menschen eingehen, wenn er nicht unmissverständlich versteht, was welches Signal bedeutet. Also muss Klarheit in den Kommando-Signalen bestehen, damit man auch eine entsprechende Reaktion erwarten kann. Erst dann kann er größtmögliche Freiheit genießen, wenn man eben weiß, dass er gewünscht reagiert, wenn man etwas Klares signalisiert. Hierin dürfen keine Unsicherheiten bestehen, dann kann der positiv Respektierende auch selbstsicher bleiben, wenn ihm etwas signalisiert wird. Man selbst hat also einen positiven Weg zu beschreiten, um das, was man in Zukunft verlangen möchte, in einer spaßig-liebevoll-netten Atmosphäre zu erklären.

In Bezug auf die drei Säulen betrachtet man nun zwei Beispiele:

Erstes Beispiel: Angenommen, man sagt zu seinem Hund ein Kommando. Es wurde erfolgreich beigebracht und er hat es gehört. Doch hat er in aller Furchtlosigkeit keine Lust es zu machen, nur weil er zwanzig Meter weiter lieber das Eichhörnchen beobachtet, als auf das Signal von seinem Menschen zu reagieren. Was besteht dann für ein Problem? Na, der Respekt ist unzureichend. Die Klarheit ist gegeben, wenn man das Signal in der Vergangenheit erfolgreich erklärt hat. Man weiß genau, dass er es kann. Man beschritt einen sinnvollen Weg, durch welchen man hundertprozentig weiß, dass er es kann. Die Konzentrationssteigerung wurde also auch sanft abfallend und erfolgreich zu Ende gebracht, damit der Schützling stressfrei verstanden hat, dass ein Kommando-Signal kein Spiel ist. Wenn keine Ablenkung herrscht, macht er es immer erfolgreich. Na dann kann er es angesichts des Eichhorns doch auch, nur will er jetzt nicht, obwohl er es gehört und verstanden hat, sowie er gerade in keiner Weise verunsichert ist. Dann muss man sich fragen, ob man im Alltagsgeschehen respektabel ist. Es kann dann gut sein, dass die Säule der Persönlichkeitsabgrenzung unzureichend ist. Wenn man dann durchsetzt, obwohl man sich im Tagesablauf als Kasper zeigt, kann man schnell zum Psychopathen für seinen Hund werden. Denn warum respektiert er einen nicht? Das hat herzlich wenig mit dem Beibringen von Kommando-Signalen zu tun, sondern mit dem Alltagsgeschehen. Wenn man im Alltagsgeschehen keine ernst zu nehmende Person für seinen Schützling darstellt, dann kann man auch nicht erwarten, dass er auf einen reagiert, wenn er etwas „besseres“ im Sinn hat. Der Schützling wird bei mangelndem Respekt nur dann auf einen reagieren, wenn er Lust dazu hat. Will man bei mangelndem Respekt ein Kommandosignal herbeiführen, dann fällt der Schützling meist zu Recht aus allen Wolken, da dieser „Kumpel“, dieser „Futternapfhinsteller“ und „Türenöffner“ plötzlich nachdrücklich wird, obwohl er sonst einfach nur ein lustiger „Spielekumpel“ ist. Man sollte ganz entspannt und ausgeglichen bereits im Alltagsgeschehen jemand darstellen. Wenn der Schützling dann mal frech sein sollte, weiß er, wer sich hier gerade nicht ignorieren lässt. Nicht der Kumpel, sondern die Mutter, bzw. der Vater. Dann macht man sich nicht zum Psychopathen und man wird nicht oft etwas herbeiführen müssen. Außerdem wird man sich nie genötigt sehen, sich zu ärgern oder gar über Gebühr zu reagieren, da bereits eine neutrale Geste des Sich-nicht-ignorieren-Lassens genügen wird, wenn er einen respektiert. Etwas vom Wichtigsten ist aber, dass es dann auch keine Beziehungsstörungen gibt, was schnell passiert, wenn die Persönlichkeitsabgrenzung nicht geklärt ist. Denn bei unklaren Entscheidungspositionen wird oft gestritten oder der Hund fällt eben, wie oben beschrieben, aus allen Wolken, was die Säule der positiven und entspannten Beziehung erheblich stören, und Anlehnung sowie Geborgenheit fehlen lassen würde.

Zweites Beispiel: Man signalisiert seinem Schützling etwas, woraufhin dieser zusammenzuckt, anstatt richtig zu reagieren. Dann ist es leicht sich auf die Brust zu klopfen und zu sagen: „Ha! Mein Hund respektiert mich!". Wenn er Furcht zeigt, anstatt gewünscht zu reagieren, dann ist es kein positiver, sondern ein negativer Respekt. Das ist kein Grund um stolz zu sein. Im Gegenteil. Wenn man dann auch noch durchsetzt, da er nicht gewünscht reagiert, macht man den letzten, potentiellen Rest einer möglichen Beziehung kaputt. Denn warum duckt er sich, anstatt richtig zu reagieren? Die Furchtreaktion zeigt deutlich, dass er nicht ignoriert, also ist er auch nicht respektlos. Doch wenn er nicht gewünscht reagiert, ist er nichts anderes als unsicher. Und wenn er unsicher ist, hat man entweder nicht sinnvoll beigebracht oder man hat durch zu harten Umgang gar schon die ganze Beziehung versaut. Wenn man dann „Durchsetzen" oder wortlos „Herbeiführen" möchte, dann ist es nichts anderes als eine Misshandlung. Dann ist der letzte Rest einer Beziehung zerstört und der Hund bleibt nur noch, um sein Leben mittels einer täglichen Nahrungsquelle zu sichern.

Fazit

Bei dem ersten Beispiel sehen wir einen Zögling, der entscheidet, wann er auf seinen Möchtegern-Familienvorstand eingeht. Dann haben wir eine Wundertüte als Phänotyp, die mangels Anlehnung meist recht hyperaktiv oder ängstlich ist. Bei dem zweiten Beispiel sehen wir einfach nur ein versautes Leben ohne eine nennenswerte Beziehung. Diesem Schützling wird sein Leben vorenthalten und in Furcht getaucht. Im extrem kann das eine Art Kaspar Hauser als Phänotyp ergeben.

Also ist es unablässig, die beiden Standbeine entspannt, nett und unmissverständlich zu etablieren. Mit einer Abgrenzung der Entscheidungspositionen und Klarheit in allem Verlangten und allen Interaktionen erreicht man auch eine gute Beziehung. Deutlicher noch: Im selben Maße, wie die Persönlichkeitsabgrenzung und die Klarheit entspannt und deutlich geklärt wurden, existiert auch die Beziehung. Also sorgen die beiden Standbeine, die im zweiten und dritten Teil dieses Buches erklärt wurden, für eine liebevolle, ausgeglichene und bedürfnisbefriedigte Beziehung. Und durch diese drei Dinge, von Persönlichkeitsabgrenzung in der Familie, Klarheit in den Signalen und daraus resultierender, guter Beziehung, erreicht man auch den gewünschten Phänotyp des besonnenen Schützlings mit Lebensfreude, während er Kraft seines Genotyps immer noch er selbst bleibt. Mitsamt seiner Erbanlagen wird er sich dann bewusst entschieden haben, mit diesem tollen Menschen leben zu wollen, welcher ihm Geborgenheit, Anlehnung und Bedürfnisbefriedigung in einem sicheren Zuhause bietet.

Im Umkehrschluss findet man in diesem fiktiven Gebäude immer den Fehler, wenn sich etwas nicht etablieren lässt, oder wenn sich etwas auf negative Weise ändert. Meist findet man in den, in diesem Buch beschriebenen Standbeinen einer funktionierenden und harmonischen Familie den Fehler, was bedeutet, dass man sich hinsichtlich der Klarheit in der Kommunikation/Interaktion und in der Abgrenzung der Entscheidungskompetenzen innerhalb der Familie, also dem Grundrespekt, Gedanken machen sollte, da die Beziehung selbst ja nur ein Ergebnis dieser beiden Standbeine ist. Hat er es nicht begriffen? Hat man es also nicht geschafft, das was man bei einer Signalisierung möchte, begreiflich zu machen? Ist man bei einer Signalisierung konsequent? Oder kann er einen im Alltagsgeschehen in die Tasche stecken? Ignoriert er einen also, wenn er keine Lust zu der von seinem Menschen gestarteten Interaktion hat, und man lässt es sich gefallen? Oder lässt man sich durch den Alltag lenken? Man findet in mindestens einem dieser beiden Standbeine den Fehler, wenn bei einer herrschenden Bedürfnisbefriedigung irgendeine Situation nicht auf kommunikative Weise lenkbar ist. Dadurch ist meist auch die Beziehung nicht wirklich gut und entspannt. Und letztendlich hat man dann auch keinen entspannten, besonnenen und gleichzeitig lebensfreudigen Schützling.

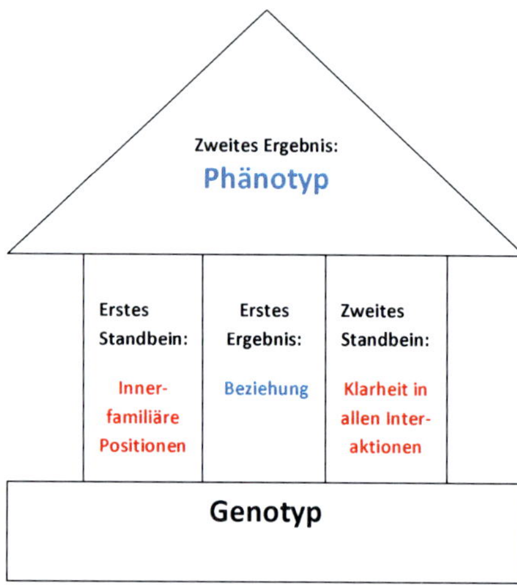

Wenn also was nicht funktioniert, hinterfragt man sich erst immer selbst. Man ist immer selbst der Auslöser für die Probleme, weshalb man seinem Schützling gegenüber auch nicht verärgert sein braucht. Liebevoll, selbstsicher und entspannt die Beziehung hinsichtlich der Entscheidungspositionen mittels Grundrespekt klären, sowie man ebenso liebevoll, selbstsicher und entspannt alles, was man zukünftig verlangen können möchte, beibringt. Dann hat man auch den fröhlichen, liebevollen, freundlichen und dennoch besonnenen Sozialpartner Hund, welchen man sich einst vorgestellt oder gewünscht hat, und mit dem man in einer innigen Beziehung lebt. Wobei der Schützling immer noch er selbst ist, und parallel zu dem Verlass auf die Beantwortung von Kommunikationssituationen seitens seines Familienoberhauptes (oder mehrere) seine Freiheit genießen kann.

Akzeptanz und Intention

Alles Neue muss man erlernen. So manche Menschen konnten das, was ich ihnen erklärte, verblüffend gut umsetzen, doch nie spontan fehlerfrei. Dabei haben viele Menschen in der Praxis größere Probleme sich aggressionslos als Persönlichkeit zu zeigen und vernünftig zu kommunizieren. Einige schaffen es nie. Dabei ist der verheerendste Fehler, wenn ein Herbeiführen, also ein Stoppen von Ignoranz, nicht aufhört oder zu hart ausgeführt wird. In einem solchen Fall macht man mehr schlecht als gut. Im Endeffekt kann man die ganze Lebensqualität seines Schützlings beeinträchtigen. Aus diesem Grund gehe ich kurz vor dem Ende dieses Buches nochmals auf einen Umstand ein, der das Herbeiführen eines Kommandosignals nochmals hinsichtlich des Gedankengutes des Zöglings beleuchtet.

Akzeptanz und Intention. Diese beiden Worte sind allgegenwärtig, wenn man mit seinem Hund zusammen ist. Über all dem, was man bemüht ist zu verstehen und zu unternehmen, um die beiden Standbeine auszuformen, steht diese Überschrift von Akzeptanz und Intention.

Alles, was man verlangen kann, also erfolgreich erklärte Signale und die eigene Familienposition, hat akzeptiert zu werden, wenn die Voraussetzungen von Klarheit und Furchtlosigkeit gegeben sind. Signalisiert man zum Beispiel ein beigebrachtes Signal zum Hinsitzen und die drei Voraussetzungen von gehört, verstanden und fürchtet sich nicht sind gegeben, dann führt kein Weg daran vorbei, dass dies jetzt auch ausgeführt wird. Und wenn man vorhatte, seinen Zögling nur eine Sekunde hinsitzen zu lassen, wird an ein und derselben Stelle dran geblieben, bis er es akzeptiert, woraufhin man ihn entlässt. Und wenn man eine halbe Minute wursteln musste bevor man sich, derangiert, verschwitzt und am Rande zur Verärgerung, wieder anderen Dingen widmen konnte: Es wurde letztendlich akzeptiert. Man hat die Situation also abgesegnet und entlassen. Niemals geht das Tagesgeschehen weiter, bevor in Gegenwart der Voraussetzungen nicht akzeptiert wurde, was das Familienoberhaupt soeben wollte. Es wird also immer die Akzeptanz angestrebt. Erst die Akzeptanz ist das Ende der Ignoranz.

Andererseits muss man unbedingt auf die Intention seines Schützlings achten. Egal, wie man es nennt, herbeiführen oder durchsetzen, ein Unrechtsbewusstsein des Zöglings muss gegeben sein. Dem ist zunächst auch so,

wenn die drei Voraussetzungen gegeben sind und er dennoch nicht auf den Interaktionswunsch seines Familienoberhauptes eingeht. Dann macht er nichts anderes, als selbstbewusst zu ignorieren, was man nicht duldet, wie es in diesem Buch zur Genüge erklärt wurde, man es aber auch nicht oft genug betonen kann. Das Unrechtsbewusstsein ist der Auslöser für ein wortloses, schmerzfreies, möglichst aggressionsloses Herbeiführen ohne Hektik.
Ein Beispiel dafür, wo man sich irren kann, kann man in den Konfrontationssituationen erkennen: Angenommen man steht mit seinem Schützling an der Türe und möchte spazieren gehen. Da hat man deutlich gemacht, dass man sich nicht wie einen leeren Karton über den Haufen rennen lässt. Dies akzeptiert der Zögling und er wartet geduldig, bis sein Entscheidungsträger durch den Engpass geschritten ist. Er kommt also in dem Maße mit, dass er einen nicht anrempelt, wodurch man ja die erforderliche Akzeptanz erkennt und dementsprechend alles entspannt ist. Wenn man aber bei offener Türe noch einmal umdreht, um etwa den vergessenen Hausschlüssel zu holen, dann verbleibt der Hund alleine an der offenen Türe. Wenn er nun alleine hinaus geht, gibt es keinen Grund irgend etwas durchzusetzen. Man hat ihm erklärt, dass man sich nicht einfach zur Seite stoßen lässt. Man hat ihm nicht erklärt, dass er niemals ungefragt aus der Türe darf. Also hätte jede wortlose Handlung, um den Schützling am Hinausgehen zu hindern, nichts mit einem Herbeiführen zu tun. Dadurch würde man höchstens eine Regel etablieren, woraufhin der Hund vielleicht nicht mehr so recht wüsste, wann er und ob er jemals hier hinaus darf. Kurz gesagt, hatte er doch keinerlei Unrechtsbewusstsein, wenn sein Mensch doch gar nicht da ist und er ihm gegenüber also auch nicht frech ist, da er ihn ja gar nicht anrempelt. Es kann sogar sein, dass man die Türe sperrangelweit öffnet und der Zögling mit einem oder sogar vor einem hinaus geht. Das ist keine Frechheit, wenn er soviel Raum hat, um sein Familienoberhaupt nicht zu konfrontieren. Wenn der Zögling aber hinaus stürmt, dann war er eben nicht gedanklich in der Situation, was wiederum eine Ignoranz darstellt. Man sieht, dass man immer den Gedankengang seines Gegenübers erkennen sollte und nicht einfach dessen körperlichen Zustand.

Akzeptanz und Intention. Beides muss man stets beleuchten. Das wichtigste, weshalb dieses Thema hier überhaupt besprochen wird, ist die Erkenntnis, dass sich beide Punkte geradezu schlagartig abwechseln können. Es ist unablässig, dies zu verstehen und zu erkennen. Um dies zu durchschauen, geht man nochmal auf das erste der obigen Beispiele ein, in welchem man seinem Zögling ein einfaches „Sitz“ signalisiert hat und er keine Lust dazu hatte. Jetzt macht man sich daran, die Ignoranz zu unterbinden und darauf zu bestehen, dass er es auch macht. Immerhin weiß er durch gutes Beibringen und Konzentrationssteigerung genau Bescheid und der Schützling hat in dieser Beispielsituation keinen Grund sich zu fürchten. Wenn man jetzt aber zu bunt ist, zu unentschlossen oder gar aggressiv, dann kann die gerade noch bestehende Klarheit verloren gehen. Wenn zu wenig Grundrespekt herrscht oder man zu heftig, emotionsvoll, gar aggressiv versucht etwas herbeizuführen, dann bricht alles zusammen. Gerade noch war der Hund frech, doch durch die unentschlossene oder übertriebene Handlung des Menschen wandelt sich die Frechheit des Kommunikationspartners in Verwirrung oder Angst. Dann denkt er nicht mehr: „Na ja, dann mach ich halt das Sitz, weil mein Mensch sich meine Missachtung nicht bieten lässt." Nein, dann denkt er plötzlich: „Um Gottes Willen, was ist denn jetzt los?!" Das Unrechtsbewusstsein geht bei Unsicherheit oder Derbheit schnell verloren. Dann sieht man, wie der Schützling plötzlich versucht sich zu entwinden, zu beschwichtigen, zu flüchten oder sich gar zur Wehr zu setzen. Dann muss man sogleich auch erkennen, dass man es versaut hat. Man muss sich sofort wieder drosseln, ansonsten ist man dabei, seinen Schützling zu misshandeln. Außerdem hat man es selbst verbockt, indem man es entweder noch nicht geschafft hat, sich durch Grundrespekt zu einer positiven Persönlichkeit zu erheben, oder man ist schlichtweg zu hektisch oder zu aggressiv. Weder für das Eine noch für das Andere kann der Zögling was. Wenn die Situation bei einem zunächst gerechtfertigten Durchsetzen kippt, ist man selbst der Auslöser dafür und man hat sofort aufzuhören. Dann lässt man unmittelbar ab und wird nett. Man richtet sich auf und wird entspannt. Man kann dann ruhig mal „Entschuldigung Schatz." sagen, woraufhin man die gesamte Situation noch einmal in Ruhe neu beginnt. Aber: Der Zögling kommt dabei nicht dazu andere Sachen zu machen. Man lässt ihn nicht einfach weggehen und herumschnuppern oder sonstwas. Ruhig und entspannt, zum Beispiel an der Hüfte aufhalten, um sich sodann entspannt aufzurichten. Sodann beginnt man von neuem. Man sagt es bei einer gekippten Situation also nochmal, denn die drei Voraussetzungen für ein Herbeiführen sind aus eigenem Verschulden verloren gegangen.

Warum auch immer eine Interaktionssituation kippen könnte, sei es durch irgendeine Unklarheit, durch auftretende Angst aufgrund von Außenreizen, durch Aggression des Menschen oder durch dessen Unentschlossenheit, es gibt dann kein Unrechtsbewusstsein mehr und somit keinen Grund mehr irgendetwas herbeiführen zu wollen. Man bricht sogleich ab, wird entspannt und beginnt neu, sofern die drei Voraussetzungen dann wieder gegeben sind. Vor allem bei einem jungen Hund, der voller Lebensfreude versucht seine Wünsche zu erreichen bzw. die Welt zu verstehen oder bei einem vorsichtigen oder gar ängstlichen Hund, kann es sogar so aussehen, dass man ihn gerade in statischen Kommandosignalen (Körperhaltungen) nur am Weggehen hindert, wenn er nicht auf einen eingehen möchte, woraufhin man das Signal bereits neu ausspricht. Das Aufhalten, etwa an der Hüfte genommen, reicht schon, um die Situation schnell kippen zu lassen, wenn man jetzt noch weiter agiert. Dann noch wortlos in die Position drücken zu wollen, würde in der Beziehung und Lebensqualität viel zerstören. Also ist das Aufhalten bereits das Sich-Durchsetzen. Mit dem Stoppen der Ignoranz hinsichtlich der eigenen Person kann man in schwierigen Fällen zufrieden sein, und man geht davon aus, dass dies genügt hat, um dem Zögling zu erklären, dass man sich als Person nicht ignorieren lässt. Die Erklärung, dass man nicht ignorieren lässt was man verlangte, ist bei manchen Protagonisten zu viel abverlangt, was die Situation kippen ließe. Also sagt man es, nachdem man sich als Person nicht ignorieren ließ, erneut, da bereits genug Überraschung und somit Verunsicherung seitens des Zöglings herrscht, wenn man sich einfach als Person durchsetzt. Mit dem Nett-Werden und erneutem Sagen stellt man dann die Selbstsicherheit und die damit einhergehende Klarheit bzw. Erkenntnis wieder her. Außerdem kann man spätestens in ein „Leg-dich"- Signal nicht körperlich zwingen, ohne dabei misshandelnd zu werden, falls man so ein Signal überhaupt erarbeiten möchte. Also ist gerade in einer solchen Situation rein das Aufhalten des Zöglings das Durchsetzen, das erneute Sagen ist aufgrund der geänderten Gefühlswelt des Zöglings keine Wiederholung des Signals, sondern eine Klärung der Situation. Akzeptanz und Intention. Was denkt mein Zögling? Was empfindet er? Das sind die Beweggründe, die einen selbst lenken und die sich schlagartig ändern können.

Die Menschen sind zu materiell. Es wird immer der körperliche Zustand beäugt und beurteilt. Dabei geht es doch immer um den inneren Zustand. Klar ist, dass ein körperlicher Zustand den seelischen, psychischen Zustand beeinflussen kann. Wenn körperlicher Schaden eintritt, ist Schmerz, Angst und Verstörung auch die Folge. Doch die verminderte Lebensqualität kommt aus der entstandenen psychischen Beeinträchtigung. Und es gibt erstaunlich viele Situationen, in denen das körperliche Wohlbefinden gegeben ist, doch die Psyche einen Schadenszustand aufweist. Also ist es doch immer die Gefühlswelt, die wir beurteilen und behandeln müssen. Dieses materielle Denken der Menschen, bei dem die Gefühlswelt der Schützlinge gar nicht wahr genommen wird, zeigt sich besonders, wenn ein junger oder unsicherer Rüde von einem anderen angegriffen wird. Wenn das Geschrei dann vorbei ist, wird immer geschaut, ob eine Verletzung verursacht wurde. Wenn dem dann nicht so ist, dann heißt es immer: „Zum Glück ist ja nichts passiert." Damit sind die Menschen dann zufrieden und erleichtert und gehen ihrer Wege. Doch warum ist selten eine Verletzung gegeben, wenn ein Rüde oder eine vorherrschende Dame einem fremden, gleichgeschlechtlichen Artgenossen die Leviten ließt? Der Angreifer macht meist klar, dass man in seinem Terrain oder in seiner Individualitätssphäre nichts zu suchen hat. Und das wird auf psychischer Ebene erklärt, nicht auf körperlicher. Die Sorglosigkeit des Anderen wird in den Boden gestampft, dass er niemals mehr wieder denkt, in der Nähe des Vorherrschenden jemals wieder etwas zu suchen zu haben. Das heißt, der Angegriffene ist im hohen Maße verunsichert bis hin zu traumatisiert. Traumatisiert! Machen Sie sich das bewusst. Das Leben des derb angegriffenen Zöglings ist für immer auf negative Weise verändert, was nichts mit irgendwelchen eventuellen körperlichen Verletzungen zu tun hat. Wenn Sie nachts um halb drei in einer Seitenstraße von alkoholisierten Halbstarken auf den Boden geworfen werden, Ihnen die Habseligkeiten aus den Taschen genommen werden und Ihnen anschließend lachend ins Gesicht uriniert wird, dann werden Sie niemals mehr wieder an ähnlichen Örtlichkeiten oder im Beisein ähnlicher Halbstarker entspannt bleiben. Das Leben ist nach solchen Erfahrungen anders, und dabei muss man nicht körperlich verletzt werden. Die Erniedrigung ist das Eine. Das Andere ist die Willkür der Angreifer. Ob sie einem die Gesundheit ruinieren, hängt von ihrem Ideenreichtum, ihrer Lust und Laune oder sonstwas ab.

Es ist also immer die Empfindung, um die wir uns kümmern und die wir, als Familienoberhaupt und Geborgenheitsspender, zu beleuchten und zu erkennen haben. Das ist in jeder Situation so, was sich gerade beim Herbeiführen oder beim Sich-Durchsetzen zeigt.
Auch bei jedem Unterlassungssignal, bei jedem Lob und bei jedem Tadel behandeln wir genau das, was der Zögling soeben denkt. Tadel heißt in diesem Fall die Ignoranz zu stoppen. Und wenn der Zögling sich dessen, was er soeben ignorierte, gar nicht mehr bewusst ist, dann gibt es auch keinen Grund mehr etwas herbeiführen zu wollen. Dann beginnt man die Situation erneut, denn das, was man erreicht hat, ist das Ende der Ignoranz gegenüber dem Familienoberhaupt. Das heißt aber noch nicht, dass der Zögling noch weiß, was das Familienoberhaupt eigentlich verlangte.
Beleuchten Sie also immer das Gedankengut Ihres Schützlings und beenden

Sie sofort jede Form von einem Herbeiführen, wenn die Ignoranz Ihnen gegenüber vorbei ist, auch wenn der Schützling noch nicht das Gewünschte macht. Aber er ignoriert Sie nicht mehr. Wenn dann Unklarheit hinsichtlich dem herrscht, was Sie eigentlich wollten, dann sagen Sie es nochmal, denn die Ignoranz ist ja vorbei, aber die Klarheit kann ausgeblieben oder zerstört worden sein.

Die wachsende Beziehung

Das familiäre Leben ist und darf kein Kampf sein. Was beim Grundrespekt und beim Herbeiführen erklärt wurde, ist ein Weg, den man beschreitet, um familiäre Harmonie zu erreichen. Wenn man sich bemüht, Ängste und Verunsicherungen von seinem Schützling zu nehmen, dann kann das etwas langwierig sein, je nachdem wie tief die Erfahrungen sitzen. Geht es aber darum, als Persönlichkeit und letztlich als Familienoberhaupt anerkannt zu werden, dann sollte der Weg nicht lange sein und vor allem nicht steinig, ansonsten macht man es nicht gut. Anspannung, Unentschlossenheit oder einfach fehlende Konsequenz sind meist die Fehler. Einmal mehr betone ich, dass es nicht auf die Häufigkeit von „Übungen" oder einem Herbeiführen ankommt, sondern auf die Qualität der jeweiligen Interaktion und deren Erfolg. Die Intention, die Gefühlshaltung, die man dabei hat, ist das Ausschlaggebende, nicht die Mechanik. Beim Erklären ist man immer nett und beim Stoppen von selbstbewusster Ignoranz ist man immer prompt und unbeirrbar, aber man kriegt niemals einen cholerischen Anfall oder ähnlich Verstörendes.

Wenn die sozialen Stellungen, also das Miteinander, mit liebevoller Unbeirrbarkeit aggressionslos etabliert werden, unterliegt die innerfamiliäre Struktur aber auch Veränderungen, die hinsichtlich der Entscheidungspositionen keinen Einfluss haben. Wenn man also die Herangehens- und Vorgehensweise des Grundrespektes erlernt, sollte man immer im Hinterkopf haben, dass es um die Darstellung der eigenen Person geht und um selbstbewusste Ignoranz des Zöglings, und nicht um ein „Kleinhalten". Je mehr in einem bedürfnisbefriedigtem Miteinander akzeptiert wird, dass man das Familienoberhaupt darstellt, was man ja an dem Nachlassen der Intensität und Häufigkeit von Ignoranz in Interaktionswünschen oder Konfrontationssituationen bemerkt, umso eher geht man auch auf die Wünsche seines Schützlings ein. Man kann und sollte mit der Zeit sein persönliches und individuelles Miteinander finden, bei dem der Zögling auch vernünftige Wege kennenlernt, um bei seinem Familienoberhaupt etwas zu erreichen.
Je mehr also die Entscheidungen des Familienoberhauptes entspannt akzeptiert werden, umso mehr findet dann auch so etwas wie Nähe in den sozialen Stellungen statt, während die emotionale Nähe von vorne herein unbestritten und liebevoll ist. Das Kind, bzw. der Neue, muss die Familiensituation lernen, weshalb man liebevoll erklärt. Doch muss man hierbei auch mal et-

was verlangen, und sei es nur das Zuhören. Je mehr es verstanden wird, umso mehr setzt man es voraus. Je mehr es akzeptiert wird, umso mehr findet man, über die liebevolle Beziehungsnähe, auch eine Art Nähe in den sozialen Stellungen, also in den Entscheidungsgewalten. Wenn die Entscheidungsgewalten klar sind und akzeptiert werden, zeigt sich fortschreitend tiefergehende Individualität in der Beziehung, wie im Folgenden erklärt wird.

Um ein Wachsen einer Beziehung zu erkennen, generiert man ein Beispiel aus der Menschenwelt:
Angenommen, es bestünde ein Krisengebiet und die Regierung würde zwei Generäle mit Gefolgschaft aussenden, um das Problem zu beheben. Alsbald würde man feststellen, dass dies keine gute Idee war, denn die beiden Generäle würden in dieser Situation nur allzu leicht zu Kontrahenten werden, da hier jeder seine eigenen Ideen umsetzen möchte und beide den gleichen Rang haben. Niemand könnte den anderen also anleiten. Somit hätte keiner von beiden die volle Aufmerksamkeit für die eigentliche Misere und deren Anweisungen würden in den eigenen Reihen zu des anderen Befehlen mitunter unsinnig erscheinen.
Also schickt man bei Erfordernis von Anfang an einen General. Er ist nicht umsonst in dieser Position, und er wird dementsprechend einen sinnvollen Weg gehen, um die Krise zu bereinigen. Jetzt betrachtet man das Stabswesen und die Gefolgschaft, welche dieser General dabei hat. Dort gibt es einen, welcher den rechten Arm des Generals darstellt - nennen wir ihn in diesem hypothetischen Beispiel den ersten Offizier. Dieser bekleidet das Zimmer vor des Generals Büro und ist sein direkter Nebenmann. Er ist also bildlich gesehen der rechte Arm des Generals. Doch warum ist dieser erste Offizier an dieser Position? Ganz einfach, da er seit zwanzig Jahren im Militärgeschehen dabei ist und er von Anfang an entsprechend der Kommunikationswege mitgewirkt hat. Gleichgültig, ob er damals von der Sonderschule kam oder das Abitur in der Tasche hatte. Er hatte, wie jeder andere auch, als Rekrut begonnen, und unser jetziger erster Offizier war kein Querulant. Und wenn er einst von seinem Unteroffizier einen noch so unsinnigen oder gar erniedrigenden Befehl bekam, so hat er ihn zunächst ohne zu murren ausgeführt, um hinterher die Beschwerde zu schreiben. Eben so, wie es die Regeln dieses Kommunikationssystems vorgeben. Nicht erst murren, sondern hinterher sich äußern, so wie wir Menschen es in dieser Struktur ersonnen haben. Somit, als der Feldwebel einst die zurecht eingereichte Beschwerde in Händen hielt, wurde der Taugenichts an Unteroffizier degradiert oder rausgeschmissen, da er einen Untergebenen ungerechtfertigt erniedrigt hatte, und unser

erster Offizier in spe wurde der neue Unteroffizier. Durch sein Verhalten, welches den Rängen, Regeln und Kommunikationswegen dieses Sozialgefüges entsprach, hat sich unser erster Offizier einst immer weiter nach oben gearbeitet, bis er letztendlich der zuverlässige rechte Arm des Generals geworden ist. Er wurde, durch seine Akzeptanz der Verhältnisse, die Vertrauensperson des Ranghöchsten. Er weiß, wer er ist, woher er kommt und wer der General ist, sowie der General weiß, wen er vor sich hat. Innerhalb dieser Klarheit weiß der General also, dass er gänzlichen Verlass auf seinen ersten Offizier hat, solange er sich sinnvoll und fair verhält. Heißt also, solange der erste Offizier nicht erniedrigt wird und er auch nicht seine Gesundheit in Gefahr bringen muss, kann sich der General darauf verlassen, dass nicht ignoriert wird, was er sagt, anordnet oder verlangt.
Jetzt stellt man sich vor, dieser erste Offizier geht an des Generals Bürotür, klopft, tritt ein und stellt fest, dass der General gerade nicht zugegen ist. Er denkt sich, später noch mal wieder zu kommen, sieht dann aber die Kekspackung des Generals auf dem Schreibtisch stehen. Nun gut, wenn es gar so lecker erscheint, nimmt sich dieser erste Offizier, der sich seine Stellung durch Akzeptanz des Systems erarbeitet hat, mitunter einmal einen einzelnen Keks aus des Generals Packung. Der erste Offizier erliegt also nur selten und stets maßvoll der Verlockung dieses Gebäcks, wobei die Positionen unberührt und gänzlich klar sind und bleiben. Er würde nie den letzten Keks nehmen, und es ist ohnehin nur gelegentlich, dass er es sich erlaubt, sich an des Oberhaupts Leckerei zu bedienen. Wenn dies der General bemerkt, wird er, wenn er weiß, wer er ist, nichts dazu sagen. Er hat Verlass auf seinen ersten Offizier, welcher innerhalb dieser Sozialstruktur aufgrund seiner erarbeiteten und bewiesenen Vertrauenswürdigkeit auch eine gewisse Position hat. Der General weiß, dass wenn er seinem rechten Arm in aller Ruhe eine Anweisung gibt, dass diese dann immer, augenblicklich und zuverlässig erledigt wird. Darauf ist Verlass, auch wenn sich der erste Offizier selten einmal innerhalb vernünftiger Grenzen und ohne Außenwirkung einen Keks von ihm nimmt.
Nun stellt man sich im Gegensatz dazu den Rekruten vor. Er ist seit wenigen Monaten in diesem Ranggeschehen dabei und fängt ganz unten an. Er gehört unmissverständlich dazu und er wird keinesfalls irgendwelchen unnötigen, erniedrigenden oder sinnlosen Situation ausgeliefert, ansonsten trudelt mindestens eine gerechtfertigte Beschwerde ein. Doch hat er dennoch keine Entscheidungskompetenzen und muss somit aufpassen, sich nicht respektlos zu Ranghohen zu benehmen. Wenn er an der Zimmertüre des Generals anklopft, eintritt und bemerkt, dass der General nicht da ist, nimmt er sich dann ungefragt einen Keks aus des Generals Packung? Sicher nicht. Falls

doch, dann lässt der General mal ganz deutlich den Rauch rein. In wieweit dann die nächste Beförderung aufgeschoben ist, möchte sich der Rekrut erst gar nicht ausmalen. Er hat zu solch einer Handlung noch lange nicht die Position. Dieses Ranggefälle ist zu tief und es ist noch zu frisch, um so etwas dulden zu können. Was für Frechheiten des jungen Rekruten noch auf sich warten lassen würden, wenn sich der General dieses Verhalten gefallen lassen würde, mag er sich gar nicht erst ausmalen. Noch hat der Neuling seine Akzeptanz der Verhältnisse nicht bewiesen. Im Gegenteil: Solange er die Akzeptanz der Verhältnisse noch nicht bewiesen hat, ist eine solche Handlung der Beweis dafür, dass er eben nicht die Verhältnisse akzeptiert.
Jetzt noch ein drittes Beispiel, welches die restlichen Unklarheiten vollends beseitigen sollte: Ein weiterer General hat ein Kind, welches von seinem stolzen Vater von Geburt an in den Rang des ersten Offiziers erhoben wurde. Tritt dieser erste Offizier, welcher seine Position nicht durch Akzeptanz erarbeiten musste, in das Büro unseres auswärtigen Generals, dann nimmt er sich die ganze Packung an Keksen mit, und zwar regelmäßig. Dass dies so nicht geduldet werden kann, ist ebenfalls selbstredend.
Ob Mensch oder ein anderes Tier: Dies ist ein Prinzip hinsichtlich der Ränge, bzw. hinsichtlich sozialer Stellungen. Wenn unmissverständlich klar ist, wer hier welche Persönlichkeit ist, bzw. wer hier wie viel Entscheidungskompetenz für die Gruppe hat, dann kann sich auch eine tiefe Nähe ergeben. Diese Nähe ist immer an den Grad der Akzeptanz gekoppelt. Je mehr der Chef als solcher akzeptiert wird, umso eher kann man ihm nahe sein, womit nicht die liebevollen Gefühle, sondern die Befugnisse gemeint sind. Anders gesagt, umso eher kann man seine eigene Persönlichkeit innerhalb dieses Ranggefüges ausleben und auch Wünsche erfüllt bekommen. Je mehr die Entscheidungskompetenz des Ranghohen anerkannt wird, umso eher kann man eine gewisse Entscheidungskompetenz innerhalb des Verbandes erhalten.

Das Kind und jedes andere, ausgelieferte Individuum lernt. Es lernt die Familienverhältnisse, also die Entscheidungsgewalten und die Umwelt kennen, sowie es die Sprache, bzw. die einzelnen Signale innerhalb des Verbandes zu interpretieren lernt. Beigebracht wird nett und auch mal fröhlich, immer in einem liebevollen Miteinander. Die emotionale Nähe ist dabei eine Grundfeste, da ansonsten Bedürfnisdefizite bestehen, womit ein Erkennen und Akzeptieren der Familienverhältnisse nicht mehr möglich wäre. Emotionale Nähe ist hinsichtlich seiner Schützlinge also von Anfang an gegeben, ansonsten kann man nichts verlangen, da man den Schützling durch emotionale Kälte oder Missachtung im Stich lassen und Grundbedürfnisse außen vor lassen würde. Bedürfnisse müssen befriedigt sein, ansonsten kann man nichts verlangen.

Der Pubertäre hat Tatendrang. Er will sich oft, gemäß natürlicher Evolutionsgesetze, darstellen und zu einem Jemand werden. Das ist richtig und er soll ein Jemand sein, schon bevor er Pubertär ist. Allerdings nicht das Familienoberhaupt. Der Pubertäre muss öfters daran erinnert werden, dass er Sohn, bzw. Tochter ist und nicht Entscheidungsträger für die Familie. Also muss man ihm öfter mal sagen, was er lassen soll oder was er anstatt seiner Idee machen soll.

Der Erwachsene bewegt sich bei einem guten, entspannten, aber geklärten Familienbild lebendig und interessiert durch die Welt, aber er entscheidet im Beisein seines Familienoberhauptes aus eigenem Entschluss nichts, was nicht in seiner Kompetenz liegt. Er entscheidet dann also nicht mehr, was man mit Fremden macht, wen man duldet oder zu wem man Kontakt aufnimmt. Er zeigt nur seinem Familienvorstand, zu wem er gerne hingehen würde. Wenn es gut aussieht, darf er dann auch, wenn nicht, dann darf er eben nicht. Wenn der Fremde den Kontakt beginnt, dann darf natürlich darauf reagiert werden, wenn das Familienoberhaupt den Kontakt nicht abfängt. Doch sind wir hier nun in der wachsenden Beziehung. Wie in den vorherigen Kapiteln erklärt, ist nur die selbstbewusste, entschiedene Ignoranz hinsichtlich des Familienvorstandes die Frechheit.

Beispiele:

- Man befindet sich auf dem Spaziergang, und der Zögling möchte lieber einen anderen Weg einschlagen. Wenn man dabei ist, sich als Familienoberhaupt zu zeigen, dann läuft da nichts. Wird man aber respektiert, Ignoranz tritt also nicht mehr zu Tage, warum dann nicht? Wenn es machbar ist, dann hängt man diesen Umweg eben dran, der Sohnemann oder das Töchterchen freut sich.
- Man hat in der Wohnung einen Sack mit Hundeessen oder die Snacks für seinen Schützling griffbereit stehen. Das hat er zu dulden, ohne sich daran zu bedienen, auch wenn der Sack offen vor ihm steht. Wird man nicht mehr ignoriert, dann kann man eines Tages auch darüber lächeln, wenn er sich mal einen Happen nimmt. Man wird dabei auch sehen, wie maßvoll der Zögling dabei ist, denn er respektiert (Die Kekse des Generals). Wenn man dann einfach entspannt lächelt oder sogar noch kurz tätschelt, ist das eine Situation, bei der der Zögling alles Wünschenswerte Empfinden kann: Zuneigung in einer Familie, von einem Geborgenheit spendenden

aber liebevoll akzeptierenden Familienoberhaupt (oder mehrere). Falls er sich dann zu viel nimmt, wird man auch sehen, dass ein netter, gefühlsorientierter Satz, etwa in Form von: „Jetzt ist langsam mal gut, Schatz.", den man lächelnd ausspricht, genügen wird, damit der Zögling ebenso lächelnd aufhört sich weiter zu bedienen.

- In den Konfrontationssituationen kann sich noch eine Veränderung beim Aussteigen aus dem Auto ergeben. Zunächst geschieht das Aussteigen immer unter einem geklärten Signal. Doch eines Tages, wenn man im Alltag und in aller Entspannung erlebt hat, dass man als Familienoberhaupt anerkannt wird, da man in entsprechenden Situationen nicht mehr ausgeblendet wird, kann sich auch das lockern. Allein schon körpersprachlich oder einfach nur durch die Zuwendung zu seinem Zögling an der offenen Autotür, wird erkannt, um was es geht. Wenn der Schützling dann aussteigt, da er mit seiner Erfahrung die Situation erkennt, dann muss das nicht schlimm sein. Hier kann sich das Bild derart wandeln, dass man das selbstständige Aussteigen bei erkannter Situation als selbstverständlich ansieht, wenn die Positionen zueinander stimmen und der Schützling einfach nur seine Erfahrungswerte in das Tagesgeschehen mit einbringt, ohne zu drängeln. Dann kann es sein, dass sich das Bild dahingehend wandelt, dass er bei erkannter Situation selbständig aussteigt, und wenn er sich aber mal irren sollte, dann sagt man einfach das „Nein" dazu, und er bleibt drin.

Wie auch immer die individuellen Veränderungen aussehen, es zeigt sich, dass auch die Positionen unterhalb der Führungsebene ein Leben haben und sie es innerhalb der Familie ausleben sollen. Wenn man hier, nach der Klärung der Signale und der Führungsebene, ein individuelles Zusammenspiel findet, hat man es wahrlich geschafft. Der Beweis dafür, Familienoberhaupt zu sein, ist eben das Fehlen an Ignoranz des Schützlings, wenn man sich in Konfrontationssituationen befindet oder wenn man eine Interaktion anstrebt. Doch der Beweis dafür, dass man ein liebevolles und gutes Familienoberhaupt ist, ist die lebendige Individualität und das Fühlen einer Position des Zöglings innerhalb dieser Familie, über die man die Hand hält. Heißt, wenn sich der Zögling auch mal einen Keks aus der Packung des anerkannten Familienoberhauptes nimmt, sieht man ein befriedigtes, umfassendes, überlegtes und lachendes Miteinander.

Zusammenfassung

Dieses Buch wurde detailiert geschrieben, damit keine Interpretationsspielräume bestehen.
Um die Erkenntnisse in den erklärten Standbeinen von sozialer Persönlichkeitsabgrenzung und Kommunikation nochmal deutlich werden zu lassen, wird im Folgenden der Inhalt des Buches prägnant zusammengefasst.

Was ist das Problem?
Der Zögling entscheidet, wann er auf eine Ansprache, bzw. einen Interaktionswunsch eines seiner Familienoberhäupter eingeht und wann nicht. Diese selbstbewusste und entschiedene Ignoranz ist es, die man nicht dulden darf. **Ignoranz ist also die einzige Frechheit.**

Wer erkennt, dass innerfamiliäre Ignoranz die einzige Frechheit ist, der kann hieraus noch drei weitere Erkenntnisse schöpfen:
Einerseits zeigt sich, dass es gleichgültig ist was für Ziele, Wünsche oder Charaktereigenschaften der Zögling hat. Man arbeitet nicht daran, wie der Zögling sein soll. Man arbeitet ausschließlich daran, dass der Zögling einen nicht ignoriert, wenn man etwas von ihm möchte.
Andererseits zeigt sich auch, dass man wissen muss, was man wann möchte. Einfach irgendwas hin-reden hat keinen Wert. Der Zögling muss schon wissen, um was es geht. Und wenn man es selbst nicht weiß, dann kann er es erst recht nicht wissen. Somit, also bei Unklarheit, könnte man auch nicht einschätzen ob er einen ignoriert.
Zum Dritten zeigt sich was Erziehung bedeutet, indem man erkennt, dass Erziehen nicht heißt Signale beizubringen, sondern Grenzen zu zeigen. Die Grenze ist dabei immer einer der Familienvorstände, also eine Person, anstatt ein mechanischer Umstand, wie etwa einer Leine oder einer Tür. Und diese personalisierte Grenze, auf die es ankommt, tritt immer bei selbstbewusster Ignoranz des Zöglings gegenüber seinem Familienvorstand in Erscheinung. Nicht zu duldende Ignoranz kann also nur während Interaktionen, in verstandenen Interaktionswünschen und Konfrontationssituationen zwischen Familienvorstand und Zögling in Erscheinung treten.
Also:
Der Zögling ist nicht frech, wenn er einen Kothaufen untersuchen möchte, wenn er im Schritt vom Postboten schnuppern möchte oder wenn er

die Wurst aus dem Einkaufskorb nehmen möchte. Der Zögling ist in solch einer Situation erst frech, wenn einer seiner Familienvorstände ganz entspannt, aber hörbar und verständlich z. B. „Name Nein“ zu seinem Zögling gesagt hatte und er es dann nicht sein lässt.

Grundrespekt

Man kann nicht situativ ein Familienoberhaupt sein. Man ist es oder nicht. Das heißt, dass man nicht nur gelegentlich wissen sollte was man gerade möchte, während man den restlichen Tag über unbeantwortet hinterher redet oder man sich sogar fernlenken lässt. Deshalb Grundrespekt:

1. Wenn der Zögling im Tagesablauf etwas von seinem Familienoberhaupt möchte dann muss das nicht jetzt sein.
   Dabei bedenkt man, dass ein „Möchte“ etwas völlig anderes ist, als ein „Muss“.
2. Wenn man selbst etwas vom Zögling möchte, dann wird das jetzt so sein. Zumindest wenn der Schützling keinen Grund zur Furcht hat.
3. Wenn man konfrontiert wird gibt es nichts zu reden, sondern zu handeln. Denn die Ignoranz ist hier bereits gegeben, falls man etwa angerempelt oder an der Leine hinterher gezogen wird.

Als Familienoberhaupt hat man ein paar Privilegien, wie etwa Zeitpunkte zu fällen, das Essen zu verwalten sowie Fremdbegegnungen zu bestimmen. Das ist dann auch fast schon alles. Andererseits bleiben einem als Familienoberhaupt nur Pflichten. Eine dieser Pflichten ist zu wissen wann man was möchte. Nicht einfach sinnlos zum Schützling hin reden oder sonstwie hin-agieren, während der andere Sachen macht. Sonst bringt man seinen Zöglingen bei, dass das, was vom Möchtegern-Familienoberhaupt kommt, unbedeutend ist. Bzw. kann der Schützling bei sinnfreiem hin-plappern nicht mehr einschätzen, wann das Geplapper einmal ernst gemeint ist.
Also: **Man interagiert oder nicht!**
Bei diesen entspannten aber zielorientierten Interaktionen lässt man auch nicht zu, dass irgendwer anderes mitmischt. Kein anderer Hund und kein anderer Mensch oder sonstwas macht gerade etwas am Schützling, wenn

man als Familienoberhaupt gerade etwas mit ihm macht, bzw. etwas von ihm will. Man kann immer etwas zusammen machen, wie etwa mehrere Familienmitglieder oder Kumpels spielen oder schmusen miteinander. Wenn man sich aber zielgerichtet mit einem seiner Schützlinge befasst, was vor allem bei Anordnungen geschieht, dann geht das niemand anderes etwas an. Da kann dann niemand mitmischen, sich hineindrängen oder die Situation auf sich ummünzen.

Die Interaktion

In einem Interaktionswunsch gibt es nur zwei Möglichkeiten:
Entweder ordnet man etwas an oder man hat eine positive, emotionale Interaktion.

Bei der Anordnung kommt es ganz klar auf die Positionen der Protagonisten an. Wer ist hier wer, in dieser Familie. Dabei sieht man, dass nur innerfamiliär Anordnungen ausgesprochen werden können und, dass es hierbei auf das Miteinander im Alltag ankommt, woraus sich die Meinung über den jeweils anderen in dieser Familie bildet (siehe Grundrespekt). Bei der Anordnung kann es einerseits sein, dass man etwas am Zögling macht, sei es Haare kämmen, Jacke anziehen, Halsband abmachen oder was auch immer an welchem Zögling auch immer. Oder man sendet ein beigebrachtes Signal, bei dem man die entsprechende Reaktion erwartet. Wenn man also etwas am Zögling macht oder man ein „Kommando" zu ihm sagt, dann erwartet man auch eine respektable Gegenreaktion. Das heißt: Hat man an ihm zu tun dann soll er einfach einen Moment still halten. Und wenn man etwas sinnvoll angeordnet hat, dann soll er es auch machen.

Andererseits zeigt man, bei den emotionalen, auf Zuneigung begründeten Interaktionen, einfach nur seine Gefühle, etwa in Form von fröhlicher Ausgelassenheit beim Spielen oder in Form von liebevoller Zuneigung beim Schmusen. Hier kommt es also nicht auf beigebrachte „Kommandos" an - die haben hier gar nichts zu suchen. Hier kommt es nur auf die Gefühle an, die man selbst empfindet. Man transportiert diese mit Betonung und Gestik. Man ist also lieb, ausgelassen, besorgt oder sonstwie liebevoll emotional. Ganz entspannt/liebevoll zeigt man, was man momentan empfindet. Aber auch hier lässt man sich nicht einfach den Rücken kehren. Man erwartet auch hier eine Gegenreaktion, und sei es nur ein Dulden. Hier sieht man auch, dass man zu einem Spiel nicht zwingen kann. Emotionen, insbesondere zusammen gelebte Ausgelassenheit, müssen passen und laufen nicht nach Terminplan ab.

Wann kann eine Interaktion frühestens vorbei sein?

Ignoranz ist die Frechheit, also ist Akzeptanz die respektable Reaktion.
Also: Erst wenn der Schatz hingehalten hat, während man ihm die Jacke schloss, das Halsband abmachte, das Haar kämmte oder die Klette aus dem Fell sammelte, kann er wieder was anders machen. Und falls er gerade keine Lust auf eine emotionale Zuwendung hätte, ist es dennoch erst vorbei, wenn er es wenigstens einen Moment geduldet hat (Vorsicht: Zum Spiel kann man nicht zwingen. In so einem Fall: Ersatzhandlung.). Und erst wenn der Zögling die Anordnung, die man gerade aussprach, vernünftig gemacht hat, kann man ihn wieder sich selbst überlassen.
Beide, das Familienoberhaupt und der Schützling, können sich erst wieder anderen Dingen zuwenden wenn der Schützling furchtlos akzeptiert hatte.

Ein Jemand, statt ein Etwas sein

Man erkennt, wenn man die Interaktion betrachtet, auf was es im ganzen Leben ankommt: **Selbstsicherheit**
Man kann nicht allumfassend und unantastbar selbstsicher sein. So gut wie jeder hat irgendwo seine Unsicherheiten. Wenn man aber mit seinen Schützlingen kommuniziert, dann dürfen einen irgendwelche anderen Einflüsse nicht interessieren. Während man mit einem oder mehreren seiner Schutzbefohlenen zu tun hat kann man höchstens ein Wort, etwa in Form von „Moment", zu jemand anderen hinüber werfen, doch das war's dann auch schon. Denn man bringt seinen Interaktionswunsch mit seinem Schützling zu Ende, bevor man für etwas anderes Zeit hat. Ansonsten macht man sich nur zum Kasper, anstatt zum Familienoberhaupt.

Was muss man anordnen können?

Denken Sie nochmal nach: Warum muss man etwas anordnen können?
- Einerseits, um seinen Zögling und damit sich selbst davor zu bewahren gesellschaftlich anzuecken. Man muss seine Sprösslinge also daran hindern können, den berechtigten Unmut von Gesellschaftsmitgliedern zu wecken.

-Andererseits muss man seinen Schützling aus Gefahrensituationen manövrieren können, bzw. darf man ihn erst gar nicht in eine Gefahrensituation hinein geraten lassen.

Entsprechend hier nochmal die essentiellen Signale:

1. Ein **Aufmerksamkeitssignal** ist unumgänglich. Ansonsten kann man auf keine vernünftige Weise eine Interaktion starten, wenn der Zögling gerade etwas anderes macht, als sich mit seinem Familienoberhaupt zu beschäftigen. Der Name ist also ein geradezu heiliges Signal, das man in hörbarer Umgebung seiner Schützlinge, die unsere Sprache nicht gänzlich verstehen, nur ausspricht wenn man dabei auch den betreffenden Schützling willentlich und gezielt anspricht. Dann hat er aber auch „Ja, bitte?" zu fragen, wenn er angesprochen wird. Man möchte also die Aufmerksamkeit, sobald man seinen Zögling mit Namen anspricht. Da der Name als einziges Ausführungskommando nicht entlassen wird lobt man dann aber auch, wenn man nur den Namen gesagt hatte und der Zögling reagiert. Denn hier ist es notwendig zu erklären, dass man soeben nicht mehr wollte, als die (kurze, aber deutliche) Aufmerksamkeit.
   Der Name ist also das einzige Signal, mit dem man vernünftig eine Interaktion starten kann, wenn man sich soeben nicht gegenseitig in die Augen schaut.
2. Ein **Unterlassungssignal** ist ebenso ein Muss. Während man z. B. in einem Scherbenfeld steht, nachdem einem ein Glas aus der Hand geglitten ist, ist ein „Nein" sinnvoll, um den Schatz daran zu hindern hineinzutreten, wenn er schauen kommt, was passiert ist. Und falls er etwas Dubioses findet, sollte man lieber „Name-Nein" sagen, als ihn herzurufen. Denn er könnte auf das „Sei bei mir" eingehen, aber auf dem Weg zu seinem Familienvorstand seinen Fund verspeisen. Außerdem bleibt dem Zögling bei einem „Name-Nein" die Wahl, was er sonst machen möchte, weshalb die Lebensqualität steigt und auch die Entspannung und Zuneigung in der Beziehung.
3. Man muss ein **Daseinssignal** erarbeiten. Wenn man seinen Zögling zu sich ruft, dann hat er nicht einfach bei einem vorbeizukommen. Dann hat er bei einem zu sein. Was auch immer Sie hierfür für ein Signal erarbeiten, ob es zukünftig bei Ihnen „Hier",

„Bei mir“ oder „Zu mir“ heißt spielt keine Rolle. Die Übersetzung ist das Wichtige. Und die Übersetzung, also die Bedeutung dieses Signales ist: „Sei bei mir“

4. Man muss eine Anordnung auch wieder beenden. Nachdem man etwas verlangte, bei dem der Schützling eine Körperhaltung einzunehmen hat oder der Schützling eine Örtlichkeit aufzusuchen hat, und sei es man selbst, nachdem man ihn in das „Sei bei mir“ rief, muss man es auch wieder beenden. Eine solche Anordnung wäre doch sinnlos, wenn der Zögling entscheidet wann die Anordnung vorbei ist. Also ist ein klares **Entlassungssignal** notwendig. Ich selbst sage seit 1986 „Lauf“ bzw. „Name-Lauf“ zu meinen Schützlingen, was aber nicht heißt, dass sie weglaufen sollen. Jagen Sie ihren Schützling nicht weg! Einfach nur die Anordnung beenden. Der Schützling **kann** dann wieder machen, was er will. Das heißt nicht, dass er etwas machen **soll.**

Alle anderen Ausführungen, die man beibringen kann, sind also rein freiwillig. Doch diese vier hier nochmals kurz aufgeführten Signale sind ein unbedingtes Muss, um seinen Schützling davor zu bewahren gesellschaftlich anzuecken oder gar in eine Gefahr zu geraten.
Bei alledem ist das erste der notwendigen Signale immer wichtig: Sprechen Sie mit Namen an. „Name-Nein“, „Name-Bei mir“ und auch „Name-Lauf“. Nicht einfach nur Silben in die Gegend werfen, sondern klar machen, zu **wem** man gerade **was** sagt.

Akzeptiert der Zögling die Ausführung?

Hinsichtlich des „Sei bei mir“ gehe ich nochmal auf das Thema Akzeptanz ein: Man hat, sobald man anordnete, dass der Zögling jetzt bei einem sein soll, immer wieder einen Kontrollschritt zu machen, wenn man das Gefühl hat, dass der Zögling gedanklich abdriftet. **Die körperliche Nähe hat bei dieser Anordnung ein Ergebnis des geistigen Einverständnisses zu sein.** Man darf nie einfach nur zufrieden damit sein, dass der Schützling, den man gerade in ein „Sei bei mir“ gerufen hat, neben einem steht. Man hat immer wieder, sobald man befürchtet, dass er geistig aus dem angeordneten abschweift, zu kontrollieren, ob er auch noch daran denkt. Deshalb macht man, ganz entspannt, ohne Hektik und ohne nur noch im Kreis zu laufen, einen Schritt vom Zögling weg, um zu sehen ob er einem folgt. Dabei macht man den Kontrollschritt in die Richtung, in die der Zögling

NICHT schaut. Wenn er sich dann nicht darum kümmert, die Nähe zu seinem Familienoberhaupt aufrecht zu erhalten, dann macht er dieses „Sei bei mir" schon nicht mehr. Das ist dann, wenn er es unmissverständlich gelernt hat und er in keiner Weise verunsichert ist, Ignoranz, womit man jetzt bereits handelt (Unmut äußern, einen leichten Klaps am Schenkel, an der Hüfte heranziehen o. ä.) anstatt zu diskutieren. Man wartet also nicht darauf, bis er das „Sei bei mir" körperlich sichtbar bricht, sondern man kontrolliert und korrigiert bereits bevor er wegläuft. Man schaut, sobald man das „Name-Sei bei mir" angeordnet hatte, also immer danach, wo er mit dem Großteil seiner Gedanken ist. Nur wenn man weiß, dass er mit dem Großteil seiner Gedanken in diesem Wunsch seines Familienvorstandes des Da-Seins ist, der Zögling es also wissentlich akzeptiert, braucht man vor der Entlassung keinen Kontrollschritt zu machen.
Hat man also „Name-Sei bei mir" nach einem erfolgreichen Beibringen gesagt und der Zögling schaut zum entgegenkommenden Hund, macht man einen Schritt rückwärts. Egal wo er hinschaut, er hat den Schritt dann sogleich mitzugehen. Wenn er die Nähe aber nicht aufrecht hält wird sogleich gehandelt, damit ihm klar wird, dass hier keine Ignoranz dieses „Sei bei mir" geduldet wird. Das Ganze heißt wiederum, dass der Zögling vielleicht keine Lust auf die Anordnung hat, er aber nicht bei dem anderen Hund ankommt! Bzw. heißt das, dass man nicht so lange wartet, bis der Zögling gedanklich gänzlich bei dem ist, was ihn interessiert. Sobald er anfängt, was anderes zu denken als an das „Sei bei mir", wird er per Kontrollschritt daran erinnert, dass er gerade da zu sein hat. Und wenn er sich nicht sogleich korrigiert, wenn er also den Schritt nicht unmittelbar mitmacht, dann wird prompt klar gemacht, dass man nicht duldet, dass er das angeordnete nicht macht. So kommt er gar nicht dazu, das „Name-Sei bei mir" zu vergessen, auch nicht, wenn einen gerade ein anderer Hund passiert. Und bei alledem kommt er nicht dazu, das zu machen, was ihm gerade lieber wäre. Er lernt, dass es immer gilt, wenn sein Familienvorstand was möchte. Den Familienvorstand interessiert der andere Hund, der einen nicht behelligt, oder das Reh oder was auch immer nicht. Der Familienvorstand interessiert sich nur dafür, ob der Zögling die gehörte und verstandene Ansprache seines Familienvorstandes ignoriert oder ob er es akzeptiert. Und erst bei Akzeptanz kann der Zögling wieder was anderes machen. Denn erst dann wird ihm gesagt, dass die Anordnung nun vorbei ist.

Wozu lobt man?

Um zu erklären. Es gibt keinen anderen Grund. Entweder erklärt man, dass man gerade nicht mehr wollte, als die Aufmerksamkeit, wenn man nur seinen Namen zu ihm gesagt hatte und er darauf reagiert, man erklärt wie das zukünftig heißen soll, das man da gerade zusammen macht (man bringt ein Signal bei), man erklärt, dass es schon in Ordnung ist, was der Schützling da macht, falls er bei einer richtigen Handlung unsicher wäre oder man erklärt, dass man die Akzeptanz, die man als Familienoberhaupt erfährt, einen glücklich und einmal mehr liebevoll macht – man erklärt also kein Tyrann zu sein. In all diesen Fällen lobt man, was in all diesen Fällen eine Erklärung ist.

Das letzt Genannte, also die Erklärung, dass man kein Tyrann ist, geht erst wenn man bei einer Anordnung nichts mehr erklären muss und man nichts mehr Durchsetzen muss, damit es beantwortet wird. Erst dann herrscht Klarheit und man wird als Familienoberhaupt anerkannt. Erst dann hat man die Willkür über das Loben, denn dann erklärt man, dass man zwar ein Familienoberhaupt ist, man aber auch in den Anordnungen ein liebes Familienoberhaupt ist. Das heißt: Solange es sich der Zögling noch heraus nimmt einen Ignorieren zu wollen, wenn man eine Interaktion wünscht, wird nur gelobt, um etwas Neues zu erklären oder um zu erklären, dass es gut ist, was der Schützling macht, falls er eine Anordnung unsicher ausführen sollte. Je mehr der Zögling selbstsicher in den Ausführungen der Anordnungen wird, umso weniger wird gelobt. Man geht also aus dem Beibringen in das Verlangen über. Man kann erst wieder mehr loben, wenn man Verlass auf die furchtlose Beantwortung von Interaktionswünschen bekommen hat. Denn dann hat man, durch Grundrespekt, durch klare Interaktionen, durch nachlassen des Lobens und durch ein Nicht-Dulden von Ignoranz, das Tal der Persönlichkeitsabgrenzung durchschritten. Bei aller Liebe sind dann die Entscheidungspositionen geklärt, woraufhin man auch wieder öfter loben kann. Dadurch erklärt man ein liebes und auch dankbares Familienoberhaupt zu sein, wenn man als solches akzeptiert wird.

Zunächst läuft das Loben also parallel zum Kenntnisstand des Zöglings: Je mehr er das, was beigebracht wird, selbstsicher versteht, umso weniger wird gelobt. Es wird also mehr und mehr eingefordert, was er lernt und gelernt hat. Es wird nicht gespielt oder sich bedankt, nur weil er mal auf eine Anordnung reagiert hat. Bei alledem wird man aber immer lobend, wenn der Schützling bei einer Ausführung einer Anordnung unsicher sein sollte, um zu erklären, dass es keinen Grund für Unsicherheit gibt, da er es

doch gut macht – bei Unsicherheit ignoriert er einen nicht! Wenn das Beibringen von dem jeweiligen Signal erfolgreich abgeschlossen ist und auch keine Unsicherheiten in der momentanen Situation bestehen, lobt man erst wieder, wenn man **weiß**, dass der Zögling darauf reagieren wird. Dann erklärt man, dass man ein liebes Familienoberhaupt ist, wenn man, trotz dessen der Zögling das Signal kennt, er es aber immer furchtlos macht, man dennoch auch mal lobt.
Bei Welpen dauert die Phase des Lobens und Anleitens länger, da sie, in all ihrem Lernen, länger brauchen, um sich selbst in der bunten, interessanten und völlig unbekannten Umwelt zu finden und zu erkennen, während sie mit artfremden Individuen eine Familie zu fühlen lernen sollen. Ein positives Miteinander hat also Priorität. Also sachte: Es vergehen noch 15 Jahre, die familiär und geborgen sein sollen. Da muss das kleine Kind nicht innerhalb 6 Wochen salutieren. Man hat Interaktion oder nicht. Das bleibt in jedem Alter gleich. Doch muss man lehren! Einerseits die familiären Strukturen und andererseits die Signale. Bei kleinen Kindern bleibt man also erst einmal lieb erklärend und mit einem Lächeln dran, wenn das Scheißerle kein Interesse am momentanen Wunsch des Familienoberhauptes hätte. Das macht man aber genauso prompt, wie man ohne Lächeln bei einem ignoranten Halbstarken zunächst erklärungslos klare Schranken zeigt, wenn er einem in einer Ansprache den Rücken kehren möchte.

Wenn man handeln muss

Bei einer selbstbewussten Ignoranz des Zöglings hat es keinen Wert sich zu wiederholen. Der Sprössling würde dann nur lernen, dass man es nochmal sagt. Also muss nach einmaligem, sinnvollem Signalisieren gehandelt werden, falls es ignoriert wird.
Beim unterbinden von Ignoranz gibt es allerdings Rahmenbedingungen:

1. Man unterlässt alle Handlungen die Schmerzen verursachen würden.
2. Man wird so wenig als möglich aggressiv. Das gilt für die Häufigkeit ebenso wie für die Intensität.
3. Man wird nie fahrig oder hektisch.

Wird man willentlich ignoriert, dann wirft man auch mal die Leine hinterher, man gibt einen schmerzlosen Klaps auf den Hintern, man zieht mal an der Hüfte zurück oder man schiebt beiseite, je nachdem, was man gerade akzeptieren lassen möchte. Aber es wird nie etwas mit Wucht geworfen, es wird nie geschlagen, gepackt oder gerissen. Es wird immer nur genommen, gezogen oder ähnlich souverän gehandelt, um merken zu lassen, dass man sich nicht ignorieren lässt. Man wird also nie explosionsartig oder derb handeln, ansonsten streitet man oder man misshandelt, anstatt sich als eine selbstsichere Persönlichkeit zu zeigen. Nach der schmerzlosen und möglichst auch aggressionslosen, sowie zielorientierten Handlung richtet man sich auch wieder auf, und zwar in aller Ruhe. Wenn es sein muss macht man seinen Handgriff eben nochmal. Aber man zeigt sich immer als Ruhepol und als jemand, der weiß, was er gerade möchte. Falls sich der Zögling x-mal dem Interaktionswunsch furchtlos entziehen möchte, dann kommt auch einmal der Moment, in dem man eine Prise Aggression zeigt, indem man während des Durchsetzens z. B. eine entsprechend betonte Äußerung von sich gibt, wie etwa: „Jetzt reicht´s aber!" oder auch einfach nur „He!" Man zeigt, dass man Ignoranz nicht duldet. Bei alledem achtet man darauf sich nicht unnötig zu wiederholen, während man prompt und unmissverständlich aber ohne die oben beschriebenen Tabus so lange auf das gewünschte hin arbeitet, bis es furchtlos akzeptiert wird.

Zwei mögliche Begebenheiten sind beim beenden einer Ignoranz maßgeblich:

1. **Jede Form von Ignoranz, bzw. vom Sich-Durchsetzen muss so schnell als möglich nachlassen.** Wer beginnt sich nicht mehr ignorieren zu lassen, der sollte innerhalb weniger Tage bemerken, dass die Ignoranz in der Häufigkeit und in der Intensität nachlässt. Man muss also immer weniger und immer seltener etwas machen, wenn man seinen Zögling angesprochen hat, da der es sich immer seltener herausnimmt, einen stehen zu lassen. Falls es furchtlos nicht weniger wird, dann sollte man es wieder bleiben lassen, denn man macht dann etwas falsch. Entweder besteht kein Grundrespekt oder man ist nicht konsequent. Im schlimmsten Fall besteht ein Bedürfnisdefizit, was dann heißt, dass der Zögling kein schönes Leben hat – er also „Strafen" in Kauf nimmt, um zu leben. Wenn man etwas falsch macht ist ein Sich-durchsetzen-Wollen nur eine Misshandlung statt einer Erziehung. Also: Wird Ignoranz nicht schnell und furchtlos weniger, dann hat man sich selbst zu überprüfen, anstatt am Schützling herumzubasteln. Das gilt situativ ebenso wie über den Zeitraum des Erziehens.

2. **Ein begründetes Problem ist etwas gänzlich anderes als eine selbstbewusste Ignoranz!**
   Wenn es der Schützling gewohnt ist, dass sein Möchtegern-Familienoberhaupt immer an ihn hin redet, dann weiß er auch nicht, wann es ernst gemeint ist. Gleich verhält es sich wenn man einfach seine Kommandoworte in die Gegend schmeißt, ohne den Zögling mit Namen anzureden. Ebenso hat der Name keinen Sinn, wenn man ihn den ganzen Tag sagt, und man ihn dann einmal zum Zögling sagt – woher soll er wissen, dass dieses Mal eine Reaktion erwartet wird. Des Weiteren hat es natürlich keinen Wert irgendwelche „hundetypischen" Worte zum Schützling zu sagen, wenn man diese nicht nett und verständlich erklärt hat. Und wenn man beim Sich-Durchsetzen zu derbe ist, dann bekommt der Schützling natürlich auch Angst. Zu guter Letzt ist es verstörend und sogar quälend, wenn man seinen Schützling per Anordnungsgewalt in Situationen zwingen möchte, vor denen er sich fürchtet.
   In all diesen Fällen gibt es nichts durchzusetzen, da der Schützling nicht ignoriert, sondern er es schlicht nicht weiß oder er mindestens verunsichert ist, wenn er nicht sogar regelrechte Angst hat.

Es gibt klare Voraussetzungen, um zu erkennen ob man ignoriert wird

1. Der Schützling hat gehört, bzw. mitbekommen, **dass** sein Familienvorstand etwas von ihm möchte.
2. Der Schützling hat verstanden, **was** sein Familienvorstand von ihm möchte.
3. Der Schützling hat kein begründetes Problem, wie etwa Furcht.

Erst wenn man diese drei Zustände unmissverständlich erkannt hat, kann man beurteilen, ob der Schützling einen ignoriert, er es schlicht nicht weiß, er es nicht verstanden hat oder er sich sogar fürchtet.
Die ersten, der beiden oben aufgeführten Punkte sind generell mit Ja zu beantworten, wenn man etwas signalisiert. Ansonsten hat man noch nichts erarbeitet oder man kommuniziert undeutlich, was letztlich dasselbe ist. Der dritte Punkt, ob der Schützling verunsichert ist, ist zeitlebens etwas das spontan auftreten kann. Sei es da etwas furchteinflößendes im Wege oder dort steht, wo man etwas vom Zögling möchte, oder da man einstmals unfair ge-

handelt hatte, als man ein Unverständnis falsch interpretiert hatte und man sich zu unrecht „durchsetzte“. Manchmal erkennt man auch nicht sogleich den Grund für eine Furcht oder Unsicherheit, doch ist es dennoch so. Fair bleiben! Es geht sogar soweit, dass man sich nicht durchsetzt, sondern man aufmunternd und erklärend wird, wenn man sich nicht sicher ist, ob der Schützling einen Ignoriert oder er verunsichert ist. Lieber einmal Bitte sagen, als einmal zu misshandeln. Wenn man dann freundlich wird, weil man nicht weiß, ob der Schützling aufgrund von Unsicherheit nicht auf das Gewünschte eingeht, dann kann man immer noch deutlich werden, wenn man dann erkennt, dass er ignorant ist – wenn er z. B. während der Aufmunterungen und Erklärungen anfängt in der Gegend herum zu schnuppern. Das Wichtigste ist also sofort zu handeln, wenn man weiß, dass man gehört und verstanden worden ist. Bei selbstbewusster Ignoranz wird man sofort unmissverständlich und wenn man nicht sicher ist, ob der Schützling unsicher ist oder man erkennt, dass er unsicher ist, wird man sogleich liebevoll aufmunternd. Bei Unsicherheit des Schützlings wird man dann auch erklärend, also lobend, wenn der Schützling sich, aufgrund der Aufmunterung seines liebevollen aber beständigen Familienvorstandes, so langsam getraut auf den Interaktionswunsch einzugehen.
Ganz grob kann man sagen, dass der Zögling verunsicher ist, wenn er bei Ansprache seine bisherige Handlung unterbricht oder sich einem sogar zuwendet, er aber nicht das macht was man wollte. Verunsicherung ist keine Ignoranz!
Sicher ist letztlich, dass man sich nicht unnötig wiederholt und man auch nicht reglos bleibt, wenn auf einen gehörten und verstandenen Interaktionswunsch nicht eingegangen wird. Entweder darf man es sich nicht gefallen lassen (Ignoranz des Zöglings) oder man muss ermunternd und erklärend werden (Verunsicherung des Zöglings). In beiden Fällen handelt man aber prompt: Entweder auf eine Nicht-duldende-Weise oder auf eine lieb-aufmunternde und lieb-erklärende Weise.

Die eine Begebenheit von Gehört, Verstanden und nicht Verunsichert und die Begebenheit von Gehört, Verstanden und Verunsichert können sich spontan wechseln!

Ebenso spontan muss dann auch immer umgesattelt werden, von Ignoranz-nicht-duldend zu lieb-aufmunternd und lieb-erklärend werden. Bei Bedarf auch wieder anders herum. Und nochmal und nochmal. So lange bis einerseits die Unsicherheit und andererseits die Ignoranz verschwunden sind.
So manche Zöglinge denken sich etwas wie: „Ach ja, der ist ja lieb, dann kann

der jetzt auch mal warten, bis ich Zeit für ihn habe." Wenn man dann handelt denkt so manch einer: „Oh Gott, wie schlimm wird's jetzt?" Hier sieht man schon, wie man vom einen zum anderen driften muss – man reagiert immer prompt auf die Empfindungen des Schützlings. Aber er wird, bei gutem Beschreiten dieses Weges, lernen, dass er ein Familienoberhaupt hat, also jemand, der sich nicht ignorieren lässt und der im Umkehrschluss auch weiß, wann er was möchte. Darüber hinaus lernt der Schützling im täglichen Schmusen und gerne auch im ausgelassen Spiel und vor allem in den liebevollen Erklärungen und Anleitungen, dass man ihn liebt und man niemals verärgert ist, wenn er einen in Interaktionswünschen nicht ignoriert. Und nochmal: Verunsicherung ist keine Ignoranz!

Wenn der Zögling also gerade noch rotzfrech war, dann ist er es nicht mehr, sobald er auf einen eingeht oder, falls es tatsächlich passiert, sobald er bei einem Versuch seine Ignoranz zu stoppen, verunsichert wird. Das passiert, wenn man nicht konsequent ist, man zu grob oder aggressiv ist oder wenn der Zögling entsprechend schlechte Vorerfahrungen hat. Dann wird man also sogleich wider zufrieden und auch anleitend, auch wenn er noch nicht an gewünschter Position ist. So lernt der Schützling das Schwarz-Weiß, das sich aus seiner Sicht etwa folgendermaßen anhört: „Ignorier ich eine Ansprache meines Familienoberhauptes, dann lässt der sich das nicht gefallen. Ignoriere ich eine Ansprache meines Familienvorstandes aber nicht, dann ist immer alles gut."

Bei alledem lernt der Schützling auch noch, dass sein Familienvorstand ihm immer hilft, wenn er irgendein Problem hat.

Orientierung auf dem Spaziergang

Man ist zusammen unterwegs. Zusammen! Es ist nicht so, dass die Kinder unkontrolliert und orientierungslos die Umgebung in Beschlag nehmen und von dieser Position aus entscheiden, was sie mit wem in dieser Umgebung machen, während die Familienoberhäupter spazieren gehen. Es sind nicht zwei Lager, es ist eine Familie.

Das Verlassen der Hauses und/oder des Autos beginnt vernünftig. Erst bei Akzeptanz, dass man das Familienoberhaupt nicht anrempelt bzw. man nicht einfach aus dem Auto stürzt, sobald es geöffnet wurde, geht es weiter. Dann geht der Schützling mit dem Familienvorstand mit, er zerrt ihn nicht an der Meterleine hinterher. Erst wenn man wortlos stehen bleibt und der Schützling innerhalb der Meterleine ebenfalls angehalten hat, ohne die Leine gestrammt zu haben, weiß man, dass er mit einem mitgegangen ist, anstatt

kopflos sein eigenes Ding zu machen. Dann wird neutral und wortlos die Leine abgemacht, woraufhin man sich ganz entspannt weiter bewegt, ohne dem Zögling zu sagen, dass er jetzt „wegrennen" darf. Nein, einfach wortlos weitergehen. Somit sieht der Zögling ja, dass Mutter/Vater jetzt nichts weiter von ihm möchte und, dass es weiter geht. Schlussendlich hat man sich, zusammen mit einem vernünftigen Grundrespekt und einem vernünftigen Beginn des Spazierganges, bereits als ein Jemand dargestellt, womit auch Orientierung herrscht. Bei alledem ist man nicht hart oder kalt. Dass der Schützling aussteigen darf sagt man durchaus auf liebe Weise, denn er hatte schlussendlich ja akzeptiert, dass man nicht heraus stürzt. Und beim abmachen der Leine kann man gerne auch ein Küsschen auf die Stirn geben oder mit einem netten, sanften Tätscheln aufmuntern, denn er hatte schlussendlich ja akzeptiert, dass man nicht herumhampelt, während der Familienvorstand etwas an ihm macht. Aber das Küsschen oder ein Streicheln wäre dann eine emotionale Interaktion, wobei der Zögling mindestens hin hält oder mehr. Bis hierher braucht man also, in einem vernünftigen, positiv-respektvollen Miteinander keines dieser sogenannten Kommandos, sonst wird man ja schon nicht respektiert. Andererseits ist man aber auch lieb, wenn man respektiert wird.
Wenn es dann soweit ist, dass der Zögling schneller wird, dann wird man langsamer. Daraufhin sollte der Zögling, innerhalb von etwa 5 bis 8 Meter, auch langsam werden. Wenn nicht, dann ordnet man etwas an, wie etwa ein Verlangen der Aufmerksamkeit (Name). Wenn er darauf nicht reagiert, obgleich er es gehört und verstanden hat und er auch keine Verunsicherung empfindet, dann lässt man sich diese Ignoranz nicht gefallen. Je souveräner, umso eher handelt man wortlos, indem man etwa die Leine zu seinen Füßen kegelt. Oder, wenn nicht anders möglich oder wenn es der Mensch ohne unnötige Intensität selbstsicher vermag, dann kommt eine kleine Prise Aggression, in Form eines Unmutes: „He!"
Jedenfalls erkennt man, nach einem vernünftigen Beginn des Außer-Haus-Gehens, einen Drei-Schritt:

1. Weg vorgeben, indem man langsam wird, wenn der Zögling schnell wird.
2. Etwas verlangen, wenn der Schützling daraufhin nicht auch langsam wird.
3. Es wird nicht geduldet, wenn der Schützling nicht auf das Verlangte reagiert.

Wenn man diesen Dreischritt entspannt und ohne Hektik vollzieht, dann geht es schnell rückwärts: Erst muss man nichts mehr herbeiführen, da der Zögling erkannt hat, dass Ignoranz nicht geduldet wird. Dann muss man nur noch selten etwas anordnen, da der Zögling erkannt hat, dass etwas verlangt wird, wenn er sich nicht orientiert.
Schlussendlich hat man seinem Zögling somit vermittelt, dass er bei seinem Familienoberhaupt dabei ist. Er hat dann also verstanden, dass er nicht alleine, sondern mit seinem Familienvorstand unterwegs, bzw. draußen ist.
Es zeigt sich aber auch, dass dies alles nicht bei einem Welpen vonnöten ist. Denn mit einem kleinen Kind macht man einerseits keine Strecke, sondern man ist einfach nur draußen. Andererseits orientiert sich, zumindest bei positiven Gefühlen gegenüber seinen Menschen, ein Kind automatisch – es möchte nicht verloren gehen. Zum dritten lernt ein Welpe erst noch die Umwelt kennen, d. h. er macht also noch kaum etwas, das schlimm wäre, womit man auch keine Befürchtungen hinsichtlich einem möglichen Jagen oder ähnlichem haben muss.

Vor allem zu Hause schmust man liebevoll und man liegt auch Arm in Arm auf dem Sofa. Man ist auch gerne einmal in einem ausgelassenen Spiel. Aber außerhalb des Kernterritoriums begleitet der Zögling seinen Familienvorstand. Und wenn man einen Weg beschreitet dann spielt man gerade nicht und man schmust soeben auch nicht. Der Sprössling kann und soll gerne herum schnuppern, auch hier und da markieren oder einen Tannenzapfen zernagen. Er soll sich generell für die Welt interessieren – er lebt und soll leben. Und wenn es passt dann kann gerne auch einmal fern des Zuhauses gespielt werden, wobei man aber dort spielt wo man gerade ist, anstatt dabei zeitgleich spazieren zu wollen. Aber bei alledem gilt immer, dass der Zögling nicht alleine unterwegs ist. Man begleitet auch nicht ihn, sondern er seinen Familienvorstand und er bestimmt nicht mit welchem fremden Lebewesen man was macht, sowie man grundsätzlich selbst der Ansprechpartner und Berührungspunkt ist, wenn ein fremdes Lebewesen herankommt.
Ein Spaziergang mit seinem Hund ist in etwa so, wie ein Schaufensterbummel mit seinem menschlichen Kind. Man klebt nicht Schulter an Schulter aneinander. Nein, man schaut sich Schaufensterauslagen an. Aber man ist auch nicht alleine unterwegs. Man bleibt also in Kontakt, und sei es nur akustisch, und man dreht immer mal wieder den Kopf, damit man den Anschluss nicht verliert. Und wenn die Positionen in dieser liebevollen, aber geklärten Familie gelebt werden, dann schaut vor allem das Kind danach,

den Anschluss nicht zu verlieren, während die Eltern vor allem danach schauen, dass ihr Kind keinen Unsinn macht, also nicht gesellschaftlich aneckt und auch nicht in eine Gefahr gerät. Und vor allem schauen die Eltern auch danach, dass sich keine Gefahr ihrem Kind annähert.
Also: Schützling hält Anschluss, während er sich in der Umwelt befindet, darin lebt und diese erlebt. Eltern sind aufmerksam, damit der Schützling keinen Unsinn macht und ihm nichts passiert. Damit all dies gewährleistet ist müssen Positionen klar sein: Die Eltern reden nicht an die Wand, wenn sie ihr Kind ansprechen. Das muss vor allem dem Kind klar sein, was nur der Fall sein kann, wenn dies den Eltern klar ist.

Persönlichkeit

Bei alledem sieht man eine, auf der Selbstsicherheit begründeten Grundfeste:

Qualität statt Quantität!

Immer vernünftig und entspannt wissen was man soeben möchte. Und dann ebenso zielorientiert, möglichst entspannt und vernünftig einfordern, was man soeben möchte, falls es ignoriert wird. Ruhig und nicht hektisch agieren, sowie man auch ruhig und entspannt spazieren geht, anstatt im Stechschritt durch die Gegend zu hasten. Des Weiteren erklärt man liebevoll und leitet vertrauensvoll an, wenn eine Unsicherheit aufzukommen droht. Auch ein liebevolles Küsschen oder ein ausgelassenes Fangenspiel ist ebenso selbstverständlich und ehrlich empfunden wie das Nicht-Dulden einer selbstbewussten Ignoranz. Falls irgendetwas aus dem Vorangegangenen Satz fehlt, falls also Liebe, die sich einerseits in Schmusen und Kuscheln zeigt und sich andererseits auch in spielerischer Ausgelassenheit miteinander zeigt, oder eine klare Kommunikation, die sich auf Positionen gründet, fehlt, kann der Zögling nicht bedürfnisbefriedigt sein. Dann empfindet der Schützling keine umfassende Familie und somit kein umfassendes Leben.
Wer steif und unsicher oder gar unnötig laut, hektisch, fahrig und/oder aggressiv ist, bzw. wer nicht weiß, wann er etwas möchte und wann er was gesagt hat, der hat zunächst an sich selbst zu arbeiten, als an seinen Schützlingen. Man hat erst ein umfangreiches und befriedigtes Leben zu bieten, bevor man etwas verlangen kann. Nebst gesunder Nahrung, ausreichenden Erlebnissen und einem vernünftigen Bewegungspensum ist ein fester, erkennbarer und fühlbarer Sozialverband maßgeblich, um einer sozialen Lebensform ein möglichst glückliches Leben zu bieten. Das heißt, dass der Ausgelieferte möglichst rund um die Uhr mit einem familiären Jemand zu-

sammenleben sollte und er nicht warten muss, bis Etwas in das Gefängnis des sogenannten Zuhauses zurück kommt, um daraufhin von diesem Etwas ein Stück an einer Fessel durch eine unberührbare Gegend gezerrt oder geführt zu werden.
Positiver Respekt ist das, was man anstrebt. Man ist weder Herrscher noch Kumpel sondern Mutter oder Vater. Man liebt und ist bei Problemen sofort für seine Schützlinge da. Aber man redet nicht an die Wand und man läuft nicht hinterher. Erst durch eine Abgrenzung der Persönlichkeiten, also eine Abgrenzung der Entscheidungsgewalten innerhalb der Familie, erfahren alle Familienmitglieder die schönen Emotionen eines Miteinanders anstatt dem Wirrwarr eines angespannten und unbefriedigten Nebeneinanders. Und wenn dann noch die Kommunikation geklärt ist gibt es in diesem Zusammenleben nie Unsicherheiten, woraufhin auch viele positive, entspannte und liebevolle oder lustige Situationen gelebt werden können.

Ein paar generelle Worte zum Welpen

Es wird in einer reizarmen Umgebung gelehrt. Nicht während irgendwelcher interessanter Begebenheiten etwas beibringen wollen oder gar ein typisches „Hundekommando" anordnen möchten. Man lehrt nett, liebevoll und verständlich die zukünftigen Ausführungs-Anordnungen, wenn es gerade sinnvoll ist, das Kind also nicht gerade dabei ist, eine interessante Umwelt zu entdecken, das Kind auch nicht müde ist und es auch nicht gerade ausgelassen spielt. Nur langsam, mit steigendem Kenntnisstand des Kindes, geht man über oberflächliche Ablenkungen in immer magnetischere Ablenkungen über, um zu zeigen, dass das bisher Beigebrachte in allen Situationen gilt. Also immer gut überlegen, **wann** man **was** zu **wem** sagt. Bei Gefahr nimmt man ein kleines Kind einfach auf den Arm, bzw. beseitigt man die Gefahr, bei Bedarf auch mit einem beherzten Tritt, wie z. B. bei Annäherung eines aggressiven, fremden Menschen, Hundes oder sonstwas, was dem Schützling erkennbar schaden möchte. Je erfahrener das Kind in Anlehnung seiner Eltern wird, umso mehr verlangt man – man kann also nur langsam, aus oberflächlichen Ablenkungssituationen (z. B. ein Blatt im Wind) in stärkere Ablenkungssituationen (z. B. ein anderer Hund geht vorüber) übergehend, eine sinnvolle Anordnung aussprechen. Und damit das Kind nicht sinnlos auf Reize reagiert, sei es in Form von unangenehmen Interesse oder in Form von Furcht, hat der Welpe von Anfang an im Alltag mit dabei zu sein. So lernt das Kind, dass alles, was man im Alltag begegnen kann, normal ist. Ein Kind hat also

alles, was normal ist, als normal zu erleben. Es wird weder von normalen Reizen isoliert, noch wird es angeheizt, mit etwa so einem Unsinn, wie: „Ui, schau mal, da ist ein Hund!" oder „Schnell pack den Kleinen, da läuft eine Katze!" Nein! Das kleine Kind wird nicht der Katze hinterherlaufen! Das macht nur der herangewachsene, dem man durch reaktives Verhalten erklärte hat, dass eine Katze eine Reaktion erfordert oder Heranwachsende, den man in der Kindheit sich selbst überlassen hat. Und, dass ein anderer Hund des Weges kommt ist auch etwas völlig normales. Da wird das Kind nicht heiß darauf gemacht, vor allem nicht, wenn es in seinem Leben Hundekumpels hat.
Falls der Welpe sich zu sehr für etwas Normales interessiert und ein Auf-den-Arm-Nehmen nicht sinnvoll wäre, dann münzt man ihn, ganz banal, mit einem Leckerbissen auf sich um, anstatt ein sinnloses „Name-Hier!" anordnen zu wollen. Auf sich ummünzen! Also nicht einfach einen Leckerbissen in den Mund schieben, für das, was der Welpe gerade im Kopf hat. Sondern, gerne hörbar, den Leckerbissen aus der Verpackung holen, sobald man meint sein kleines Kind könne jetzt zu interessiert auf den vorbeigehenden Menschen, Hund oder auf eine sonstigen Lebensform werden. Während dessen geht man schon in die Hocke und macht sein kleines Kind auf den Leckerbissen interessiert, während man den Leckerbissen zwischen Daumen und Zeigefinger hält. Der Kleine nascht dann daran herum, während man mit ihm liebevoll redet. Dann hat man eine Interaktion. Und erst wenn man erkennt, dass der Kleine jetzt gedanklich bei einem, den netten Worten, der Hand und dem Leckerbissen ist, dann bekommt er ihn ganz. Bei alledem darf natürlich nicht der andere Hund oder Mensch herankommen und etwas am Zögling machen wollen.
In den ersten Wochen, während das kleine Kind seiner Pubertät näher kommt, ist es also im ganz normalen Alltag dabei. Hier wird es vor jedem Schaden bewahrt und andererseits nicht auf irgendwelche normalen Begebenheiten angeheizt. Und falls sich das kleine Kind, dem man sich angenommen hat, zu sehr z. B. für andere Lebewesen interessiert, die im Alltag zukünftig normal sein sollen, wird es liebevoll und nett gedanklich auf Vater/Mutter gelenkt. Falls bei alledem situativ etwas aus dem Ruder zu laufen droht, nimmt man sein Kind einfach auf den Arm. Und in all diesem selbstverständlichen, entspannten und liebevollen Miteinander und ebenso entspannten und liebevollen Beibringen der Signale, wird dem Kind immer deutlicher, wer wer ist, was was heißt und, dass es auch gilt, wenn es der Familienvorstand signalisiert. Ebenso wird für das Kind, ganz entspannt, die normale Umwelt genau das: Normal. Das

Heranreifen hat also ein sanfter aber gut erkennbarer Lernprozess in Geborgenheit zu sein, während die normale Umwelt immer normaler und selbstverständlicher wird und der Schützling dabei tiefgehende, familiäre Gefühle für seine Menschen entwickelt.

Summa summarum:

- Man möchte eine Interaktion oder nicht. Diese ist emotionaler Natur oder eine Anweisung.

- Drei Möglichkeiten bei gehörter Signalisierung: Der Zögling geht akzeptierend auf den wahr genommenen Interaktionswunsch ein, er ignoriert ihn wissentlich oder er ist verunsichert.
- Bei Ignoranz lässt man sich das nicht gefallen, indem man unmittelbar, ohne schmerzhaft zu werden, ohne unnötige Aggression und ohne Hektik auf das Gewünschte hin wirkt.
- Hingegen handelt man ebenso unmittelbar bei Verunsicherung, allerdings auf liebevolle und aufmunternde Weise, was man auch macht, wenn man sich nicht sicher ist, ob der Schützling sich fürchtet oder er frech ist.
- Bei alledem wiederholt man sich nicht unnötig. Wenn es gehört und verstanden wurde bringt man nicht bei, dass man es nochmal sagt, sondern man leitet emotional an oder man duldet die Frechheit nicht.
- Man lobt, um etwas zu erklären. Gibt es nichts zu erklären, dann gibt es auch nichts zu loben.
- Außerhalb des Hauses ist man kein Hinterher-Geher. Man ist zusammen draußen oder auch unterwegs, bzw. geht der Schützling mit seinem Familienoberhaupt mit, bzw. befindet sich mit diesem in seinem Alltag. Man bestimmt also Richtung, Geschwindigkeit und Fremdbegegnung.
- In diesem durchschaubaren Gesamtkonstrukt zeigt man sich entspannt. Nicht steif sein, sondern, bei aller Liebe, einfach wissen, was man wann möchte. Bei Anordnungen ist man entspannt und zielorientiert – man weiß einfach, was man möchte. Und Positiv emotionale Interaktionen, wie das Schmusen und das Miteinander-Lachen, haben immer eine herzliche und unverkrampfte Genuss-Interaktion zu sein, ansonsten ist es kein Schmusen oder Spielen. Und in diesem gesamten Miteinander steht man immer vor seinem Schützling, wenn irgendwer oder irgendwas ihn ängstigt.

- Fürsorge bedeutet Liebe und dies bedeutet, hinsichtlich der Ausgelieferten, auch ein Erziehen und das Darstellen eines Geborgenheitshortes. Ein Geborgenheitshort kann man nur sein wenn man positiv respektabel ist, man also eine liebevolle Persönlichkeit ist die weiß, **wann** sie **was** will, und man dabei kein fahriger Schwätzer oder gar aggressiver Schreihals ist.
- Ein Familienvorstand kann immer nur ein Jemand sein, der mit dem, über den er Entscheidungsgewalt haben möchte, liebevoll zusammen lebt und klar Interagiert. Dabei ist ebenso entscheidend, dass dieser Jemand, hinsichtlich unserer menschlichen Gesellschaft und Lebensumstände, selbständig leben kann. Die menschlichen Kinder in der Familie sind also, solange sie noch nicht kurz vor dem Erwachsen-Sein sind, immer nur Geschwister mit dem Hund und keine Familienoberhäupter. Und der Züchter, der Tierarzt oder sonstwer, der meint, er wäre sonstwer, hat keine Entscheidungs- und keine Anordnungsgewalt über Ihr Kind/Ihren Schützling.
- Man lebt als Personen mit erkennbarer Persönlichkeit in einem familiären, also positiv emotionalen und somit fühlbaren Sozialverband zusammen. Hierfür müssen auch Signale aufeinander abgestimmt werden. Wenn man diese fühlbare und kommunikative Familie nicht erreicht lässt man seine Schutzbefohlene im Stich. Man erreicht es aber immer, wenn man zusammen lebt, der Schützling also einen umfassenden und somit bedürfnisbefriedigten Alltag mit seinem Familienvorstand genießt und man sich selbst dabei vernünftig, ausgeglichen, zielorientiert und liebevoll zeigt.

Wer an einer Stelle dieser kurzen Zusammenfassung des Buches Unsicherheit verspürt, der sollte das betreffende Kapitel noch einmal in Gänze lesen.

Schlusswort

Wenn zwei erwachsene Menschen zusammen leben, dann haben sie dieselben Positionen hinsichtlich Entscheidungsgewalt. Mann und Frau sollten dabei jeweils ihre Interessen verfolgen, um sich zu ergänzen, anstatt sich um einen Thron zu streiten – naturbedingt sollte der eine auf dem femininen und der andere auf dem maskulinen Thron sitzen. Holt man sich aber jemanden ins Haus, der einem fortan ausgeliefert ist, dann hat man diesem Leben gegenüber ausschließlich Verpflichtungen. Dann hat man diesem Individuum ein bedürfnisbefriedigtes Dasein zu ermöglichen, ansonsten quält man es grundlos. Wenn dieses Individuum von Natur aus ein soziales Leben führt, dann hat man es in seiner Familie nicht nur zu respektieren und willkommen zu heißen, sondern auch mit emotionaler Wärme und umfassender Akzeptanz dazugehören zu lassen. Doch Liebhaben bedeutet dabei nicht nur die Verantwortung für Essen, Bewegung, Erlebnisse und körperliche Gesundheit seines Ausgelieferten zu übernehmen, sondern auch ein soziales Gefüge zu etablieren, da es ansonsten nur ein Nebeneinander anstatt ein Miteinander wäre. Soziale Struktur ist neben der Zuneigung eine Grundfeste, um überhaupt einen Sozialverband erkennbar leben und fühlen zu können. Das heißt, dass man bei aller Liebe dennoch klar machen muss, dass man eine ernst zu nehmende Position innerhalb dieses Sozialverbandes hat, was erstaunlich einfach ist, indem man, entspannt und unverkrampft, klare Interaktionen anstrebt. Spiel, Schmusen oder Anordnung. Man weiß was man will und dabei lässt man sich nicht ignorieren. Man unterscheidet nur emotionale Interaktion oder das Beantworten eines beigebrachten Signals. Aber man hat Interaktion oder nicht. Und ebenso, wie man erkennen muss, wann man selbstbewusst ignoriert wird, muss man auch erkennen, wann der Schützling verunsichert ist.

Gerade hinsichtlich der innerfamiliären, sozialen Umstände, sollten sich die Menschen einerseits fragen, wie sich ihr Hund gegenüber seinen natürlichen Familienmitgliedern verhalten würde, wenn man ihn nicht aus seinen Geschwistern und Eltern herausgeholt hätte. Wem gegenüber würde er sich in seiner natürlichen Familie so verhalten, wie er sich zu seinem Menschen verhält? Meistens erkennt man sich dann als Rangniederen wieder, wobei man auch erkennen kann, wie aggressionslos das Tagesgeschehen in natürlichen Verhältnissen abläuft. Wobei manche Menschen bei dieser Überlegung auch zugeben müssen, wie aggressiv sie zu ihrem Hund sind und sie somit ein notwendiges Übel und nicht eine liebevolle, positiv respektierte Persönlichkeit mit Geborgenheitscharakter darstellen. Wiederum andere könnten bei einem objektivem Überdenken ihrer Situation erkennen, dass sie kein Kasper für ihren Hund sind und sie auch nicht unnötig hart zu ihm sind, sie aber auch nicht mit ihm zusammen leben, sondern nur den Wohnraum teilen. Bei dieser Überlegung, was man denn für seinen Zögling darstellt, zeigt sich, dass sich die Menschen auch eine weitere Frage stellen sollten: Wie würde man sich einem geistig gesunden Menschen gegenüber verhalten, welcher weder die hierzulande übliche Gestik, noch die Sprache versteht? Bei diesen Gedanken kann man meist leichter erkennen, ob man sich als Diener, Kasper, Bittsteller, Aggressor oder als Animateur für seinen Zögling entpuppt hat, anstatt als einen vernünftigen, lebensfrohen, liebevollen aber respektablen Sozialpartner.

Lassen Sie ihren Hund mit Ihnen leben. Er geht mit in die Videothek, zum Reifenwechsel, ins Restaurant oder sonstwas, solange es ihm dort nicht zu kalt, zu heiß, zu laut oder sonstwas ist. Und wenn man in den Supermarkt geht, dann wartet er bei vernünftigen Wetterverhältnissen eben im Auto. Ein solches Leben macht erkennbar dazu zu gehören, anstatt zu Hause zu liegen, wo man als Tier in der Menschenwelt nichts anderes machen kann als ein und aus zu atmen. Aber während alledem, wo auch immer Sie mit ihrem Zögling sind, sind Sie das Familienoberhaupt, was nichts mit Strenge zu tun hat, sondern mit vernünftiger und souveräner Entscheidungsgewalt – man hat was zu seinem Zögling gesagt oder nicht. Man kann gerne Spaß machen, lachen und spielen. Man zeigt, etwa durch ein Schmusen, auch immer wieder Zuneigung. Man kann zusammen essen und zusammen das Bett teilen, solange einem das Essen nicht aus der Hand gerissen wird und der Zögling das Bett nicht in Besitz nimmt. Um aber Familienoberhaupt zu sein, denkt man immer daran: Man hat eine Interaktion oder nicht. Es besteht eine Konfrontation oder nicht. Man verlangt gerade etwas oder nicht. Hierhingehend besteht immer ein ebenso klares Schwarz und Weiß, wie auch in den Erkenntnissen, ob der Zögling einen gehört hat oder nicht, ob er den Inhalt des Signals verstanden hat oder nicht oder ob er verunsichert, bzw. verängstigt ist oder nicht. Bei alledem gibt es keine Grauzonen. Es gibt, etwa hinsichtlich einer Unsicherheit im Zögling, unterschiedliche Intensitäten, doch ist es immer das eine oder andere.
Also nochmal zum lauten Mitsprechen: Es ist immer Schwarz oder Weiß: Man will etwas oder nicht. Der Zögling hat es gehört oder nicht. Er hat es verstanden oder nicht. Er akzeptiert es oder nicht. Er ist verunsichert oder

nicht. Letzteres heißt, er braucht Hilfe, also eine verständnisvolle und entspannende Anleitung, oder er ist selbstbewusst ignorant, was man sich auf eine souveräne, schmerzfreie, möglichst aggressionslose und vernünftige Weise nicht gefallen lässt.

Das Wissen der Anderen

Wenn hinsichtlich Ihres Schützlings irgendwer an Sie heran tritt, um Ihnen zu sagen, was man mit einem Hund wie machen sollte, dann fragen Sie denjenigen immer nach dem Argument, also dem Grund, warum er diese Meinung vertritt. Wenn hierbei kein vernünftiges Argument erklärt werden kann oder wenn die typischen Antworten kommen, wie etwa, dass man das halt so macht oder dass es dabei um tierische Instinkte oder ähnlichen Unsinn geht, dann verschwenden Sie keine Zeit mit so einer Wichtigtuerei. Außerdem sollte man auch immer unvoreingenommen denjenigen mit seinem Hund betrachten. Ist dieses Zusammenleben überhaupt eines und ist es harmonisch? Funktioniert die Kommunikation zwischen dem Menschen und seinem Ausgelieferten entspannt und zuverlässig? Hat derjenige überhaupt einen Hund? Wenn man diese Fragen verneinen kann, was sollte derjenige einem dann für einen Tipp geben?
Erkennen Sie ihren Schützling, sein Leben und seine Bedürfnisse. Werden Sie diesem Leben gerecht und nehmen Sie diese Person ernst. Beleuchten Sie sich dabei, in allen Interaktionen, selbst. Wenn Sie dann das, was in diesem Buch beschrieben ist, verstanden, also verinnerlicht haben, dann brauchen Sie einerseits keine Leine mehr und andererseits wird der Alltag von Ihnen und Ihrem Zögling aus Zuneigung, Ausgeglichenheit und Fröhlichkeit bestehen, obgleich Ihr Schützling es sich nicht heraus nehmen wird Ihre stets bewussten Ansprachen zu ignorieren, womit er alle Freiheit genießen kann, die in unserer Menschenwelt möglich ist. Wenn dies so ist, dann lassen Sie sich bitte auch nicht von irgendjemandem verunsichern, der weder mit Argumenten, noch mit einer harmonischen Beziehung zu einem Schützling aufwarten kann. Folgen Sie, mit dem, in diesem Buch beschriebenen Wissen, Ihrem Herzen und es wird richtig sein.

Die DVD

Das Fauser-System:

Beziehung ohne Leine - Sozialgemeinschaft mit dem Hund

Format: DVD-Video (3 Disks)
FSK: Lehrprogramm
Studio: LANA-Film
Produktionsjahr: 2015
Spieldauer: 506 Minuten

Preis: 39,90 Euro